冶金工业出版社

高职高专"十四五"规划教材

粉煤灰提取氧化铝生产

（第 2 版）

主　编　丁亚茹　　孙振斌　　贾恒昌

副主编　公彦兵　　周立平　　罗永虎

扫码看本书数字资源

U0342195

北　京

冶　金　工　业　出　版　社

2022

内 容 提 要

本书按照粉煤灰提取氧化铝生产的流程依次介绍了粉煤灰预脱硅、生料浆制备、熟料烧结、熟料溶出、分级分解、氢氧化铝焙烧、母液蒸发等知识，重点对粉煤灰预脱硅-碱石灰烧结法、粉煤灰石灰石-自粉化熟料烧结法两种生产方法及其工艺、操作、设备等内容进行了阐述。

本书可作为高等职业技术学院冶金类专业的教学用书，也可作为冶金行业相关人员的培训教材或参考书。

图书在版编目（CIP）数据

粉煤灰提取氧化铝生产/丁亚茹，孙振斌，贾恒昌主编. —2 版 . —北京：冶金工业出版社，2022.3

高职高专"十四五"规划教材

ISBN 978-7-5024-9111-6

Ⅰ.①粉…　Ⅱ.①丁…　②孙…　③贾…　Ⅲ.①粉煤灰—氧化铝—生产技术—高等职业教育—教材　Ⅳ.①TF821

中国版本图书馆 CIP 数据核字（2022）第 051949 号

粉煤灰提取氧化铝生产（第 2 版）

出版发行	冶金工业出版社	**电　话**	(010)64027926
地　　址	北京市东城区嵩祝院北巷 39 号	**邮　编**	100009
网　　址	www.mip1953.com	**电子信箱**	service@mip1953.com

责任编辑　杨　敏　美术编辑　彭子赫　版式设计　郑小利
责任校对　葛新霞　责任印制　李玉山
北京虎彩文化传播有限公司印刷
2013 年 12 月第 1 版，2022 年 3 月第 2 版，2022 年 3 月第 1 次印刷
787mm×1092mm　1/16；16.75 印张；406 千字；257 页
定价 45.00 元

投稿电话　(010)64027932　投稿信箱　tougao@cnmip.com.cn
营销中心电话　(010)64044283
冶金工业出版社天猫旗舰店　yjgycbs.tmall.com
（本书如有印装质量问题，本社营销中心负责退换）

第 2 版前言

"粉煤灰提取氧化铝生产"是高职院校有色金属冶金技术专业的专业课程之一，是有色金属冶金技术专业的必修课。

《粉煤灰提取氧化铝生产》（第2版）是一本校企合作教材，主要由内蒙古机电职业技术学院、内蒙古大唐国际呼和浩特铝电有限责任公司、蒙西集团、内蒙古工业大学、内蒙古科技大学有关人员合作编写而成，详细介绍了当前比较成熟的两种粉煤灰提取氧化铝生产方法，即粉煤灰预脱硅-碱石灰烧结法和粉煤灰石灰石-自粉化熟料烧结法。本书按照课程教学要求，以实际生产过程划分学习情境，以学习情境为单元，介绍现场生产设备、工艺，以及实验室进行检测、工艺优化的方法。与第1版相比，本书内容更加注重系统性和实用性。

本书由内蒙古机电职业技术学院丁亚茹、内蒙古大唐国际再生资源开发有限公司孙振斌、蒙西集团贾恒昌担任主编，由内蒙古工业大学公彦兵、内蒙古大唐国际再生资源开发公司周立平、内蒙古蒙西鄂尔多斯铝业有限公司罗永虎担任副主编。参编人员为内蒙古机电职业技术学院胡小龙、王彬、李峰，内蒙古科技大学岑耀东。

其中，公彦兵编写第一部分，胡小龙编写第二部分，岑耀东编写第三部分学习情境一，孙振斌、周立平编写第三部分学习情境二，丁亚茹编写第三部分学习情境三和四、学习情境五中的学习任务一和二，王彬编写第三部分学习情境五中的学习任务三和四、学习情境六、学习情境七中的学习任务一和二，李峰编写第三部分学习情境七中的学习任务三，贾恒昌、罗永虎编写第四部分。全书由丁亚茹负责统稿。

本书的出版得到了内蒙古机电职业技术学院有关领导及同事的大力支持，

同时在编写过程中，参考了相关文献，在此对有关领导、同事及文献作者一并表示衷心的感谢。

由于编者水平所限，书中不足之处，恳请读者批评指正。

编　者

2021 年 10 月

第1版前言

我国铝土矿资源日渐衰竭，已不足十年使用。粉煤灰是从煤燃烧烟气中收捕下来的细灰，是火电厂电煤发电后的主要固体废物，污染环境，占用大量土地。内蒙古中西部地区的煤的主要夹杂矿物有大量的高岭石和勃姆石以及少量的方解石和黄铁矿四种，属于高铝、低硅、低铁的矿藏，经火电厂发电后，其粉煤灰中氧化铝的含量为40%~55%，具有较高的氧化铝提取价值，现已有多家大型企业开始从粉煤灰中提取氧化铝。

本书主要介绍粉煤灰预脱硅-碱石灰烧结法提取氧化铝。全书分为八个学习情境，首先介绍了氧化铝生产的基础知识，然后按照粉煤灰提取氧化铝生产的流程依次介绍了粉煤灰预脱硅、生料浆制备、熟料烧结、熟料溶出、分解分级、氢氧化铝焙烧、母液蒸发等知识，每部分知识作为一个项目，每个项目包含理论知识学习、企业实际生产操作、实验室制备三个主要部分。本书的特点是，跳出了传统的学科体系，偏重实践操作。

本书由内蒙古机电职业技术学院丁亚茹、内蒙古大唐国际再生资源开发有限公司孙振斌担任主编，内蒙古机电职业技术学院张顺、内蒙古大唐国际再生资源开发有限公司周立平、大唐鄂尔多斯硅铝科技有限公司吴彦宁担任副主编，内蒙古机电职业技术学院李峰，内蒙古大唐国际再生资源开发有限公司李旭、段国三、邓忠贵，大唐鄂尔多斯硅铝科技有限公司闫学良，内蒙古中环光伏材料有限公司丁亚青参加编写。其中，丁亚茹编写学习情境一以及学习情境二至学习情境四的任务一至任务三，孙振斌、李旭、段国三编写学习情境二至学习情境四的任务四，张顺、丁亚青编写学习情境五至学习情境六的任务一至任务三，吴彦宁、闫学良编写学习情境五至学习情境六的任务四，李峰编写学习情境七至学习情境八的任务一至任务二，邓忠贵、周立平编写学习情境七至学习情境八的任务三。

内蒙古机电职业技术学院刘敏丽教授审阅了书稿并提出了许多宝贵的建

议，在此表示衷心的感谢。本书编写过程中参阅了相关文献，对文献的作者一并表示诚挚的谢意。

本书可作为高等职业技术学院冶金类专业学生的教学用书，也可作为冶金行业人员培训教材。

由于编者水平有限，书中不妥之处，敬请广大读者批评指正。

编　者

2013 年 8 月

目　录

第一部分　粉煤灰提取氧化铝生产基础知识

学习情境一　粉煤灰基础知识

学习任务一　粉煤灰的形成

　　粉煤灰是火力发电厂燃煤发电后产生的固体废弃物。煤粉在炉膛中呈悬浮状态燃烧，燃煤中的绝大部分可燃物（如碳、硫、磷、氮等）都基本能在炉内烧尽，储存在有机碳中的能量转化为热能，而煤粉中的不可燃物（无机矿物质）在经历了骤热骤冷的两次温度突变之后，发生了不同程度的物理和化学变化，绝大部经熔融、聚合而形成粉煤灰粒子。这些不可燃物因受到高温作用而部分熔融，同时由于其表面张力的作用，形成大量细小的球形颗粒。烟气在锅炉尾部引风机的抽气作用下，含有大量灰分的烟气流向炉尾，在排风设备将其排入大气之前，烟气中绝大多数的球形颗粒经过除尘器，被分离、收集，即称为粉煤灰，也叫飞灰。少数煤粉粒子在燃烧过程中，由于碰撞黏结成块，沉积于炉底，称为底灰。

　　现有火力发电中，按照燃烧方式主要有煤粉炉和循环流化床两种，其中，煤粉炉占比约为80%，是主要的燃煤发电机组，煤炭经粉碎后进入炉内燃烧发电，绝大部分有机组分燃烧转化为热能供给发电，无机组分经过高温熔融和骤冷过程发生系列复杂物相转化后，形成粉煤灰。粉煤灰产生过程如图1-1所示。

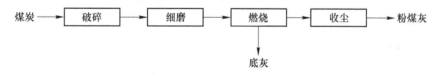

图 1-1　粉煤灰的产生过程

　　飞灰一般占灰渣总量的80%~90%，底灰约占10%~20%。粉煤灰中一般富含多种有用的主微量元素。20世纪后半叶，随着世界人口的迅速增长以及工业化程度的日益提高，国内外对包括电能在内的各种能源的需求量迅速增长，发电用煤的消耗量与日俱增，导致粉煤灰的排放量也急剧增加。如图1-2所示，中国是世界上最大的煤炭生产国和消费国，近年来，伴随着我国火力发电行业的迅速发展，粉煤灰排放量也迅速增加，图1-3所示为我国近几年粉煤灰的排放量，其中2017年粉煤灰排放量达到了6.86亿吨，同比增长4.7%，产量高居世界第一，2018年粉煤灰排放量为7.2亿吨，2019年、2020年粉煤灰排放量大约分别为7.3亿吨和7.4亿吨，仍在保持持续增长的态势。随着国家供给侧结构性改革的推动，火电行业已经开始宏观调控，清洁能源如风电、水电及核电等大力发展，我国能源结构正由煤炭为主向多元化转变，但是在未来几十年内发电量占比65.12%的火力发电行业仍占主导地位，难以替代。

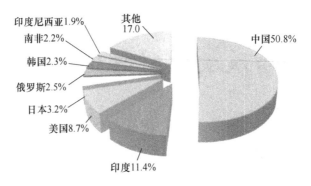

图 1-2 2017 年全球煤消费量分布图

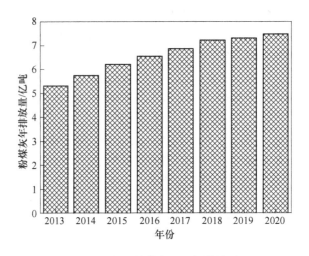

图 1-3 我国粉煤灰近几年排放量

学习任务二 粉煤灰的危害

我国粉煤灰综合利用的主要问题是地区利用不均衡和市场需求不足，在我国东南沿海等发达地区及一些大型城市，粉煤灰被完全利用，并出现了供不应求的局面，而在我国西、北部大型煤炭基地，如新疆、内蒙古、山西等地，由于粉煤灰产生量大，当地消纳能力有限并受运输半径影响，粉煤灰利用率较低，市场需求严重不足，只能采取堆场堆存的方式处理。

粉煤灰大量堆存对生态、环境和人体健康等都有较大影响，具体表现在以下几个方面：

（1）粉煤灰堆存占用大量土地。每万吨粉煤灰需占用土地约 5 亩，并且堆场设计费用、环评费用及维护成本较高，不仅浪费了自然资源，更损耗了大量的人力、物力、财力，据统计，每掩埋或者储存 1t 粉煤灰，处理费用约为 15~20 元。

（2）污染空气。因粉煤灰颗粒较细，而北方干燥多风，粉煤灰随着风力悬浮于空气中，并随着空气飘扬到附近区域，当风力达到四级以上时，粉煤灰的飘扬范围可达 10~15 万平方千米，扬灰高度可达 20~50m，悬浮于大气中的粉煤灰不仅影响能见度，而且会造成空气质量严重恶化，在潮湿环境中还会对建筑物、工程设施等表面造成腐蚀。

（3）污染水源。粉煤灰进入水体，使水体浊度增加，形成的沉积物会堵塞河床，使湖泊变浅，悬浮物和可溶物会恶化水质。此外，一般湿排1t粉煤灰需耗水20m³，造成水资源的极大浪费，而粉煤灰中Pb、Hg、Cr、Cd、As等有毒有害元素的淋滤液也会造成地下水的污染。

（4）污染土壤。贮存在灰场及漂浮于大气中的粉煤灰降落到地面都会污染土壤，造成土质碱化及其他影响，影响农作物、植物生长及养殖业、畜牧业生产。

（5）放射性污染。部分粉煤灰中含有一定量的U、Th等放射性元素，这些放射性元素会对粉煤灰存储地附近造成较为明显的放射性污染。

（6）影响人类健康。粉煤灰中所含的重金属元素、有毒物质、放射性物质等有害物若通过污染空气、水体、土壤及农作物后进入人体，会对人类的呼吸道系统产生不利影响，危害人体健康。

据了解，随着《煤电节能减排升级与改造行动计划（2014～2020年)》的发布，"推行更严格能效环保标准，加快燃煤发电升级与改造，努力实现供电煤耗、污染排放、煤炭占能源消费比重'三降低'"，已经成为火电厂煤炭制粉项目推广的重要依据。

学习任务三　我国粉煤灰利用现状

粉煤灰的利用日益引起人们的重视，近年来，随着国家逐渐加大粉煤灰综合利用的支持力度，我国粉煤灰综合利用率逐步提高，并在"十二五"末达到了70%，"十三五"期间达到74.7%，粉煤灰的传统利用方向主要包括制备水泥、制砖、制备陶粒、玻璃陶瓷等，粉煤灰主要分类利用如下。

（1）利用粉煤灰的某些物理化学特性的应用：

1）用作填筑材料，用来综合回填、矿井回填，用于小坝和码头等；

2）用作水泥原料；

3）用在农业上，生产粉煤灰复合肥及土壤改良；

4）用于建筑工程，道路工程。

（2）作为再生资源储存：

1）用于提取其中的空心微珠、碳粒、金属及化合物等有用物质；

2）用于废水、废气和大气治理；

3）用来制备耐火材料；

4）用于合成沸石等有用矿物。

上述以建材为主要利用方向的利用方式存在诸多问题，一方面低附加值的利用受地域限制很大，如我国西北部很多坑口电厂周边存在大量的粉煤灰，难以被消纳利用；另一方面粉煤灰中含有多种有价元素，采用建材的利用方式造成了有价元素的资源浪费，降低了粉煤灰的价值。

学习任务四　高铝粉煤灰的形成

近年来，我国西、北部发现有大量的高铝煤炭资源，这些地区因其特殊的地理环境使煤炭中大量伴生勃姆石和高岭石等富铝矿物，形成特色高铝煤炭资源，远景储量超过

1000 亿吨。其中，山西、内蒙古等大型煤电基地承担着我国"西电东送"北部通道向京津唐等地输送电能的重要责任，这些煤种经过火电厂发电燃烧后形成了氧化铝含量高达 40%~50% 的高铝粉煤灰，是一种宝贵的铝硅矿物资源。高铝煤炭经燃烧发电产生大量的高铝粉煤灰，年产生量超过 3000 万吨。其中内蒙古西部已探明煤铝共存的煤炭资源量 500 多亿吨，潜在高铝粉煤灰蕴藏量高达 150 亿吨，相当于我国已探明铝土矿资源总量的 3.2 倍。

研究表明，煤炭燃烧后主要形成两种粉煤灰颗粒：一种是亚微米颗粒；另一种是残灰颗粒。两种颗粒的颗粒尺寸、性质及形成机理方面具有较大不同，其区别见表 1-1。

表 1-1　两种粉煤灰颗粒的区别

颗粒种类	颗粒尺寸	占比	挥发性	形成方式	捕集情况
亚微米颗粒	约 $0.1\mu m$，$\leq 1\mu m$	0.2%~2.2%	较高	挥发-凝结	排入大气
残灰颗粒	$>1\mu m$	97.8%~99.8%	较低	高温熔融	有效捕集

其中，亚微米颗粒形成方式主要有凝并和聚结两种方式，凝并是多个颗粒形成一个颗粒，完全凝并在一起，聚结是多个颗粒粘接在一起，但不凝聚成一个颗粒，其形成示意图见图 1-4。

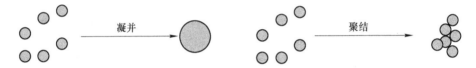

图 1-4　粉煤灰亚微米颗粒形成示意图

残灰颗粒因颗粒尺寸大，挥发性较差，所以被全部捕集。因高铝煤炭中除有机碳外，还有大量的铝、硅、铁、钙和钛等元素，在高铝煤炭燃烧过程中，不同的元素发生了多种复杂的反应。

就煤粉炉高铝粉煤灰而言，随着煤炭燃烧温度的升高，以氧化铝和二氧化硅为主的高岭石（$Al_2O_3 \cdot 2SiO_2 \cdot 2H_2O$）首先在较低的温度下失去结晶水，形成偏高岭石（$Al_2O_3 \cdot 2SiO_2$），偏高岭石在继续升高温度后分解形成了更加稳定的莫来石（$3Al_2O_3 \cdot 2SiO_2$）。

$$Al_2O_3 \cdot 2SiO_2 \cdot 2H_2O \longrightarrow Al_2O_3 \cdot 2SiO_2 + 2H_2O$$
$$3(Al_2O_3 \cdot 2SiO_2) \longrightarrow 3Al_2O_3 \cdot 2SiO_2 + 4SiO_2$$

煤中的勃姆石（$\gamma\text{-}AlOOH$）首先在 500~600℃ 的较低温度下脱水而形成 $\gamma\text{-}Al_2O_3$，随着煤炭燃烧温度的升高，一部分 $\gamma\text{-}Al_2O_3$ 在 1000℃ 下会继续转化为活性较低的 $\alpha\text{-}Al_2O_3$，另一部分 $\gamma\text{-}Al_2O_3$ 在 1200℃ 时会与非晶态 SiO_2 反应生成莫来石（$3Al_2O_3 \cdot 2SiO_2$）。

$$2\gamma\text{-}AlOOH \longrightarrow \gamma\text{-}Al_2O_3 + H_2O$$
$$\gamma\text{-}Al_2O_3 \longrightarrow \alpha\text{-}Al_2O_3$$
$$3\gamma\text{-}Al_2O_3 + 2SiO_2 \longrightarrow 3Al_2O_3 \cdot 2SiO_2$$

随着煤炭燃烧之后的骤然冷却，由高岭石（$Al_2O_3 \cdot 2SiO_2 \cdot 2H_2O$）等黏土矿物所分解产生的非晶态 SiO_2 由于来不及结晶便以非晶态玻璃相的形式留存下来。同时，其中包含少量的 Al_2O_3、Fe_2O_3、CaO、TiO_2 等氧化物，所以玻璃相成分较为复杂。

图 1-5 为粉煤灰各物相在不同温度下的转化示意图。

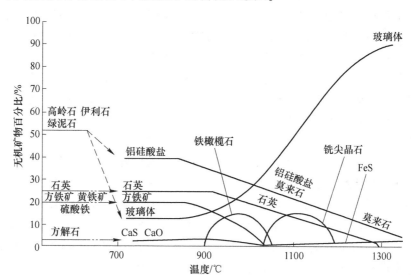

图 1-5　粉煤灰各物相在不同温度下的转化示意图

学习任务五　高铝粉煤灰是潜在铝土矿替代资源

铝元素在地壳中的含量仅次于氧和硅，居第三位，是地壳中含量最丰富的金属元素。航空、建筑、汽车三大重要工业的发展，要求材料特性具有铝及其合金的独特性质，这就大大有利于金属铝的生产和应用。铝也是世界上仅次于钢铁的第二重要金属，由于铝具有密度小、导电导热性好、易于机械加工等诸多优良性能，因而广泛应用于国民经济各部门。目前，全世界用铝量最大的是建筑、交通运输和包装部门，占铝总消费量的 60% 以上，同时铝也是电器工业、飞机制造工业、机械工业和民用器具不可缺少的原材料。

1854 年，法国化学家德维尔把铝矾土、木炭、食盐混合，通入氯气后加热得到 NaCl、$AlCl_3$ 复盐，再将此复盐与过量的钠熔融，得到了金属铝。1886 年，美国的豪尔和法国的海朗特，分别独立地电解熔融的铝矾土和冰晶石（Na_3AlF_6）的混合物制得了金属铝，奠定了今后大规模生产铝的基础。现代电解铝工业生产采用冰晶石-氧化铝熔盐电解法。熔融冰晶石是溶剂，氧化铝作为溶质，以碳素体作为阳极，铝液作为阴极，通入强大的直流电后，在 950~970℃ 下，在电解槽内的两极上进行电化学反应，即电解，工业上铝都是采用氧化铝电解法生产的。

氧化铝（aluminium oxide），化学式为 Al_2O_3，是一种高硬度的化合物，熔点为 2054℃，沸点为 2980℃，在高温下可电离的离子晶体，常用于制造耐火材料。

工业氧化铝是由铝矾土（$Al_2O_3 \cdot 3H_2O$）和一水硬铝石制备的，对于纯度要求高的 Al_2O_3，一般用化学方法制备。Al_2O_3 有许多同质异晶体，已知的有 10 多种，主要有 3 种晶型，即 $\alpha\text{-}Al_2O_3$、$\beta\text{-}Al_2O_3$、$\gamma\text{-}Al_2O_3$。其结构不同性质也不同，在 1300℃ 以上的高温时几乎完全转化为 $\alpha\text{-}Al_2O_3$。

传统铝生产工艺中，铝首先从铝土矿制取氧化铝，然后将氧化铝电解制取铝，最后再加工成各种型材。铝土矿中的铝元素是以氧化铝水合物状态存在的。根据其氧化铝水合物所含结晶水数目的不同，以及晶型结构的不同，把铝土矿分成三水铝石型、一水软铝石型、一水硬铝石型和混合型等四类矿种。采用不同类型的铝土矿作原料，则氧化铝生产工艺的选择和技术条件的控制是不同的。铝土矿实际上是指工业上能利用的，以三水铝石、一水软铝石或一水硬铝石为主要矿物所组成的矿石的统称。

铝土矿是当今氧化铝生产工业最主要的矿物资源，世界上 95% 以上的氧化铝出自铝土矿。根据美国内政部和美国地质勘探局发布的《2018 矿产品概要》，一方面，中国铝土矿资源严重匮乏，仅占世界铝土矿资源的 3%；另一方面，中国氧化铝产量超过全球氧化铝产量的 50%。可见，我国铝土矿资源供给矛盾日益突出。

随着国家环保政策日益严格及国外优质铝土矿限购政策的出台，铝土矿资源短缺危机加剧，因此研发高铝粉煤灰铝硅资源高效共提的新技术，不但是粉煤灰高值化利用、发展循环经济的必要举措，更具有促进我国氧化铝工业可持续发展的重要现实意义。在人们对煤炭需求量日益增加的同时，对铝、铜、铅、锌等有色金属的需求量也越来越高，其中对铝的需求量最大。由于铝主要来源于氧化铝的电解，因此对铝需求量的急剧增加导致了氧化铝的大量生产和消耗，也同时导致了氧化铝价格的大幅上升。在我国，氧化铝的大量生产导致优质铝土矿急剧减少。国内 Al/Si（三氧化二铝和二氧化硅的质量比）大于 10 的优质铝土矿很少，95% 的铝土矿品位低、Al/Si 低、溶出性差，决定了我国氧化铝生产工艺流程长、能耗高、成本高。加之我国的铝土矿分布极不平衡（我国的铝土矿主要分布于山西、河南、贵州、山东和广西五省，其他地区分布很少），且铝土矿开采技术落后，开采效率低下，这进一步加速了我国优质铝土矿的枯竭。2006 年，中铝公司甚至就斥资 22 亿美元在澳大利亚购买铝土矿的可行性进行研究。据英国 CRU 统计，2005 年全球氧化铝产量约为 6131 万吨，需求约 6230 万吨，供需缺口 99 万吨，与此同时，2005 年氧化铝的国际市场价格大幅上涨到 5200 元/t 的历史最高水平。2006 年，氧化铝总产量为 6767.8 万吨，总消费量为 6606.4 万吨，供需富余 161.4 万吨，氧化铝的价格有所回落。在国内，我国氧化铝的供求矛盾更为突出，2005 年，我国氧化铝总产量为 850 万吨左右，进口量高达 690 万吨，2006 年总产量猛增到 1268 万吨，进口量依然高达 650 万吨左右。据中国海关统计，2018 年中国铝土矿进口量累计 8262 万吨（图 1-6），与 2017 年同比增加 20.5%。2018 年中国铝土矿进口量累计 8262 万吨左右，较 2017 年同期增加约 20.5%。2018 年，几内亚是中国最大铝土矿来源国，供应量达 3819 万吨左右（图 1-7），同比增加约 38.2%；其次是澳大利亚，供应量约 2977 万吨，同比增加约 16.8%。印度尼西亚是当月中国第三大铝土矿来源国，供应量约为 754 万吨，同比大幅增加近 4.8 倍。此外，2018 年中国自巴西进口约 158 万吨铝土矿，同比减少约 52%；自印度进口 65.3 万吨，同比减少约 69.3%；自加纳进口 55.8 万吨，同比减少约 27.7%；自马来西亚进口约 55.5 万吨，同比大幅下滑 88.4%。

根据中国海关，2019 年全年我国共进口铝土矿 10066.39 万吨，同比增加 21.91%，年度进口量首度破亿吨水平。

从国别角度看，几内亚、澳大利亚、印度尼西亚三国依旧维持三足鼎立局面，系我进口铝土矿最大来源国的前三位，占总进口量的 94% 以上。其中，几内亚依然保持着我国进口铝土矿最大来源国的地位，2019 年 1～12 月，我国从几内亚进口铝土矿合计为 4444 万吨，同比增长 16.5%。几内亚低温矿石储量丰富、性价相对较高，为多数山东地区氧

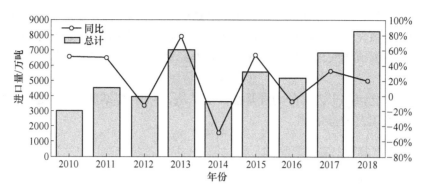

图1-6 中国铝土矿进口量年度统计

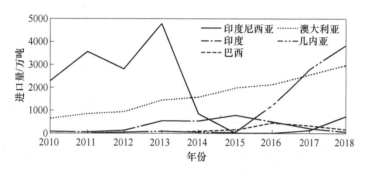

图1-7 中国铝土矿进口量分主要国别年度统计

化铝厂所用，亦于 2019 年成为晋豫地区低温线矿石使用的主力军，2019 年我国共进口来自几内亚的矿石 4444.53 万吨，同比增长 16.49%。澳洲矿石 2019 年共进口 3604.13 万吨，同比稳增 21.08%，主因山东沿海及内蒙古地区氧化铝厂对澳矿的稳定需求及西南如重庆地区氧化铝厂对澳矿使用量的提升，未来澳矿市场潜在增量仍需期待这些地区的需求增加。印度尼西亚矿石继 2018 年解禁出口以来，占比明显抬升，2019 年共计进口印度尼西亚铝土矿 1441.12 万吨，同比大增 91.16%，印度尼西亚三水铝土矿平均铝硅比较高，有机物含量低，为山东及山西地区部分氧化铝厂所青睐。

除此三国外，2019 年我国自其他国家进口的矿石占总进口量的 6%，来自马来西亚、巴西、所罗门、黑山、牙买加、印度、土耳其、加纳、越南及塞拉利昂等。

巴西、加纳、塞拉利昂等国家矿石品位高但价格亦高，有氧化铝厂会在海运费处于较低位置时采购并少量掺配使用；马来西亚出口政策今年有所放松，但可出口量有限，且多为氧化铝厂掺配使用，因此绝对量未有抬升；其他国家月度平均进口量不足 1 万吨的铝土矿多为非冶金级铝土矿。

随着内陆氧化铝厂技改的进程逐渐推进，更多企业参与到了进口铝土矿市场中。

2020 年我国共进口铝土矿 11158.2 万吨，同比增加 10.85%。

学习情境二 氧化铝的生产方法

氧化铝是一种两性化合物，可以用碱或酸从铝土矿中把氧化铝与其他杂质分离出来而得到纯净的氧化铝，可分为酸法、碱法、酸-碱联合法。碱法生产氧化铝的一般工艺原理为：通过加入氢氧化钠或碳酸钠来处理采选后的铝矿，得到铝酸钠溶液，这种溶液经过净化处理后，用降温或碳酸化方法进行强制分解得到氢氧化铝，然后经过焙烧脱水得到产品氧化铝。

碱法生产氧化铝的工艺又分为拜耳法、烧结法、拜耳-烧结联合法，下面对碱法生产氧化铝的原理及工艺进行介绍。

学习任务一　铝土矿氧化铝生产方法

一、铝土矿拜耳法生产氧化铝

(一) 生产原理

拜耳法是一种工业上广泛使用的用铝土矿生产氧化铝的化工过程。该法1887年由奥地利工程师卡尔·约瑟夫·拜耳发明，其基本原理是用氢氧化钠溶液将铝土矿中的氢氧化铝转化为铝酸钠，然后通过稀释和添加氢氧化铝晶种使氢氧化铝重新析出，剩余的氢氧化钠溶液重新用于处理下一批铝土矿，实现连续生产。目前世界上90%以上的氧化铝都采用拜耳法生产。

拜耳法工艺流程生产氧化铝是采用高铝硅比铝土矿作为原材料。在高温高压下，用氢氧化钠的溶液溶出铝土矿中的氧化铝得到铝酸钠溶液，而矿中的杂质则生成不溶性化合物留在赤泥渣中，铝酸钠溶液在净化后，加入氢氧化铝晶种进行分解得到氢氧化铝晶体，然后经焙烧脱水得到氧化铝产品。即经过一个完整的拜耳循环：溶出、稀释、分解、蒸发。

其原理如下：

$$Al_2O_3 \cdot xH_2O + NaOH + aq \rightleftharpoons 2NaAl(OH)_4 + aq$$

化学反应在不同的条件下正反应方向和逆反应方向交替进行，当反应向右进行时，属于高压溶出过程，$x=1$ 或 3，生成铝酸钠溶液，Fe、Si 则进入赤泥中；反应向左进行，属于铝酸钠溶液分解过程，$x=3$，生成氢氧化铝沉淀和氢氧化钠溶液。理论上讲，苛性碱是不消耗的。

拜耳法的原理可以从 $Na_2O \cdot Al_2O_3 \cdot H_2O$ 系的拜耳法循环图（图1-8）解释。用来溶出铝土矿中铝酸钠溶液的成分为 A 点，具有溶解氧化铝水合物的能力。在溶出过程中，如果不考虑溶出过程中的碱的损失，溶液的成分应该是沿着 A 点与 $Al_2O_3 \cdot H_2O$（溶出一水铝石）或者是 $Al_2O_3 \cdot 3H_2O$（溶出三水铝石）的图形点的连线变化，直到饱和为止。溶出液的最终成分在理论上可以达到这条线与溶解度等温线的交点 B。为了从其中析出氢氧化铝，必须加入赤泥洗液将其稀释降低溶出后液的稳定性。由于溶液中 Na_2O 和 Al_2O_3 的浓度同时降低，故其成分由 B 点

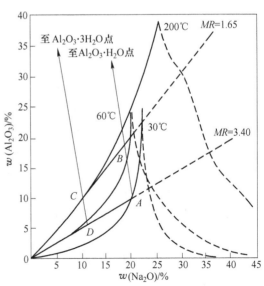

图 1-8　拜耳法循环图

沿着等摩尔比线变化至 C 点。在分离赤泥后继续降低温度，使溶液的过饱和程度进一步提高，加入氢氧化铝作为晶种使其发生分解反应，析出氢氧化铝。在分解过程中，溶液成分沿着 C 点与 $Al_2O_3 \cdot 3H_2O$ 的图形点连线变化，分解过程结束后溶液的成分点为 D 点，分解过程结束进行蒸发浓缩。由于溶液中 Na_2O 和 Al_2O_3 的浓度同时升高，故其成分由 D 点沿着等摩尔比线变化至 A 点，这个循环过程就是所谓的拜耳循环。

（二）生产工艺流程

拜耳法生产氧化铝工艺流程图如图1-9所示。

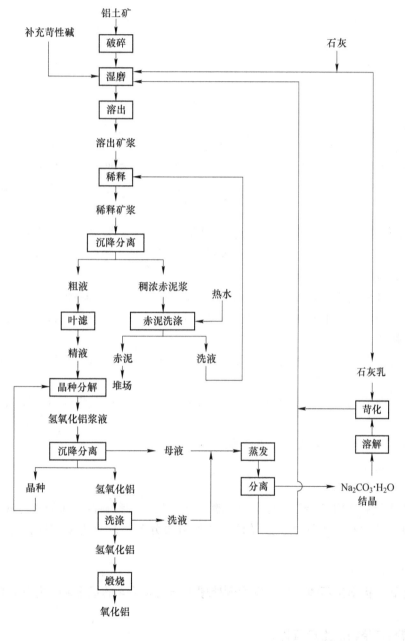

图1-9 拜耳法生产氧化铝工艺流程图

（三）生产过程

拜耳法生产主要由以下过程（图1-10）完成。

图 1-10　拜耳法生产过程

破碎：通常分为粗碎、中碎、细碎三段，所用设备为颚式、圆锥式、辊式和冲击式破碎机。

湿磨：将铝土矿按配料要求配入石灰和循环母液并磨制成合格的原矿浆。所用设备是球磨机。

溶出：在高温、高压条件下使铝土矿中的氧化铝水合物从矿石中溶浸出来，制成铝酸钠溶液，而铁、硅等杂质则进入赤泥中。所用设备是高压溶出器。

稀释：溶出后的浆液用赤泥洗液加以稀释，以进一步脱出溶液中的硅，且更重要的是为沉降分离赤泥和晶种分解创造了必要的条件。所用设备是带有搅拌装置的稀释槽。

沉降分离赤泥：稀释后的溶出浆液送入沉降槽处理，以便铝酸钠溶液和赤泥分离开来。

晶种分解：彻底分离了赤泥的铝酸钠溶液精液进入分解槽内，加入氢氧化铝晶种，不断搅拌并逐渐降低温度，使之发生分解反应析出氢氧化铝，并得到含有 NaOH 的母液。所用分解设备为有搅拌装置的种分槽。

煅烧：用煅烧设备在高温下将 Al(OH)$_3$ 的附着水和结晶水除掉，并使其发生晶型转变，以获得适合电解铝生产要求的氧化铝。所用煅烧设备为回转窑、循环流态化煅烧炉和沸腾闪速煅烧炉。

蒸发：种分母液需要在蒸发器中浓缩，以提高其碱浓度，保持生产的循环体系中水量平衡。

苛化：在蒸发时还有一定数景的含水碳酸钠从母液中结晶析出，加入氢氧化钠，湿磨。

（四）拜耳法生产氧化铝工艺的优缺点

优点如下：

（1）生产流程简单。

（2）由于流程中没有烧结工序，单位能耗比其他工艺流程低，仅为 8～15GJ/t。

（3）在生产过程中外加物少，晶种分解为自发分解，杂质析出的数量少，产品氧化铝质量好。

缺点如下：

铝硅比低的铝土矿不能处理，仅适合处理铝硅比大于4的铝土矿，尤其是铝硅比大于7的铝土矿。

二、碱石灰烧结法生产氧化铝

拜耳法生产氧化铝时，铝土矿中的氧化硅是以含水铝硅酸钠的形式与氧化铝分离的，如果铝硅比越低，则有用成分氧化铝和氧化钠就会损失越多，经济指标会大大恶化，所以，拜耳法生产氧化铝流程只适合处理铝硅比高于7的铝土矿，而碱石灰烧结法则能处理铝硅比低的铝土矿。

（一）原理

碱石灰烧结法的原理是由碱、石灰和铝土矿组成的炉料经过烧结，使炉料中的氧化铝转变为易溶的铝酸钠，氧化铁转变为易水解的铁酸钠，氧化硅转变为不溶的原硅酸钙。

$$Al_2O_3 + Na_2CO_3 \longrightarrow Na_2O \cdot Al_2O_3 + CO_2$$
$$SiO_2 + 2CaO \longrightarrow 2CaO \cdot SiO_2$$
$$Fe_2O_3 + Na_2CO_3 \longrightarrow Na_2O \cdot Fe_2O_3 + CO_2$$

这三种化合物组成的熟料在用稀碱溶液溶出时，铝酸钠固体生成铝酸钠溶液，即

$$Na_2O \cdot Al_2O_3 + aq \longrightarrow 2NaAl(OH)_4 + aq$$

铁酸钠发生水解，反应如下：

$$Na_2O \cdot Fe_2O_3 + aq \longrightarrow 2NaOH + Fe_2O_3 \cdot H_2O(\downarrow) + aq$$

原硅酸钙全部转变为赤泥。

（二）生产工艺流程

碱石灰烧结法生产氧化铝工艺流程图如图1-11所示。

（三）生产过程

为保证熟料中生成预期的化合物，除铝矿石、石灰等固体物需在球磨机细磨使生料浆达到一定细度外，还需控制各种物料的配入量，并对生料浆进行多次调配以确保生料浆中各氧化物的配入比例和有适宜的水分量。

烧结过程是在回转窑内进行的。调配好的生料浆用高压泥浆泵经料枪以高压打入窑内，在向窑前移动的过程中被窑内的热气流烘干，加热至反应温度，并在1200~1300℃的高温下完成烧结过程，得到化学成分和物理性能合格的熟料。

熟料经破碎后，用稀碱溶液在球磨机内进行粉碎湿磨溶出，使有用成分Na_2O和Al_2O_3转变为铝酸钠溶液，而原硅酸钙和氧化铁形成固相赤泥，经过沉降分离，得到铝酸钠溶液，从而达到有用成分与有害杂质分离的目的。分离后的赤泥需经过热水充分洗涤后才能排弃，目的是回收赤泥附液中的Na_2O和Al_2O_3。

在熟料溶出时，由于原硅酸钙的二次反应使铝酸钠溶液的SiO_2含量过高，这种溶液（粗液）是不能进行碳酸化分解的，必须经过专门的脱硅工序进行脱硅，使SiO_2含量降至标准值。粗液经过脱硅处理并叶滤得到铝酸钠精液。

铝酸钠精液用烧结窑窑气或石灰炉炉气进行碳酸化分解。

分解析出的氢氧化铝用软水充分洗涤后，送去煅烧。

碳分母液经蒸发浓缩至一定浓度，返回配制生料浆。

（四）碱石灰烧结法的优缺点

优点：

（1）可以处理铝硅比低的高硅铝土矿；

（2）生产消耗的是价格低廉的碳酸钠。

缺点：

（1）由于有烧结工序，单位能耗高，达48.31GJ/t；

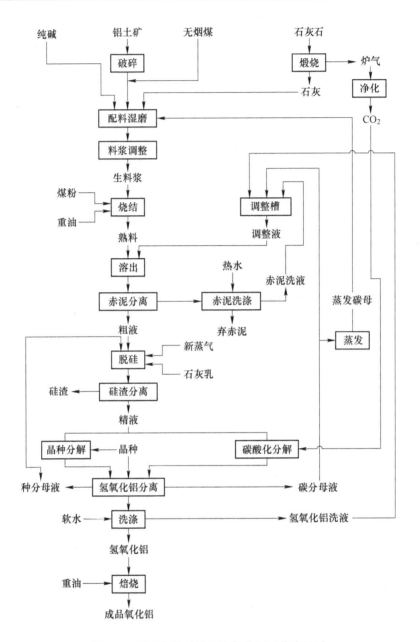

图 1-11 碱石灰烧结法生产氧化铝工艺流程图

（2）生产流程复杂；

（3）碳酸化分解的方法造成氧化铝产品质量差。

学习任务二 粉煤灰生产氧化铝的方法

一、粉煤灰预脱硅-碱石灰烧结法

粉煤灰的铝硅比较低，用粉煤灰生产氧化铝时，一般采用粉煤灰预脱硅-碱石灰烧结法生产氧化铝，其生产工艺和铝土矿碱石灰烧结法极为相似，其生产流程见图。

　　高铝粉煤灰碱法工艺核心原理是添加石灰采用烧结或者在高碱浓度下溶出的方式，形成理论上不含铝且不溶解的钙硅平衡固相（如硅酸二钙、碳酸钙、硅酸钙等），而采用碱性溶液使氧化铝溶解形成铝酸钠溶液或者高浓度铝酸钠溶液，然后进一步采用结晶、种分分解或者碳分分解的方式得到氢氧化铝产品。

　　预脱硅-碱石灰烧结法是粉煤灰首先采用氢氧化钠溶液预脱硅溶出部分活性二氧化硅，得到硅副产品并提高粉煤灰铝硅比，然后再采用现有的成熟的碱石灰烧结法工艺提取氧化铝。其主要流程图见图 1-12。

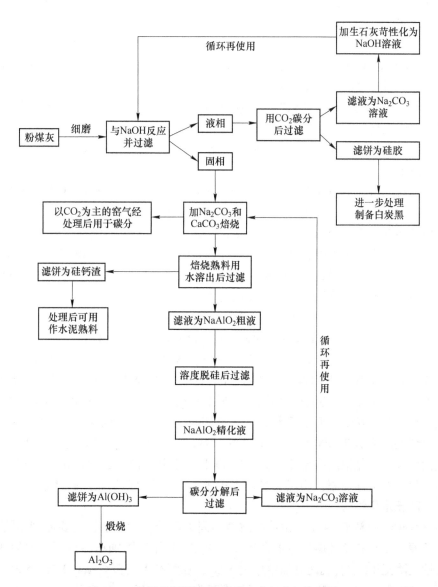

图 1-12　粉煤灰预脱硅-烧结法生产氧化铝流程图

　　在烧结过程中，实际生产中添加石灰石和生料煤进行烧结，烧结温度为 1150℃左右，烧结过程发生的主要反应为：

$$Al_2O_3 + Na_2CO_3 \longrightarrow Na_2O \cdot Al_2O_3 + CO_2$$
$$Fe_2O_3 + Na_2CO_3 \longrightarrow Na_2O \cdot Fe_2O_3 + CO_2$$
$$SiO_2 + 2CaO \longrightarrow 2CaO \cdot SiO_2$$

中国大唐集团于2004年研究开发了高铝粉煤灰预脱硅-碱石灰烧结法提取氧化铝主体技术路线，构建了高铝粉煤灰资源化利用与循环经济技术路线，建成了高铝粉煤灰年产20万吨氧化铝示范生产线，形成了一系列高铝粉煤灰资源化利用技术，如高铝粉煤灰预脱硅-碱石灰烧结法提取氧化铝联产金属镓，制备高白氢氧化铝，制备拟薄水铝石，制备硅酸钙保温材料，提铝尾渣建材综合利用技术，并在内蒙古自治区呼和浩特托克托工业园区形成了煤-电-灰-铝一体化循环经济产业。

二、石灰石烧结法

早在20世纪50年代，波兰的Grzymek教授就率先提出了粉煤灰石灰石烧结法提取氧化铝的工艺，旨在冷战时期替代海外进口铝土矿，保障本国铝土矿资源安全，波兰采用该技术建成年产6000t规模的氧化铝中试生产线，但随着冷战结束及其存在的高能耗等问题，该中试线最终关闭。

在我国，蒙西集团研发了改良的高铝粉煤灰石灰石烧结法提取氧化铝工艺，其主要工艺流程见图1-13。

该工艺首先将高铝粉煤灰与石灰石按一定比例混合，然后在温度约1300℃条件下焙烧，粉煤灰中氧化铝和二氧化硅分别反应生成$12CaO \cdot 7Al_2O_3$和$2CaO \cdot SiO_2$，烧成熟料采用碳酸钠溶液溶出，$12CaO \cdot 7Al_2O_3$反应生成$NaAlO_2$进入溶液中，而$2CaO \cdot SiO_2$不溶解作为固相进入提铝尾渣中，从而达到铝硅分离的目的，含铝的粗液经过脱硅后通入二氧化碳气体进行碳分分解得到氢氧化铝，氢氧化铝煅烧得到氧化铝产品，碳分分解母液返回进行熟料溶出。石灰石烧结法工艺主要反应为：

$$7Al_2O_3 + 12CaCO_3 \longrightarrow 12CaO_7 \cdot Al_2O_3 + 12CO_2$$
$$2SiO_2 + 2CaCO_3 \longrightarrow 2CaO \cdot SiO_2 + 2CO_2$$
$$12Na_2CO_3 + 12CaO \cdot 7Al_2O_3 + 5H_2O \longrightarrow 14NaAlO_2 + 12CaCO_3 + NaOH$$

费业斌等人研究了淮南电厂粉煤灰石灰石烧结法提取氧化铝的工艺，烧结温度为1340~1400℃，烧结完后自粉化较好，且提取氧化铝后的尾渣用于生产水泥。赵喆等系统地研究了平煤电厂粉煤灰石灰石烧结法工艺条件，认为烧结温度在1340~1360℃范围最佳，且出炉温度为700~900℃，自粉化时间为0.3~1.2h，自粉化率达到100%，并且熟料在碳酸钠溶液中氧化铝的溶出率可达82%以上。任根宽探讨了粉煤灰石灰石烧结法生产氧化铝过程中的指标控制，确定A/S和KH作为生产氧化铝工业控制指标。

三、高压水化学法

高压水化学法是于1957年由苏联波诺马列夫和沙仁发明的，主要原理是将粉煤灰或高硅铝资源、石灰和苛性碱溶液混合后在533~573K温度下加压溶出原料中的Al_2O_3，使溶液苛性比降至12左右。此时原料中的SiO_2，在苛性碱溶液含Na_2O50~500g/L时，变成$Na_2O \cdot 2CaO \cdot 2SiO_2 \cdot H_2O$，进一步处理变为$CaO \cdot SiO_2 \cdot H_2O$渣。

高压水化学法与烧结法相比，具有投资少、燃料消耗较低的优点，并有可能利用低热值的燃料。但高压水化学法并没有完善到可以工业化的程度，其主要的技术难题是：高温（280~300℃）、高碱浓度条件下的大型反应釜的制作技术要求苛刻，高浓度溶液的液固快

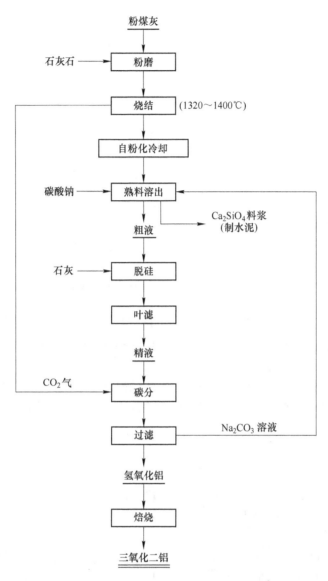

图 1-13　粉煤灰石灰石烧结法工艺流程图

速分离困难，高浓度碱溶液的蒸发效率低、能耗高。这些技术难题还有待于深入研究解决。

20 世纪 50 年代以来，多个国家都在积极研究用水化学法处理高硅三水铝石型铝土矿、霞石正长岩、斜长石、煤灰、黏土等。其中，"阿尔阔"公司已完成了用高压水化学法处理斜长岩年产 50 万吨氧化铝厂的设计，取得了改进水化学法的一系列专利。

高压水化学法主要物相区域图见图 1-14。

赵恒勤等研究了我国钾长石的高压水化学浸出，结果表明 K_2O 的浸出率达到 80%以上，Al_2O_3 的浸出率达到 75%以上。王孝楠在 20 世纪 80 年代进行了高压水化学法处理我国个旧霞石的研究，结果表明温度在 280~320℃范围，溶液苛性比值大于 10，Al_2O_3 的浸出率达到 90%左右，其后续采用氧化钙沉淀氧化铝再进一步溶解铝酸钙的方式增加了工

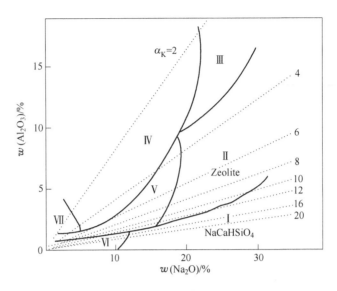

图 1-14　高压水化学法主要物相区域图

艺难度并使工艺流程不畅通。苏双青等采用低碱预脱硅-高碱溶出氧化铝工艺从粉煤灰中提取制备氢氧化铝,该工艺使用高铝粉煤灰、CaO 和 NaOH 在 280℃反应提取氧化铝,氧化铝提取率为 89%,得到的高苛性比铝酸钠溶液再加入 CaO,形成铝酸钙沉淀,再通入二氧化碳气体进行分解,进一步得到苛性比较低的铝酸钠溶液,该工艺虽然实现了粉煤灰中较高的氧化铝提取率,但添加石灰沉淀氧化铝的方式不但使工艺流程更加复杂,而且增加了成本和产渣量。

四、亚熔盐法

亚熔盐是由中国科学院过程工程研究所张懿院士提出,是可提供高化学活性、高离子活度氧负离子的碱金属盐高浓介质,亚熔盐区域是介于熔盐区和常规电解质水溶液之间的介质体系,与传统熔盐相比,其在传质和流动性方面有很大优势,其与常规电解质水溶液相比有很高的碱活度,在亚熔盐体系中,有效组分的活度系数大幅提高,反应活性高、介质沸点高,可在较高温度下实现常压操作,较传统反应过程有更强的热力学优势。

高碱浓度下的亚熔盐区域分布图见图 1-15。

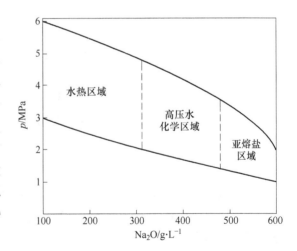

图 1-15　高碱浓度下的亚熔盐区域分布图

亚熔盐法最早研究用于铬盐处理,后逐渐用于研究处理低品位铝土矿及拜耳法赤泥,亚熔盐法采用浓碱液(Na$_2$O 600g/L 以上)在 150℃以上溶出一水硬铝石矿,得到高分子比的铝酸钠溶液和以水合铝硅酸钠为主要物相的赤泥。铝酸钠溶液经过稀释、液固分离后，再蒸发结晶出水合铝酸钠固体。将结晶出的水合铝酸钠固体溶解于水或者稀碱液中，经过脱硅、种分操作制得氢氧化铝产品。分离出的赤泥在用热水洗涤时加入石灰脱碱，最终赤泥的平衡固相为水化石榴石。实验表明，采用该工艺处理铝硅比为 8.62 的铝土矿，氧化铝的溶出率达到 96.4% 以上。与传统的拜耳法处理一水硬铝石矿相比，亚熔盐法的溶出压力和溶出温度由 4.0~6.0MPa 和 240~260℃ 分别降低到接近常压和 150~180℃，大幅度降低了溶出操作的工艺条件。

亚熔盐法具有高回收率和可处理低品位含铝资源等特性，可用于高铝粉煤灰氧化铝提取，但其存在高碱体系黏度大、过滤分离困难以及循环效率低等问题，故进一步降低反应温度、体系碱浓度和溶出液苛性比值成为高铝粉煤灰提取氧化铝近期研究的热点。

回俊博针对高铝粉煤灰一步高碱溶出工艺存在溶出液苛性比值高的问题，采用高铝粉煤灰两步高碱溶出工艺，使提铝溶液的苛性比值从 11.5 降低至 7.2，溶出液苛性比值的降低在一定程度上提高了整体工艺的循环效率。

五、粉煤灰一步酸溶法

酸法工艺主要是采用盐酸或者硫酸中的 H^+ 来破坏粉煤灰中的莫来石结构，使氧化铝溶出进入酸溶液中形成氯化铝、硫酸铝或者其他铝盐，然后再进一步采用分解或者结晶的方式完成氧化铝的提取。因为莫来石特有的稳定结构，采用酸直接处理粉煤灰氧化铝提取率较低，为了达到较高的提取率，通常采用加压溶出法、添加助剂法和前序预处理工艺。

美国橡树岭国家实验室提出 DLA 法（直接酸浸法），综合利用粉煤灰中各种物质，我国神华集团（现国家能源投资集团有限责任公司）和吉林大学联合研究，于 2004 年提出"一步酸溶法"工艺路线。一步酸溶法采用盐酸对高铝粉煤灰进行一步溶出，然后过滤分离，经过除杂和蒸发结晶后得到六水合氯化铝中间产物，进一步煅烧得到氧化铝产品，其主要工艺流程见图 1-16。

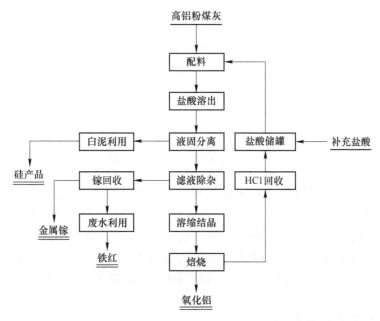

图 1-16　一步酸溶法工艺流程图

一步酸溶法工艺中主要化学反应如下：

$$Al_2O_3 + 6HCl + 3H_2O \longrightarrow 2AlCl_3 \cdot 6H_2O$$
$$Fe_2O_3 + 6HCl \longrightarrow 2FeCl_3 + 3H_2O$$
$$CaO + 2HCl \longrightarrow CaCl_2 + H_2O$$
$$2AlCl_3 \cdot 6H_2O \longrightarrow Al_2O_3 + 6HCl\uparrow + 3H_2O$$

一步酸溶法针对循环流化床锅炉粉煤灰的特性，采用高温加压浸出的方式直接溶出高铝粉煤灰，液固分离后的氯化铝溶液不但可以通过浓缩结晶的方式得到氯化铝中间产品，还可以进一步联产稀有贵金属镓，尾渣可进一步资源化利用得到硅产品，1.3t/t 氧化铝的尾渣量减量化明显，但由于强酸在高温溶液状态下腐蚀性较强，设备材质要求较高，另外由于碱金属大部分进入到溶出液中，需采用多级分离除杂，除杂成本较高。

六、粉煤灰硫酸溶出法

硫酸溶出法是以粉煤灰和硫酸为原料，经细磨、焙烧、活化，用硫酸浸出硫酸铝，结晶制备出 $Al_2(SO_4)_3 \cdot 18H_2O$，硫酸铝结晶经煅烧制备出冶金级氧化铝，其主要工艺流程见图 1-17。

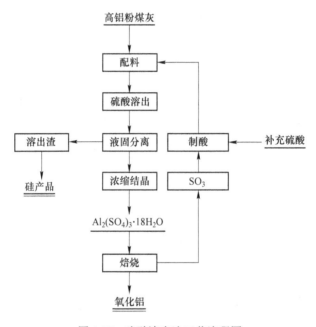

图 1-17　硫酸溶出法工艺流程图

实验表明，将高铝粉煤灰以 1:6 酸灰比与浓硫酸混合，在 320℃温度下焙烧 2h，然后在 95℃的酸性溶液里浸出 1h，Al_2O_3 浸出率可达 87%。以氟化铵作为助溶剂，采用 9.0mol/L 的浓硫酸直接浸取法制备氧化铝，在 m(粉煤灰)/m(浓硫酸) = 0.5，溶解 2h，氟化铵用量为粉煤灰的 8%的最佳条件下反应，经过滤、纯化、煅烧，制得氧化铝，氧化铝的浸出率达到 97.36%，该工艺具有较高的浸出率，但氟化物作为助溶剂对环境造成一定的污染。

七、粉煤灰硫酸氢铵溶出法

硫酸氢氨溶出法工艺流程图见图 1-18。

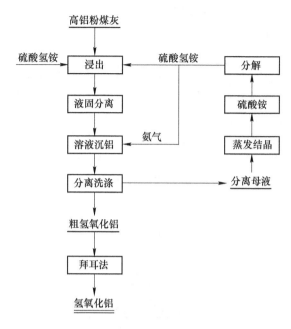

图 1-18　硫酸氢氨溶出法工艺流程图

　　沈阳工业大学采用硫酸氢铵溶液低温浸出循环流化床高铝粉煤灰，在浸出温度 130～180℃，浸出时间 3h 的条件下，氧化铝提取率 83.5%。对浸出液继续进行沉铝试验，在沉铝温度 80～90℃，沉铝时间 8h，沉铝终点 pH 值 5.5 的条件下，沉铝率达到 99% 以上，得到的粗氢氧化铝无胶体，易于过滤。硫酸铵低温分解试验结果表明，在分解温度 280～330℃，分解时间 2h 的条件下，分解率 99% 以上，分解冷却后固体经 XRD 检测为硫酸氢铵，估算生产成本费用在 1536.9 元/t 氧化铝。同时动力学研究表明，已溶解进入溶液中的铝离子、硫酸根、氨根离子与水等形成氨基明矾石（$NH_4Al_3(SO_4)_2(OH)_6$）沉淀，是造成氧化铝二次损失的主要原因，硫酸氢氨浸出粉煤灰氧化铝溶出过程的活化能为 40.95kJ/mol，属于化学反应控制过程。

八、粉煤灰烧结酸浸法

　　烧结酸浸法是首先采用烧结或者高温活化等工艺破坏粉煤灰中的莫来石结构，然后进一步采用酸性体系溶液进行溶出。

　　采用预脱硅-碳酸钠活化后使用盐酸进行溶出，提高了氧化铝溶出率并优化了反应条件，并且可进一步研究钙、铁等杂质在溶出过程中的反应行为。结果表明，采用 20% 的 NaOH 浓度，1mL/g 的液固比，在温度 100℃ 条件下反应 2h，SiO_2 的溶出率达到 37.3%，Al/Si 摩尔比可以从 0.81 升至 1.21。研究表明碱性霞石（$(Na_2O)_{0.33}NaAlSiO_4$）是反应体系的主要产物。然而，CaO 的存在并与 Al_2O_3 和 SiO_2 反应形成 $Ca_3Al_2O_6$ 和 Ca_2SiO_4，Fe_2O_3 的存在将通过结合少量 Na_2O 以形成 $Na_2Fe_2O_4$ 来减少（$Na_2O)_{0.33}NaAlSiO_4$ 的形成。总的来说，Al_2O_3 的溶解主要受 CaO 的影响，但较少受 Fe_2O_3 的影响。

　　A. Shemi 针对高铝粉煤灰莫来石和玻璃相中氧化铝的不同存在形态进行分别提取，采用酸浸出-烧结-酸浸出的工艺，首先采用酸对玻璃相中的氧化铝进行溶出，然后将残渣添加碳酸钙进行烧结，将大部分莫来石相转化成为可浸出的斜长石相，然后再次采用硫酸进行浸出。结果表明，氧化铝总体浸出率达到了 88.2%，第一个浸出阶段持续 10.2h，而第二个浸出阶段持续 45min。

九、铵盐焙烧法

铵盐焙烧法（以（NH_4）$_2SO_4$ 为例）是将粉煤灰或者预脱硅后粉煤灰与硫酸铵混合焙烧，反应生成可溶于水的硫酸铝铵和不溶于水的二氧化硅，经溶出过滤分离后得到硫酸铝铵溶液和提铝渣。硫酸铝铵溶液中有铁、铝、镁等杂质，除杂后得到硫酸铝铵精液，向该精制液中通氨气得到 $Al(OH)_3$ 和（NH_4）$_2SO_4$，过滤分离后得到 $Al(OH)_3$ 和（NH_4）$_2SO_4$ 溶液，由于 $Al(OH)_3$ 中含有部分铁等杂质，通过氢氧化钠溶液溶出后种分，可达到除杂和提高氢氧化铝产品质量，氢氧化铝煅烧可得到氧化铝，硫酸铵溶液蒸浓返回与粉煤灰反应。其主体技术路线见图 1-19。

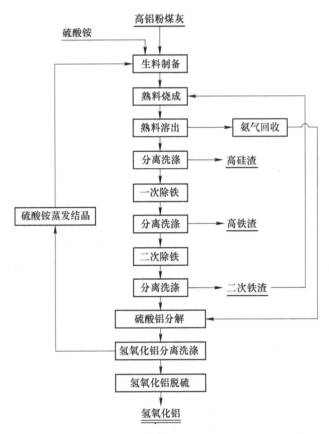

图 1-19　粉煤灰铵盐焙烧法工艺流程图

当焙烧温度为 400~450℃，硫酸铵与氧化铝摩尔比为 8 时，粉煤灰中莫来石相完全消失；当摩尔比为 6，焙烧时间为 120min，硫酸质量分数为 20%，浸取温度为 80℃，溶出时间为 2h，液固比为 8 时，粉煤灰中 Al_2O_3 提取率可达到 78.86%。

将粉煤灰先磨细活化，再与硫酸铵按一定配比混合，在高温下煅烧一段时间，取出后于 90℃ 下在硫酸中浸出 4h，过滤，调 pH 至 2，继续搅拌 12h，过滤出固体，冷风吹干，得到纯的硫酸铝铵，再经分解可得到 α-Al_2O_3，粉煤灰 Al_2O_3 提取率可达 96%。采用煤粉炉粉煤灰和硫酸铵混合焙烧，然后用盐酸浸出，在焙烧温度为 400℃，焙烧时间 3h，硫酸铵：粉煤灰（质量比）为 5：1 条件下，采用盐酸溶出熟料，氧化铝溶出率可以达到 85.4%。曾伟等人在常规铵法焙烧基础上采用粉煤灰与硫酸铵混合造粒，然后采用两段式流态化焙烧系统焙烧，在一定程度上降低了设备的腐蚀、焙烧粘壁、结焦等问题。

学习情境三　氧化铝及其水合物的性质

学习任务一　氧化铝水合物的分类

　　氧化铝水合物是构成各种类型铝土矿的主要成分。氧化铝水合物（$Al_2O_3 \cdot nH_2O$）根据所含结晶水数目（n）的不同分为三水型、一水型和铝胶三大类，其中三水型为 $n=3$ 的氧化铝水合物，包括三水铝石、拜耳石、诺耳石；一水型为 $n=1$ 的氧化铝水合物，包括一水硬铝石、一水软铝石；铝胶为含结晶水不完善的氧化铝水合物。

　　目前作为生产氧化铝的主要原料是铝元素以三水铝石、一水硬铝石及一水软铝石等形态存在的各类铝土矿。不同类型的铝土矿与氧化铝生产工艺流程的选择和技术条件的控制有着紧密关系，所以对不同形态氧化铝水合物的性质应该有充分的了解。

学习任务二　氧化铝水合物的性质

一、物理性质

　　各种氧化铝及其水合物的物理性质各不相同，其密度和硬度由低到高的次序是：三水铝石→ 一水软铝石→ 一水硬铝石。

二、化学性质

　　氧化铝及其水合物是两性化合物，均不溶于水，而溶解于酸和碱液中。溶解于弱酸和弱碱时所生成的铝盐很不稳定，会立即发生水解生成氢氧化铝，弱酸和弱碱不能用于工业生产。溶解于强酸和强碱时所生成的铝盐则较为稳定，在工业控制条件下能够满足生产要求，所以工业上的酸法和碱法生产氧化铝就是利用了这种性质。

　　不同形态的氧化铝及其水合物溶解于酸和碱液中的速度和溶解度是不相同的。三水铝石最易溶解，一水软铝石次之，一水硬铝石则很难溶解，因此在碱法生产氧化铝时，铝土矿中铝的存在形态就决定了溶解条件，进而决定了能耗、生产成本等指标。另外，由于电解铝生产对作为原料的氧化铝有化学活性方面的要求，氢氧化铝的焙烧条件同样也很重要，在低温焙烧的条件下会得到化学活性好的 $\gamma\text{-}Al_2O_3$，在高温焙烧的条件下会得到化学活性差的 $\alpha\text{-}Al_2O_3$。因此，在氧化铝生产中要充分注意到不同形态氧化铝及其水合物的物理化学性质的不同，根据铝土矿资源条件和下游产业的要求来控制氧化铝生产工艺技术条件。

学习任务三　电解炼铝对氧化铝的质量要求

　　氧化铝总产量的 90% 以上是作为电解铝生产原料的。氧化铝生产的技术条件要根据电解铝生产对氧化铝的物理及化学纯度上的要求来进行控制。

一、电解炼铝对氧化铝化学纯度的要求

电解炼铝对氧化铝化学纯度的要求如下：

（1）氧化铝中所含氧化铁、氧化钛、氧化硅等杂质要尽可能少。这些氧化物杂质在电解铝生产过程中，铁、钛、硅会被电解析出进入金属铝液中，导致产品金属铝的等级下降，并且使电流效率下降。

（2）氧化铝中所含氧化钠和水分要尽可能少。在电解过程中，氧化钠会与冰晶石发生反应，生成氟化钠，造成电解质的 NaF 与 AlF₃ 的物质的量之比（分子质量比）变化，增加氟化铝的消耗。水分同样会与冰晶石发生反应，生成氟化钠、氟化氢，造成电解质分子质量比变化，增加氟化铝的消耗，同时产生有害气体氟化氢，污染环境。

二、氧化铝物理性质及电解炼铝对氧化铝物理性质的要求

氧化铝物理性质如下：

安息角：物料在光滑平面上自然堆积的倾角，是表示氧化铝流动性能好坏的指标。安息角越大，氧化铝的流动性越差；安息角越小，氧化铝的流动性越好。

比表面积：单位质量物料的外表面积与内孔表面积之和的总表面积，是表示氧化铝化学活性的指标。比表面积越大，氧化铝的化学活性越好，越易溶解；比表面积越小，氧化铝的化学活性越差，越不易溶解。

容重：在自然状态下单位体积物料的重量。通常容重小的氧化铝有利于在电解质中的溶解。

粒度：氧化铝颗粒的粗细程度。过粗的氧化铝在电解质中的溶解速度慢，甚至沉淀；而过细的氧化铝则飞扬损失加大。

电解炼铝对氧化铝物理性质的要求如下：

（1）氧化铝在冰晶石电解质中溶解速度要快；

（2）输送加料过程中，氧化铝飞扬损失要小，以降低氧化铝单耗指标；

（3）氧化铝能在阳极表面覆盖良好，减少阳极氧化；

（4）氧化铝应具有良好的保温性能，减少电解槽热量损失；

（5）氧化铝应具有较好的化学活性和吸附能力来吸附电解槽烟气中的氟化氢气体。

氧化铝产品根据其物理性质分为砂状氧化铝、面粉状氧化铝和中间状氧化铝，其中砂状氧化铝因为能很好地满足电解铝生产对氧化铝物理性质的要求，所以在目前，砂状氧化铝已成为氧化铝生产的主要产品。

学习情境四　铝酸钠溶液

预脱硅-碱石灰烧结法是碱法的一种。

碱法生产氧化铝都是通过不同的途径使氧化铝从铝土矿中溶出成为铝酸钠溶液，而杂质入渣，铝酸钠溶液经净化后分解析出氢氧化铝。因此碱法生产氧化铝的实质就是铝酸钠溶液的制备、净化和分解过程。铝酸钠溶液是生产过程重要的中间产物，掌握铝酸钠溶液的相关基本概念有着重要意义。

学习任务一　铝酸钠溶液的特性参数

一、铝酸钠溶液浓度的表示方法

（1）碱的类型及符号：

苛性碱：$Na_2O_{苛}$、Na_2O_K，指以 $NaAl(OH)_4$ 分子和 $NaOH$ 分子等形式存在的 Na_2O；

碳酸碱：$Na_2O_{碳}$、Na_2O_C，指以 Na_2CO_3 分子形式存在的 Na_2O；

硫酸碱：$Na_2O_{硫}$、Na_2O_S，指以 Na_2SO_3 分子形式存在的 Na_2O；

全碱：$Na_2O_{全}$、Na_2O_T，指以苛性碱和碳酸碱状态存在的 Na_2O 的总和。

（2）浓度。工业铝酸钠溶液浓度的表示一般以氧化铝和氧化钠的质量浓度表示。

二、苛性比——特殊参数

其表示铝酸钠溶液溶解氧化铝的饱和程度及溶液的稳定性。

$$\alpha_K = \frac{溶液中 Na_2O_K 的物质的量}{溶液中 Al_2O_3 的物质的量} = \frac{n(Na_2O_K)}{n(Al_2O_3)} \tag{1-1}$$

$$\alpha_K = \frac{\rho(Na_2O_K)}{\rho(Al_2O_3)} \times \frac{102}{60} = \frac{\rho(Na_2O_K)}{\rho(Al_2O_3)} \times 1.645 \tag{1-2}$$

三、硅量指数

硅量指数是指铝酸钠溶液中氧化铝与二氧化硅的质量比，表示铝酸钠溶液的纯度。硅量指数越高，则铝酸钠溶液中氧化硅含量越低，纯度越高，析出的氢氧化铝杂质含量就会越少。

$$硅量指数 = \frac{\rho(Al_2O_3)}{\rho(SiO_2)} \tag{1-3}$$

学习任务二　铝酸钠溶液的分解

在氧化铝生产过程中，无论是烧结法生产还是拜耳法生产，都必须经过铝酸钠溶液的分解，而且，无论是种分分解还是碳分分解，都是 α_K 升高的过程，这是因为在分解过程中，铝酸钠溶液由过饱和的低 α_K 体系经过分解后析出氢氧化铝，变为高 α_K 体系的铝酸钠溶液返回配料，从而构成苛性比值的差值实现氢氧化铝的析出。

从铝酸钠溶液分解得到氢氧化铝，氢氧化铝与母液进行固液分离后，还要对其进行两次以上的洗涤，洗涤后的氢氧化铝含附着水约10%，再对这种氢氧化铝在1200℃左右的温度下焙烧，从而得到最终的产品氧化铝。而对于烧结法生产来说，既有碳酸化分解又有种分分解，因此，研究铝酸钠溶液在分解过程的机理具有重要的意义。

 **习　题**

1-1 简述粉煤灰形成过程。

1-2 高铝粉煤灰主要物相结构有哪些？

1-3 铝土矿的主要类型有哪些，我国铝土矿主要特点是什么？

1-4 判断含铝矿物资源质量高低的指标是什么，该指标的定义是什么？

1-5 烧结法生产氧化铝和拜耳法生产氧化铝的优缺点是什么？

1-6 硅在拜耳法生产工艺中的危害有哪些？

1-7 简述晶种分解过程。

1-8 简述烧结法生产氧化铝过程二次反应方程式。

第二部分　粉煤灰提取氧化铝过程物料分析

学习情境一　粉煤灰成分分析

一、化学组成

我国火电厂粉煤灰的主要氧化物组成为：SiO_2、Al_2O_3、FeO、Fe_2O_3、CaO、TiO_2、MgO、K_2O、Na_2O、SO_3、MnO_2 等，此外还有 P_2O_5 等。其中氧化硅、氧化钛来自黏土和岩页；氧化铁主要来自黄铁矿；氧化镁和氧化钙来自与其相应的碳酸盐和硫酸盐。

粉煤灰的元素组成（质量分数）为：O 47.83%，Si 11.48%~31.14%，Al 6.40%~22.91%，Fe 1.90%~18.51%，Ca 0.30%~25.10%，K 0.22%~3.10%，Mg 0.05%~1.92%，Ti 0.40%~1.80%，S 0.03%~4.75%，Na 0.05%~1.40%，P 0.00%~0.90%，Cl 0.00%~0.12%，其他 0.50%~29.12%。

由于煤的灰量变化范围很广，而且这一变化不仅发生在来自世界各地或同一地区不同煤层的煤中，甚至也发生在同一煤矿不同的部分的煤中。因此，粉煤灰具体化学成分的含量，也就因煤的产地、煤的燃烧方式和程度等不同而有所不同。其主要化学组成见表 2-1。

表 2-1　我国电厂粉煤灰化学组成（质量分数）　　　　　　　　　（%）

成分	SiO_2	Al_2O_3	Fe_2O_3	CaO	MgO	SO_3	Na_2O	K_2O	烧失量
范围	34.30~65.76	14.59~40.12	1.50~6.22	0.44~16.80	0.20~3.72	0.00~6.00	0.10~4.23	0.02~2.14	0.63~29.97
均值	50.8	28.1	6.2	3.7	1.2	0.8	1.2	0.6	7.9

粉煤灰的活性主要来自活性 SiO_2（玻璃体 SiO_2）和活性 Al_2O_3（玻璃体 Al_2O_3）在一定碱性条件下的水化作用。因此，粉煤灰中活性 SiO_2、活性 Al_2O_3 和 f-CaO（游离氧化钙）都是活性的有利成分，硫在粉煤灰中一部分以可溶性石膏（$CaSO_4$）的形式存在，它对粉煤灰早期强度的发挥有一定作用，因此粉煤灰中的硫对粉煤灰的活性也是有利的。粉煤灰中的钙含量在 3% 左右，它对胶凝体的形成是有利的。国外把 CaO 含量超过 10% 的粉煤灰称为 C 类灰，而低于 10% 的粉煤灰称为 F 类灰。C 类灰其本身具有一定的水硬性，可作水泥混合材，F 类灰常作混凝土掺和料，它比 C 类灰使用时的水化热要低。

粉煤灰中少量的 MgO、Na_2O、K_2O 等生成较多玻璃体，在水化反应中会促进碱硅反应。但 MgO 含量过高时，对安定性带来不利影响。

粉煤灰中的未燃炭粒疏松多孔，是一种惰性物质，不仅对粉煤灰的活性有害，而且对粉煤灰的压实也不利。过量的 Fe_2O_3 对粉煤灰的活性也不利。

二、粉煤灰的矿物组成

由于煤粉各颗粒间的化学成分并不完全一致，因此燃烧过程中形成的粉煤灰在排出的冷却过程中，形成了不同的物相。比如：氧化硅及氧化铝含量较高的玻璃珠在高温冷却的过程中逐步析出石英及莫来石晶体，氧化铁含量较高的玻璃珠则析出赤铁矿和磁铁矿。粉煤灰中晶体矿物的含量与粉煤灰冷却速度有关。一般来说，冷却速度较快时，玻璃体含量较多；反之，玻璃体容易析晶。可见，从物相上讲，粉煤灰是晶体矿物和非晶体矿物的混合物。其矿物组成的波动范围较大。一般晶体矿物为石英、莫来石、氧化铁、氧化镁、生石灰及无水石膏等，非晶体矿物为玻璃体、无定形碳和次生褐铁矿，其中玻璃体含量占50%以上。

学习任务一　二次盐酸脱水重量法测定 SiO_2 含量

一、学习目标

（1）掌握基本化学仪器的操作；

（2）掌握二次盐酸脱水重量法测定 SiO_2 含量的方法；

（3）掌握化学分析基本操作；

（4）学会马弗炉的结构及操作。

二、方法提要

试样经分解、酸化、蒸干后在 105~110℃ 烘干脱水分离二氧化硅，一次分离后的滤液再经蒸干，进行二次烘干脱水，将二次分离出的二氧化硅合并灼烧、称量，计算二氧化硅含量。

三、实验准备

（一）仪器准备

马弗炉、铂坩埚、熟料烧杯、玻璃棒、容量瓶、电子天平、洗耳球、玻璃烧杯、滴定台、铁架台、量筒、锥形瓶、铁架台、吸量管、电热板、恒温干燥箱。

（二）药品准备

（1）无水碳酸钠。

（2）盐酸（1+1）：密度为 $1.19g/cm^3$ 的盐酸与水等体积混合。

（3）2%盐酸：2mL 密度为 $1.19g/cm^3$ 的盐酸与 98mL 水混合。

（4）盐酸：密度 $1.19g/cm^3$。

（5）硫酸（1+1）：将密度为 $1.84g/cm^3$ 的硫酸在不断搅拌下慢慢倒入等体积的水中（必要时应在冷水浴中进行）。

（6）氢氟酸：密度 $1.15g/cm^3$。

（7）粉煤灰。

四、分析步骤

（1）准确称取 0.5000g 试样，放入底部有一薄层无水碳酸钠的铂坩埚中，加无水碳酸钠 4~5g，以尖头玻璃棒搅匀，用滤纸角擦净玻璃棒上沾附物一并置于坩埚中，表面再加盖一薄层无水碳酸钠。将坩埚加盖，放入马弗炉，于 950~1 000℃ 熔融 30min。取出坩埚冷却至室温。将坩埚连盖一同放入 250mL 烧杯中，以 50mL 热的盐酸（1+1）浸取熔块，待熔块全部脱落后以热水和淀帚洗净坩埚及坩埚盖，以玻璃棒压碎熔块。将溶液加热蒸发至干，放入恒温干燥箱中于 105~110℃烘 1h，取出烧杯，加盐酸 5mL，放置数分钟，加沸水 50mL，搅拌使盐类溶解，以中速定量滤纸过滤，用热的 2%盐酸以倾泻法洗烧杯 2~3 次，将沉淀全部移到滤纸上，以淀帚及 2%盐酸洗净烧杯并继续洗沉淀 5~6 次，最后以热水洗至无氯离子。

（2）将上述滤液按前述步骤再次蒸、烘干脱水、过滤、洗涤，滤液以 300mL 烧杯承接。

（3）将两张盛有硅酸沉淀的滤纸置于同一铂坩埚中，低温灰化后放入马弗炉于 950~1000℃灼烧 40min，取出坩埚放入干燥器中冷至室温，称量，反复灼烧至恒重。

（4）向坩埚中加硫酸（1+1）0.5mL 及氢氟酸 5mL，将坩埚置于通风橱内加热直至冒白烟，再加氢氟酸 5mL，加热蒸干并加强热使白烟冒尽，将坩埚放入马弗炉内于 1000℃灼烧 10min 取出放入干燥器中冷至室温，称量，反复灼烧，直至恒重。

（5）两次滤液合并，蒸发至适当体积移入 200mL 容量瓶，稀释至刻度，摇匀（溶液 A）。此溶液可用于其他化学组分的测定。

注：沉淀经氢氟酸处理后如有明显残渣存在，应以焦硫酸钾处理与溶液 A 合并。

五、结果分析

二氧化硅含量 X_1（%）按下式计算：

$$X_1 = \frac{m_1 - m_2}{m_0}$$

式中　m_1——氢氟酸处理前沉淀及坩埚质量，g；

　　　m_2——氢氟酸处理后坩埚质量，g；

　　　m_0——试样质量，g。

六、允许误差

同一试样两次测定结果允许绝对误差为 0.4%。

学习任务二　氟硅酸钾容量法测定 SiO_2 含量

一、学习目标

（1）掌握基本化学仪器的操作；

（2）掌握氟硅酸钾容量法测定 SiO_2 含量的方法；

（3）掌握化学分析基本操作；

（4）学会马弗炉的结构及操作。

二、方法提要

试样经分解，在硝酸介质中加入足够 K^+ 和 F^-，使硅酸呈氟硅酸钾沉淀析出。沉淀经过滤、洗涤、中和后加沸水使氟硅酸钾水解，以氢氧化钠标准溶液滴定沉淀水解形成的氟氢酸，根据氢氧化钠标准溶液消耗量计算二氧化硅含量。

$$SiO_3^{2+} + 2K^+ + 6F^- + 6H^+ \longrightarrow K_2SiF_6\downarrow + 3H_2O$$

$$K_2SiF_6 + 3H_2O \longrightarrow 2KF + H_2SiO_4 + 4HF$$

$$HF + NaOH \longrightarrow NaF + H_2O$$

三、实验准备

（一）仪器准备

马弗炉、银坩埚、塑料烧杯、玻璃棒、容量瓶、电子天平、洗耳球、玻璃烧杯、滴定台、铁架台、量筒、锥形瓶、铁架台、吸量管、电热板、恒温干燥箱。

（二）药品准备

（1）无水乙醇。

（2）氢氧化钠。

（3）氯化钾。

（4）硝酸：密度 $1.4g/cm^3$。

（5）10%氟化钾：16.2g 氟化钾（$KF \cdot 2H_2O$）溶于适量水中，稀释至 100mL。

（6）5%氯化钾：5g 氯化钾溶于适量水中，稀释至 100mL。

（7）5%氯化钾—乙醇：50g 氯化钾溶于 500mL 水中，以无水乙醇稀释至 1L。

（8）1%酚酞指示剂：1g 酚酞溶于 100mL 无水乙醇中。

（9）0.15mol/L 氢氧化钠：6g 氢氧化钠溶于 300mL 水中，加热至近沸，加 10%氯化钡 2mL，煮沸使沉淀凝聚。取下冷却，以定性滤纸过滤并以除去二氧化碳的水稀释至 1L。以苯二甲酸氢钾进行标定。

标定：称取在 105～110℃烘过 2h 的苯二甲酸氢钾 0.6126g 于 250mL 烧杯中，加入经煮沸除去二氧化碳的水 150mL，搅拌使溶解，稍冷，加酚酞指示剂 3 滴，以 0.15mol/L 氢氧化钠标准溶液进行滴定，至溶液出现稳定的微红色为终点。

氢氧化钠标准溶液的浓度（mol/L）按下式计算：

$$c = \frac{m \times 1000}{204.21 \times V}$$

式中　V——滴定时消耗氢氧化钠标准溶液的体积，mL；

$\quad\quad m$——苯二甲酸氢钾的质量，mg；

204.21——1mol/L 苯二甲酸氢钾的质量，mg。

（10）粉煤灰。

（11）10%氯化钡溶液：10g 氯化钡（$BaCl_2 \cdot 2H_2O$）溶于适量水中，稀释至 100mL。

四、分析步骤

（1）准确称取 0.5000g 试样放入银坩埚中，加数滴无水乙醇使试样润湿，加氢氧化钠 4～6g，加坩埚盖并将坩埚置于马弗炉中，逐渐升温至 600～650℃，在此温度保持 10min，取出冷却。

（2）将坩埚外部擦净，连盖一同放入 250mL 烧杯中，以沸水浸取熔块，用热水及淀帚洗净坩埚及坩埚盖，在不断搅拌下一次加入 25mL 盐酸使沉淀全部溶解，冷至室温，将溶液移入 200mL 容量瓶中，以水稀释至刻度，摇匀（溶液 B）。此溶液可用于其他化学组分的测定。

（3）用移液管准确吸取上述溶液 20mL 于塑料杯中，加氯化钾 2～3g 及硝酸 10mL，搅拌使氯化钾溶解，溶液经流水冷却后，加 10%氟化钾溶液 10mL，充分搅拌数次静置 5min，以快速定性滤纸过滤，以 5%氯化钾溶液洗塑料杯及沉淀 4～5 次，将沉淀连同滤纸放入原塑料杯中，加 5%氯化钾—乙醇溶液 10mL 及酚酞指示剂 10

滴，以 0.15mol/L 氢氧化钠标准溶液边中和边将滤纸捣碎，直至溶液出现稳定的粉红色，以杯中碎滤纸擦拭杯壁，并继续中和至红色不退为止。加入经煮沸除去二氧化碳的水 150mL，充分搅拌使沉淀水解完全，以氢氧化钠标准溶液进行滴定，至溶液出现稳定的微红色为终点。

注：① 室温在 32℃ 以上可用冰水冷却；② 为防止沉淀水解，过滤、洗涤等操作应尽量缩短时间，当试样较多时，应分批进行沉淀，每一批不宜超过 5~6 只。

五、结果分析

二氧化硅含量 $X_2(\%)$ 按下式计算：

$$X_2 = \frac{T \cdot V \times 10}{m \times 1000} \times 100$$

式中　T——氢氧化钠标准溶液对二氧化硅的滴定度，mg/mL，$T = c \times 15.02$；

　　　V——滴定时消耗氢氧化钠标准溶液的体积，mL；

　　　m——试样质量，g。

六、允许误差

同一试样两次测定结果允许绝对误差为 0.4%。

学习任务三　比色法测定 Fe_2O_3 含量

一、学习目标

(1) 掌握分光光度计的操作；

(2) 掌握比色法测定 Fe_2O_3 含量的方法。

二、方法提要

在氨性溶液中，铁离子与磺基水杨酸生成黄色配合物，以分光光度计于 420nm 波长处测定溶液吸光度，根据标准曲线查得的毫克数，计算三氧化二铁含量。

三、实验准备

(一) 仪器准备

分光光度计、熟料烧杯、玻璃棒、容量瓶、电子天平、洗耳球、玻璃烧杯、滴定台、铁架台、量筒、锥形瓶、铁架台、吸量管、电热板、恒温干燥箱。

(二) 药品准备

(1) 25%磺基水杨酸：25g 磺基水杨酸溶于适量水中，稀释至 100mL。

(2) 氨水（1+1）：密度为 0.9g/cm³ 的氨水与水等体积混合。

(3) 三氧化二铁标准溶液：称取纯铁丝（或基准铁粉）0.0699g，以 25mL 盐酸（1+1）溶解后移入 1L 容量瓶。稀释至刻度，摇匀。此溶液 1mL 相当于 0.1 mg 三氧化二铁。

四、分析步骤

(一) 标准曲线的绘制

以滴定管准确分取 0mL，1mL，3mL，5mL，7mL，10mL，15mL 三氧化二铁标准溶液分别置于 100mL 容量瓶中，以水稀释至 40mL，加 25%磺基水杨酸 10mL，在不断摇动下逐滴加入氨水（1+1）至溶液出现黄色并过量 2mL，以水稀释至刻度，摇匀，在分光光度计上于 420nm 波长处以 5cm 比色槽测定吸光度，并绘制标准曲线。

（二）试样分析

用移液管吸取溶液 A 或溶液 B 20mL 于 100mL 容量瓶中，以水稀释至 40mL，以下按标准曲线绘制的操作步骤进行，在分光光度计上测定吸光度。

注：以溶液 B 进行测定时，氨水加入速度宜快，显色后在 15min 内比色完毕，以防止溶液出现浑浊。

五、结果分析

三氧化二铁含量 $X_3(\%)$ 按下式计算：

$$X_3 = \frac{m \times 10}{m_0 \times 1000} \times 100$$

式中 m—— 自标准曲线中查得的三氧化二铁的质量，mg；

   m_0—— 试样质量，g。

六、允许误差

同一试样两次测定结果允许误差见表 2-2。

表 2-2   同一试样两次测定结果允许误差

含量	允许平均相对误差/%	允许绝对误差/%
≥0.50	15	—
<0.50	—	0.06

学习任务四   络合滴定法测定 Fe_2O_3 含量

一、学习目标

（1）掌握化学滴定的操作；

（2）掌握络合滴定方式测定 Fe_2O_3 含量的方法；

（3）掌握化学滴定基本操作。

二、方法提要

铁离子在 pH 为 1~3 范围内能与 EDTA 定量络合，以磺基水杨酸为指示剂，以 EDTA 标准溶液进行滴定，溶液由紫红色突变为亮黄色为终点，根据 EDTA 标准溶液消耗量计算三氧化二铁的含量。

三、实验准备

（一）仪器准备

玻璃棒、容量瓶、电子天平、洗耳球、玻璃烧杯、滴定台、铁架台、量筒、锥形瓶、铁架台、吸量管、电热板、恒温干燥箱。

（二）药品准备

（1）氯酸钾。

（2）氨水（1+1）：密度为 $0.9g/cm^3$ 的氨水与水等体积混合。

（3）10%磺基水杨酸：10g 磺基水杨酸溶于适量水中，稀释至 100mL。

（4）乙酸-乙酸钠缓冲溶液：136g 乙酸钠（NaAc·$3H_2O$）溶于适量水中，加冰乙酸 3.3mL 以水稀释至 1L，此溶液 pH 为 6。

（5）0.2%二甲酚橙指示剂：0.2g 二甲酚橙溶于 100mL 水中。

（6）0.01mol/L EDTA：3.7g 乙二胺四乙酸二钠溶于 200mL 水中，稀释至 1L。

标定：准确吸取 0.01mol/L 氧化锌标准溶液 10mL 于 250mL 烧杯中，以水稀释至 100mL，加 pH 为 6 的乙酸-乙酸钠缓冲溶液 20mL 及 0.2%二甲酚橙指示剂 3 滴，以 EDTA 标准溶液进行滴定，溶液由红色变为黄色为终点。

EDTA 标准溶液的浓度 c(mol/L) 按下式计算：

$$c = \frac{M_{ZnO} \times V_{ZnO}}{V_{EDTA}}$$

式中　M_{ZnO}——氧化锌标准溶液的浓度，mol/L；

　　　V_{ZnO}——吸取氧化锌标准溶液的体积，mL；

　　　V_{EDTA}——滴定时消耗 EDTA 标准溶液的体积，mL。

四、分析步骤

以移液管吸取溶液 A 或溶液 B20mL 于 250mL 烧杯中，加氯酸钾 0.1g，以水稀释到 100mL，将烧杯置于电炉上加热。使氯酸钾溶解并继续加热至近沸，取下烧杯以氨水（1+1）中和至 pH 为 6~7，加 1mol/L 盐酸 3~4mL，搅拌使沉淀溶解，加 10%磺基水杨酸溶液 2mL，以 1mol/L 盐酸调节溶液酸度使 pH 在 1.3~1.5 范围内，以 0.01mol/L EDTA 标准溶液进行滴定，溶液由紫红色突变为亮黄色（含铁较低时为无色）为终点。

五、结果分析

三氧化二铁含量 X_4(%) 按下式计算：

$$X_4 = \frac{T \cdot V \times 10}{m_0 \times 1000} \times 100$$

式中　T——EDTA 标准溶液对三氧化二铁的滴定度，mg/mL，按下式计算：

$$T = c \times 79.85$$

79.85——与 1.00mL EDTA 标准溶液（c(EDTA)=1.00mol/L）相当的三氧化二铁的质量，mg；

　　　V——滴定时消耗 EDTA 标准溶液的体积，mL；

　　　m_0——试样质量，g。

六、允许误差

同一试样两次测定结果允许误差见表 2-3。

表 2-3　同一试样两次测定结果允许误差

含量	允许平均相对误差/%	允许绝对误差/%
≥0.50	15	—
<0.50	—	0.06

学习任务五　TiO$_2$ 含量的测定

一、学习目标

（1）掌握原子吸收分光光度计的操作；

（2）掌握测定 TiO$_2$ 含量的方法；

（3）掌握标准曲线的绘制方法。

二、方法提要

钛离子与过氧化氢在酸性介质中生成黄色配合物，以磷酸作掩蔽剂消除 Fe^{3+} 的干扰，以分光光度计于 420nm 波长处测定溶液吸光度，根据标准曲线查得的毫克数计算二氧化钛的含量。

三、实验准备

（一）仪器准备

原子吸收分光光度计、容量瓶、电子天平、洗耳球、玻璃烧杯、滴定台、铁架台、量筒、锥形瓶、铁架台、吸量管、电热板、恒温干燥箱。

（二）药品准备

（1）硫酸（1+1）：将密度为 $1.84g/cm^3$ 的硫酸在不断搅拌下慢慢倒入等体积的水中（必要时应在冷水浴中进行）。

（2）磷酸（1+1）：将密度为 $1.69g/cm^3$ 的磷酸在不断搅拌下倒入等体积的水中。

（3）过氧化氢（1+9）：1 份 30% 的过氧化氢与 9 份水混合。

（4）二氧化钛标准溶液：准确称取于 950℃灼烧过的基准二氧化钛 0.2500g 于瓷坩埚中，以 6~8g 焦硫酸钾在 750℃熔 20min，取出冷却，以 100mL 热的硫酸（1+5）浸取熔块，冷却后移入 250mL 容量瓶中，以水稀释至刻度摇匀。

准确吸取上述溶液 50mL 于 500mL 容量瓶中，以水稀释至刻度，摇匀。此溶液 1mL 相当于 0.1mg 二氧化钛。

四、分析步骤

（一）标准曲线的绘制

以滴定管准确分取 0mL，1mL，2mL，3mL，5mL，7mL，10mL 二氧化钛标准溶液分别置于 100mL 容量瓶中，以水稀释至 50mL，加硫酸（1+1）10mL、磷酸（1+1）2mL 和过氧化氢（1+9）5mL，以水稀释至刻度，摇匀。在分光光度计上于 420nm 波长处以 5cm 比色槽测定吸光度并绘制标准曲线。

（二）试样分析

以移液管吸取溶液 A 或溶液 B 20mL 于 100mL 烧杯中，加硫酸（1+1）10mL 于通风橱内加热蒸发至冒白烟，取下冷却，以水冲洗杯壁并稀释至 40mL，以定性滤纸过滤，以水洗烧杯 3 次，洗沉淀 5~6 次，滤液以 100mL 容量瓶承接。加磷酸（1+1）2mL 和过氧化氢（1+9）5mL，以水稀释至刻度，摇匀，在分光光度计上于 420nm 波长处以 5cm 比色槽测定吸光度。

注：冒白烟后如无沉淀析出可不进行过滤。

五、结果分析

二氧化钛含量 $X_5(\%)$ 按下式计算：

$$X_5 = \frac{m \times 10}{m_0 \times 1000} \times 100$$

式中　m——自标准曲线中查得的二氧化钛的毫克数；

　　　m_0——试样质量，g。

六、允许误差

同一试样两次测定结果允许误差见表 2-4。

表 2-4 同一试样两次测定结果允许误差

含量	允许平均相对误差/%	允许绝对误差
≥0.10	30	—
<0.10	—	0.03

学习任务六 Al_2O_3 含量的测定

一、学习目标

（1）掌握返滴定的原理及操作；

（2）掌握测定 Al_2O_3 含量的方法；

（3）掌握缓冲溶液的使用。

二、方法提要

铝离子与 EDTA 在 pH 为 3~6 范围内可定量络合，但由于常温条件下络合速度缓慢，必须先加入过量 EDTA，加热促使反应加速进行。本法以亚硝基红盐为指示剂，以铜盐进行返滴定，在 pH 为 4.5 条件下，指示剂由黄色经翠绿色突变为草绿色为终点。根据硫酸铜溶液消耗量计算三氧化二铝的含量。

三、实验准备

（一）仪器准备

表面皿、容量瓶、电子天平、洗耳球、玻璃烧杯、滴定台、铁架台、量筒、锥形瓶、铁架台、吸量管、电热板、恒温干燥箱。

（二）药品准备

（1）0.035mol/L EDTA：12.95g 乙二胺四乙酸二钠溶于 600mL 水中，稀释至 1L。

（2）将密度为 1.84g/cm³ 的硫酸在不断搅拌下慢慢倒入等体积的水中（必要时应在冷水浴中进行）。

（3）乙酸-乙酸铵缓冲溶液：77g 乙酸铵溶于 500mL 水中，加入 58.9mL 冰乙酸以水稀释至 1L，此溶液 pH 为 4.5。

（4）0.2% 亚硝基红盐：0.2g 亚硝基红盐溶于 100mL 水中。

（5）0.035mol/L 硫酸铜：7.5g 硫酸铜（$CuSO_4 \cdot 5H_2O$）溶于有 5 滴硫酸（1+1）的 200mL 水中，以水稀释至 1L。

比较：准确吸取 0.035mol/L EDTA 标准溶液 20mL 于 250mL 烧杯中，以水稀释至 100mL，加 pH 为 4.5 的乙酸-乙酸铵缓冲溶液 20mL 及 0.2%亚硝基红盐指示剂 2mL，以硫酸铜溶液进行滴定，溶液由黄色经翠绿突变为草绿色为终点。

比较结果按下式计算：

$$K = \frac{V_{EDTA}}{V}$$

式中 K——每毫升硫酸铜溶液相当于 EDTA 标准溶液的体积；

V_{EDTA}——吸取 EDTA 标准溶液的体积，mL；

V——滴定时消耗硫酸铜溶液的体积，mL。

四、分析步骤

以移液管吸取溶液 A 或溶液 B 20mL 于 250mL 烧杯中。准确加入 0.035mol/L EDTA

标准溶液 20mL 和 pH 为 4.5 的乙酸-乙酸铵缓冲溶液 20mL，以水稀释至 100mL，取小块滤纸压于玻璃棒下，加盖表面皿，加热煮沸 3min，取下冷却至室温。以水冲洗表面皿及杯壁，加 0.2 % 亚硝基红盐 2mL，以 0.035mol/L 硫酸铜溶液进行滴定，溶液由黄色经翠绿突变为草绿色为终点。

此法测定结果为铁、铝、钛合量。

如以铁、铝连续测定法进行三氧化二铝的测定，则向以络合滴定法测定过的三氧化二铁的溶液中加入 0.035mol/L EDTA 标准溶液 20mL 和 pH 为 4.5 的乙酸-乙酸铵缓冲溶液 20mL，以下均同上述操作步骤进行。此法测得结果为铝、钛合量。

五、结果分析

三氧化二铝含量 X_6(%) 按下式计算：

$$X_6 = \frac{(20 - V \cdot K) \times T \times 10}{m_0 \times 1000} \times 100 - X_5 \times 0.6381 - X_4 \times 0.6384$$

式中　V——滴定时消耗硫酸铜溶液的体积，mL；

　　　K——每毫升硫酸铜溶液相当于 EDTA 标准溶液的体积，mL；

　　　T——EDTA 标准溶液对三氧化二铝的滴定度，mg/mL，按下式计算：

$$T = c \times 50.98$$

　　　c——EDTA 标准溶液浓度，mol/L；

　50.98——与 1.00mL EDTA 标准溶液（c(EDTA) = 1.00mol/L）相当的三氧化二铝的质量，mg；

　　　m_0——试样质量，g；

　0.6381——二氧化钛对三氧化二铝的换算因数；

0.6384——三氧化二铁对三氧化二铝的换算因数。

注：铁、铝连续测定不作三氧化二铁项校正。

六、允许误差

同一试样两次测定结果允许绝对误差为 0.30%。

学习任务七　CaO、MgO 含量的测定

一、学习目标

(1) 掌握抽滤的原理及操作；

(2) 掌握测定 CaO、MgO 含量的方法；

(3) 掌握差减法的计算。

二、方法提要

在 pH 为 10 的碱性溶液中，钙离子和镁离子能和 EDTA 定量络合，当 pH>12 时，镁离子形成氢氧化物沉淀，可单独测定钙的含量。本法以强碱分离法分离大量硅、铝及其他干扰元素，以酸性铬蓝 K-萘酚绿 B 混合指示剂测定钙、镁合量，以钙指示剂测定钙的含量，以差减法求得镁的含量。

三、实验准备

(一) 仪器准备

真空抽滤泵、容量瓶、电子天平、洗耳球、玻璃烧杯、滴定台、铁架台、量筒、锥形

瓶、铁架台、吸量管、电热板、恒温干燥箱。

（二）药品准备

（1）20%氢氧化钾：20g 氢氧化钾溶于适量水中，稀释至 100mL（现配现用或贮于塑料瓶中防止吸收二氧化碳）。

（2）无水碳酸钠。

（3）2%碳酸钠：2g 无水碳酸钠溶于适量水中，稀释至 100mL。

（4）盐酸（1+4）：1 份密度为 1.19g/cm³ 的盐酸与 4 份水混合。

（5）三乙醇胺（1+2）：1 份三乙醇胺与 2 份水混合。

（6）钙指示剂。

（7）0.2%二甲酚橙指示剂：0.2g 二甲酚橙溶于 100mL 水中。

（8）0.01mol/L 氧化锌标准溶液：称取经 900℃ 灼烧过的基准氧化锌 0.8138g 于 250mL 烧杯中，以 20mL 盐酸（1+1）溶解，移入 1L 容量瓶，以水稀释至刻度，摇匀；

（9）0.01mol/L EDTA：3.7g 乙二胺四乙酸二钠溶于 200mL 水中，稀释至 1L 。

标定：准确吸取 0.01mol/L 氧化锌标准溶液 10mL 于 250mL 烧杯中，以水稀释至 100mL，加 pH 为 6 的乙酸-乙酸钠缓冲溶液 20mL 及 0.2%二甲酚橙指示剂 3 滴，以 EDTA 标准溶液进行滴定，溶液由红色变为黄色为终点。

EDTA 标准溶液的浓度 $c(mol/L)$ 按下式计算：

$$c = \frac{M_{ZnO} \times V_{ZnO}}{V_{EDTA}}$$

式中　　M_{ZnO}——氧化锌标准溶液的浓度，mol/L；

V_{ZnO}——吸取氧化锌标准溶液的体积，mL；

V_{EDTA}——滴定时消耗 EDTA 标准溶液的体积，mL。

（10）20%酒石酸钾钠：20g 酒石酸钾钠溶于适量水中，稀释至 100mL。

（11）酸性铬蓝 K-萘酚绿 B 混合指示剂：1 份酸性铬蓝 K 与 2 份萘酚绿 B 混合。

（12）0.1%甲基红指示剂：0.1g 甲基红溶于 100mL 无水乙醇中。

（13）氯化铵-氢氧化铵缓冲溶液：67.5g 氯化铵溶于 200mL 水中，加入密度为 0.9g/cm³ 的氢氧化铵 570mL，以水稀释至 1L，此溶液 pH 为 10。

四、分析步骤

以移液管吸取溶液 A 或溶液 B 100mL 于 250mL 烧杯中，加热近沸，以 20%氢氧化钾中和至溶液有大量沉淀出现并过量 20~25mL，加无水碳酸钠 2g，搅拌使溶解，烧杯置于电炉上加热煮沸 3min，取下放置使其慢慢冷却至室温（或放置过夜）。

以慢速滤纸过滤（或抽滤），以 2%碳酸钠溶液洗烧杯 3 次，将沉淀全部移至滤纸上，继续洗沉淀 3 次。以 20mL 热盐酸（1+4）分次将沉淀溶于原烧杯中，以热水洗滤纸 5~6 次，转动烧杯使杯壁残余沉淀溶解，将溶液移入 250mL 容量瓶中，以水稀释至刻度，摇匀。

（一）氧化钙的测定

以移液管吸取上述溶液 50mL 于 250mL 烧杯中，以水稀释至 100mL，加三乙醇胺（1+2）2~3mL，搅匀，加甲基红指示剂 1 滴以 20%氢氧化钾中和至溶液出现黄色并过量 6~8mL 使溶液 pH 不小于 12，加适量钙指示剂，以 0.01mol/L EDTA 标准溶液进行滴定，溶液由酒红色突变为纯蓝色为终点。

（二）氧化镁的测定

以移液管吸取上述溶液 50mL 于 250mL 烧杯中，以水稀释至 100mL，加三乙醇胺（1+2）和 20%酒石酸钾钠各 2~3mL，搅匀，加甲基红指示剂 1 滴，以 20%氢氧化钾中和至溶液出现黄色，加 pH 为 10 的缓冲溶液 8~10mL 及适量酸性铬蓝 K-萘酚绿 B 混合指示剂，以 0.01mol/L EDTA 标准溶液进行滴定，溶液由酒红色突变为钢蓝色为终点。

注：试样或蒸馏水中如有微量重金属或有色金属离子存在，可在滴定前加入 1~2mL 10%硫化钠或 0.2%铜试剂溶液以消除干扰。如有少量锰离子存在，可在加三乙醇胺前加 2%盐酸羟胺溶液 2mL 消除干扰。

五、结果分析

氧化钙含量 X_7(%) 和氧化镁含量 X_8(%) 分别按下式计算：

$$X_7 = \frac{T_1 \cdot V_1 \times 10}{m_0 \times 1000} \times 100$$

$$X_8 = \frac{(V_2 - V_1) \times T_2 \times 10}{m_0 \times 1000} \times 100$$

式中　V_1——滴定氧化钙时消耗 EDTA 标准溶液的体积，mL；

　　　V_2——滴定钙镁合量时消耗 EDTA 标准溶液的体积，mL；

　　　T_1——EDTA 标准溶液对氧化钙的滴定度，mg/mL，按下式计算：

$$T_1 = c \times 56.08$$

56.08——与 1.00mL EDTA 标准溶液（c(EDTA) = 1.00mol/L）相当的氧化钙的质量，mg；

　　　T_2——EDTA 标准溶液对氧化镁的滴定度，mg/mL，按下式计算：

$$T_2 = c \times 40.31$$

40.31——与 1.00mL EDTA 标准溶液（c(EDTA) = 1.00mol/L）相当的氧化镁的质量，mg；

　　　m_0——试样质量，g。

六、允许误差

同一试样两次测定结果允许误差见表 2-5。

表 2-5　同一试样两次测定结果允许误差

含　　量	允许平均相对误差/%	允许绝对误差/%
w(CaO)≥0.50	20	—
w(CaO)<0.50	—	0.06
w(MgO)≥0.20	20	—
w(MgO)<0.20	—	0.04

学习任务八　Na₂O、K₂O 含量的测定

一、学习目标

（1）掌握火焰光度计的原理及操作；

（2）掌握测定 Na_2O、K_2O 含量的方法。

二、方法提要

试样经酸分解后，过滤于 100mL 容量瓶中，稀释，摇匀，在火焰光度计上分别测量钾、钠发射光谱强度，自标准曲线中查出相应毫克数，计算试样中氧化钾和氧化钠的含量。

三、实验准备

（一）仪器准备

火焰光度计、铂坩埚、马弗炉、容量瓶、电子天平、洗耳球、玻璃烧杯、滴定台、铁架台、量筒、锥形瓶、铁架台、吸量管、电热板、恒温干燥箱。

（二）药品准备

（1）硫酸（1+1）：将密度为 $1.84g/cm^3$ 的硫酸在不断搅拌下慢慢倒入等体积的水中（必要时应在冷水浴中进行）。

（2）氢氟酸：密度 $1.15g/cm^3$。

（3）氧化钾、氧化钠标准溶液：称取在 600℃ 灼烧过的基准氯化钾 0.1584g 和氯化钠 0.1886g 溶于 100mL 水中，移入 1L 容量瓶，以水稀释至刻度，摇匀。此溶液 1mL 相当于 0.1mg 氧化钾（K_2O）+0.1mg 氧化钠（Na_2O）。

四、分析步骤

（一）标准曲线的绘制

以 10mL 滴定管准确分取氧化钾、氧化钠标准溶液 0mL，1mL，2mL，3mL，4mL，5mL，6mL，7mL 分别置于 100mL 容量瓶中，以水稀释至刻度，摇匀。在火焰光度计上分别测定各溶液氧化钾、氧化钠的发射光谱强度，并绘制标准曲线。

（二）试样的测定

准确称取 0.5000g 试样放入铂坩埚中，以少量水润湿，加硫酸（1+1）5mL 及氢氟酸 10mL，加热分解试样并蒸发至冒白烟，继续加热使白烟冒尽并在 600~700℃ 灼烧 5min，取出坩埚冷却。加水 20mL，以玻璃棒将坩埚中残渣捣碎，加热至沸，以慢速滤纸过滤，滤液以 100mL 容量瓶承接。以热水洗坩埚 3~4 次，洗沉淀 5~6 次，以水稀释至刻度，摇匀。在火焰光度计上分别测定氧化钾和氧化钠的发射光谱强度。

注：滤液如有浑浊可以加数滴盐酸（1+1）使其澄清。

五、结果分析

氧化钾含量 $X_9(\%)$ 和氧化钠含量 $X_{10}(\%)$ 分别按下式计算：

$$X_9 = \frac{m_1}{m_0 \times 1000} \times 100$$

$$X_{10} = \frac{m_2}{m_0 \times 1000} \times 100$$

式中　m_1——自标准曲线中查得的氧化钾的质量，mg；

　　　m_2——自标准曲线中查得的氧化钠的质量，mg；

　　　m_0——试样质量，g。

六、允许误差

同一试样两次测定结果允许误差见表 2-6。

表 2-6　同一试样两次测定结果允许误差

含　　量	允许平均相对误差/%	允许绝对误差/%
$w(K_2O) \geqslant 0.50$	20	—
$w(K_2O) < 0.50$	—	0.06
$w(Na_2O) \geqslant 0.20$	20	—
$w(Na_2O) < 0.20$	—	0.04

学习任务九　SO_3 含量的测定

一、学习目标

（1）掌握燃烧法测定 SO_3 含量的原理及操作；

（2）学会仪器的连接。

二、方法提要

试样在 1250~1300℃ 灼烧放出二氧化硫和部分三氧化硫，经过氧化氢吸收液吸收转为硫酸后，以氢氧化钠标准溶液进行滴定，根据氢氧化钠标准溶液消耗量，计算三氧化硫的含量。

$$SO_2 + H_2O \longrightarrow H_2SO_4$$

$$SO_3 + H_2O \longrightarrow H_2SO_4$$

$$H_2SO_4 + 2NaOH \longrightarrow Na_2SO_4 + 2H_2O$$

三、实验准备

（一）仪器准备

仪器见图 2-1。

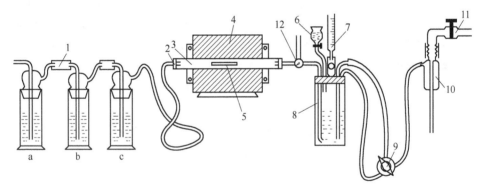

图 2-1　燃烧法测定 SO_3 含量的仪器图

1—洗气瓶（a 中 10%硫酸铜；b 中 5%高锰酸钾；c 中浓硫酸）；2—橡胶塞；3—燃烧管；4—燃烧炉；5—瓷舟；
6—分液漏斗；7—碱式滴定管；8—吸收瓶；9—三通活塞；10—抽气管；11—水龙头；12—三通活塞

（1）按管式炉规定的升温速度将炉温升至 1250℃。

（2）检查仪器各接头处是否漏气（如有漏气应重新装配或以石蜡封闭）。

（3）将瓷舟及燃烧管在 1000~11000℃ 预烧 1h，冷却备用。

（4）调节自来水的流量使洗气瓶中气泡速度达 300 个/min。

（5）从分液漏斗向吸收瓶中加入过氧化氢（1+9）20mL，0.1％甲基红指示剂 10 滴及 1mol/L 盐酸 1 滴，以水稀释至 100mL，将三通活塞转向水平直通状态，在抽气条件下，逐滴加入 0.05mol/L 氢氧化钠标准溶液，溶液变为黄色即停止滴加。

（二）药品准备

（1）10％硫酸铜：称量 15.625g $CuSO_4 \cdot 5H_2O$ 晶体，放入烧杯中，加入 84.375（100-15.625＝84.375）mL 水。

（2）5％高锰酸钾：称量 5g $KMnO_4$ 放入烧杯中，加入 95mL 水。

（3）浓硫酸。

（4）过氧化氢（1+9）：1 份 30％的过氧化氢与 9 份水混合。

（5）0.1％甲基红指示剂：0.1g 甲基红溶于 100mL 无水乙醇中。

（6）1mol/L 盐酸：84mL 密度为 1.19g/cm³ 的盐酸与 916mL 水混合。

（7）0.05mol/L 氢氧化钠标准溶液：2g 氢氧化钠溶于 300mL 水中，加热至近沸，加 10％氯化钡 2mL，煮沸使沉淀凝聚，取下冷却，以定性滤纸过滤并以除去二氧化碳的水稀释至 1L。

标定：称取在 105~1100℃ 烘过 2h 的苯二甲酸氢钾 0.2042g 于 250mL 烧杯中，按 0.15mol/L 氢氧化钠标准溶液的标定和计算步骤进行。

（8）苯二甲酸氢钾。

四、分析步骤

准确称取 0.5000g 试样放入瓷舟中，在抽气的情况下将瓷舟用粗镍铬丝（或紫铜丝）送至管内最高温处（含硫化物的试样先送至管内低温处），迅速塞紧管端橡胶塞，待吸收液出现红色后以 0.05mol/L 氢氧化钠标准溶液进行滴定，至出现 1min 不变的黄色（含硫化物的试样当滴定至红色出现缓慢时，将瓷舟再送至管内最高温处继续滴定到 1min 不变的黄色）后将三通活塞转向上支口与吸收瓶通路，以洗瓶将水由三通活塞上支口加入，冲洗管壁三次，再以氢氧化钠标准溶液滴定到出现 1min 不变的黄色为终点。将三通活塞再转向水平直通状态以备下一个试样的测定。

五、结果分析

三氧化硫含量 X_{11}（％）按下式计算：

$$X_{11} = \frac{c \cdot V \times 49 \times 0.8136}{m_0 \times 1000} \times 100$$

式中 c——氢氧化钠标准溶液的浓度，mol/L；

V——滴定消耗氢氧化钠标准溶液的体积，mL；

m_0——试样质量，g；

49——与 1.00mL 氢氧化钠标准溶液（$c(NaOH) = 1.00mol/L$）相当的硫酸的质量，mg；

0.8163——换算因数。

六、允许误差

同一试样两次测定结果允许误差见表 2-7。

表 2-7　同一试样两次测定结果允许误差

含量	允许平均相对误差/%	允许绝对误差/%
≥0.30	20	—
<0.30	—	0.03

学习任务十　分光光度法测定 MnO_2 的含量

一、学习目标

（1）掌握分光光度计的原理及操作；

（2）掌握分光光度法测定 MnO_2 含量的方法。

二、方法提要

试液以硫酸驱赶氯离子后在磷酸介质中以高碘酸钾将二价锰氧化为七价锰，用分光光度计于 520nm 波长处测定试液吸光度，自标准曲线中查出氧化锰的质量（mg），计算百分含量。

三、实验准备

（一）仪器准备

分光光度计、比色槽、容量瓶、电子天平、洗耳球、玻璃烧杯、滴定台、铁架台、量筒、锥形瓶、铁架台、吸量管、电热板、恒温干燥箱。

（二）药品准备

（1）氧化锰标准溶液：称取电解金属锰 0.3873g 溶于 100mL 3% 硫酸中，冷至室温，移入 1L 容量瓶，以水稀释至刻度，摇匀。

准确吸取上述溶液 50mL 于 500mL 容量瓶中，以水稀释至刻度，摇匀。此溶液 1mL 相当于 0.05mg 氧化锰（MnO）。

（2）硫酸（1+1）：将密度为 1.84g/cm³ 的硫酸在不断搅拌下慢慢倒入等体积的水中（必要时应在冷水浴中进行）。

（3）磷酸（1+1）：将密度为 1.69g/cm³ 的磷酸在不断搅拌下倒入等体积的水中。

（4）高碘酸钾。

四、分析步骤

（一）标准曲线的绘制

以 10mL 滴定管准确分取氧化锰标准溶液 0mL，1mL，2mL，3mL，…，8mL 分别置于 150mL 烧杯中，加硫酸（1+1）10mL 及磷酸（1+1）10mL，以水稀释至 80mL，加高碘酸钾 0.5g，煮沸 3min 并保温 10min，取下冷至室温，移入 100mL 容量瓶中以水稀释至刻度，摇匀，在分光光度计上于 520 nm 波长处以 5cm 比色槽测定吸光度并绘制标准曲线。

（二）试样的测定

以移液管吸取溶液 A 或溶液 B 20mL 于 100mL 烧杯中，加硫酸（1+1）10mL 于通风橱内加热蒸发至冒白烟，取下冷却，以水冲洗杯壁并稀释至 40mL。以定性滤纸过滤，以水洗烧杯 3 次，洗沉淀 5~6 次，滤液以 150mL 烧杯承接，加磷酸（1+1）10mL 及高碘酸钾约 0.5g，以下按标准曲线绘制步骤进行。

注：冒白烟后无沉淀析出可不进行过滤。

五、结果分析

氧化锰含量 X_{12} 按下式计算：

$$X_{12} = \frac{m}{m_0 \times 1000} \times 100$$

式中　m——自标准曲线中查得的氧化锰的质量，mg；

　　　m_0——试样质量，g。

六、允许误差

同一试样两次测定结果允许误差见表 2-8。

表 2-8　同一试样两次测定结果允许误差

含量	允许平均相对误差/%	允许绝对误差/%
≥0.10	20	—
<0.10	—	0.02

学习任务十一　原子吸收光谱法测定 MnO_2 的含量

一、学习目标

（1）掌握原子吸收光谱仪的原理及操作；

（2）掌握原子吸收光谱法测定 MnO_2 含量的方法。

二、方法提要

试样经硫酸、氢氟酸分解，加水溶解后干过滤，滤液与标准系列同在原子吸收光谱仪上测定吸收度，根据标准曲线查出的毫克数计算氧化锰的百分含量。

三、实验准备

（一）仪器准备

原子吸收光谱仪、容量瓶、电子天平、洗耳球、玻璃烧杯、滴定台、铁架台、量筒、锥形瓶、铁架台、吸量管、电热板、恒温干燥箱。

（二）药品准备

（1）氧化锰标准溶液：称取电解金属锰 0.3873g 溶于 100mL 3%硫酸中，冷至室温，移入 1L 容量瓶，以水稀释至刻度，摇匀。

准确吸取上述溶液 50mL 于 500mL 容量瓶中，以水稀释至刻度，摇匀。此溶液 1mL相当于 0.05mg 氧化锰（MnO）。

（2）硫酸（1+1）：将密度为 1.84g/cm³ 的硫酸在不断搅拌下慢慢倒入等体积的水中（必要时应在冷水浴中进行）。

（3）氢氟酸：密度 1.15g/cm³。

四、分析步骤

（一）标准曲线的绘制

以 10mL 滴定管准确分取氧化锰标准溶液 0mL，1mL，2mL，3mL，…，10mL 于 50mL容量瓶中，加硫酸（1+1）4mL，以水稀释至刻度，摇匀。在原子吸收光谱仪上按仪器说明书规定的技术条件调试仪器并分别测定吸收度，绘制标准曲线。

（二）试样的测定

准确称取 0.5000g 试样放于铂坩埚中，加硫酸（1+1）2mL，氢氟酸 5mL，将坩埚置于通风橱内加热分解试样至冒白烟，取下冷却，残渣以少量水加热溶解后移入 50mL 容量瓶中，加硫酸（1+1）4mL，以水稀释至刻度摇匀，干过滤，滤液与标准系列一同在原子吸收光谱仪上测定吸收度。

五、结果分析

氧化锰含量 X_{13} 按下式计算：

$$X_{13} = \frac{m}{m_0 \times 1000} \times 100$$

式中　m——自标准曲线中查得的氧化锰的毫克数；

　　　m_0——试样质量，g。

六、允许误差

同一试样两次测定结果允许误差见表 2-9。

表 2-9　同一试样两次测定结果允许误差

含量	允许平均相对误差/%	允许绝对误差/%
≥0.10	20	—
<0.10	—	0.02

学习任务十二　烧失量的测定

一、学习目标

（1）掌握测定烧失量的方法；

（2）掌握计算烧失量的方法。

二、方法提要

试样在 950~1000℃ 灼烧使结构水及有机物挥发，根据试样灼烧前后质量差，计算烧失量百分含量。

三、实验准备

（一）仪器准备

马弗炉、瓷坩埚、容量瓶、电子天平、洗耳球、玻璃烧杯、滴定台、铁架台、量筒、锥形瓶、铁架台、吸量管、电热板。

（二）药品准备

粉煤灰。

四、分析步骤

准确称取 1.0000g 试样放入已恒重的瓷坩埚中，将坩埚放入马弗炉，自低温逐渐升至 950~1000℃ 并保温 1h，取出坩埚置于干燥器中冷至室温，称量。反复灼烧称至恒重。

五、结果分析

氧化锰含量 X_{14} 按下式计算：

$$X_{14} = \frac{m_1 - m_2}{m_0} \times 100$$

式中 m_1——灼烧前坩埚及试样质量，g；

m_2——灼烧后坩埚及试样质量，g；

m_0——试样质量，g。

六、允许误差

同一试样两次测定结果允许绝对误差为 0.50%。

学习任务十三 Cu 含量的测定

一、学习目标

（1）掌握原子吸收光谱仪的原理及操作；

（2）掌握原子吸收光谱法测定 Cu 含量的方法。

二、方法提要

试样经酸分解后，蒸至湿盐状，加适量水溶解，移入容量瓶进行干过滤，滤液与标准系列同在原子吸收光谱仪上测定吸收度。根据标准曲线查出铜的毫克数，计算百分含量。

三、实验准备

（一）仪器准备

原子吸收光谱仪、容量瓶、电子天平、洗耳球、玻璃烧杯、滴定台、铁架台、量筒、锥形瓶、铁架台、吸量管、电热板、恒温干燥箱。

（二）药品准备

（1）盐酸：密度 1.19g/cm³。

（2）硝酸：密度 1.4g/cm³。

（3）硝酸铜标准溶液：准确称取金属铜（99.9%）0.0100g 于 150mL 烧杯中加硝酸（1+1）10mL，加热溶解，冷却后移入 200mL 容量瓶中，以水稀释至刻度，摇匀。此溶液 1mL 相当于 0.05mg 铜（Cu）。

四、分析步骤

（一）标准曲线的绘制

以 10mL 滴定管准确分取氧化锰标准溶液 0mL，1mL，2mL，3mL，…，8mL 于 50mL 容量瓶中，加硫酸（1+1）4mL，以水稀至刻度，摇匀。在原子吸收光谱仪上按仪器说明书规定的技术条件调试仪器并分别测定吸收度，绘制标准曲线。

（二）试样的测定

准确称取 0.5000g 试样放入 200mL 烧杯中，以水润湿试样后加盐酸 15mL 加热分解，待硫化氢气体逸出后加硝酸 5mL，继续加热分解试样并蒸至湿盐状，取下烧杯，加 5mL 盐酸和 5mL 水，加热溶解盐类，移入 50mL 容量瓶后以水稀至刻度，摇匀，进行干过滤。滤液与标准系列一同在原子吸收光谱仪上测定吸收度。

五、结果分析

氧化锰含量 X_{15} 按下式计算：

$$X_{15} = \frac{m}{m_0 \times 1000} \times 100$$

式中 m——自标准曲线查得的铜的质量，mg；

m_0——试样质量，g。

六、允许误差

同一试样两次测定结果允许相对误差不大于 20%。

学习情境二　脱硅粉煤灰分析

学习任务一　SiO_2 含量的测定

一、学习目标

（1）掌握基本化学仪器的操作；

（2）掌握氟硅酸钾容量法测定 SiO_2 含量的方法；

（3）掌握化学分析基本操作；

（4）学会马弗炉的结构及操作。

二、方法提要

试样经分解，在硝酸介质中加入足够 K^+ 和 F^-，使硅酸呈氟硅酸钾沉淀析出。沉淀经过滤、洗涤、中和后加沸水使氟硅酸钾水解，以氢氧化钠标准溶液滴定沉淀水解形成的氢氟酸，根据氢氧化钠标准溶液消耗量计算二氧化硅的含量。

$$SiO_3^{2+} + 2K^+ + 6F^- + 6H^+ \longrightarrow K_2SiF_6\downarrow + 3H_2O$$
$$K_2SiF_6 + 3H_2O \longrightarrow 2KF + H_2SiO_4 + 4HF$$
$$HF + NaOH \longrightarrow NaF + H_2O$$

三、实验准备

（一）仪器准备

马弗炉、银坩埚、塑料烧杯、玻璃棒、容量瓶、电子天平、洗耳球、玻璃烧杯、滴定台、铁架台、量筒、锥形瓶、吸量管、电热板、恒温干燥箱。

（二）药品准备

（1）无水乙醇。

（2）氢氧化钠。

（3）氯化钾。

（4）硝酸：密度 $1.4g/cm^3$。

（5）10%氟化钾：16.2g 氟化钾（$KF \cdot 2H_2O$）溶于适量水中，稀释至 100mL。

（6）5%氯化钾：5g 氯化钾溶于适量水中，稀释至 100mL。

（7）5%氯化钾-乙醇：50g 氯化钾溶于 500mL 水中，以无水乙醇稀释至 1L。

（8）1%酚酞指示剂：1g 酚酞溶于 100mL 无水乙醇中。

（9）0.15mol/L 氢氧化钠：6g 氢氧化钠溶于 300mL 水中，加热至近沸，加 10%氯化钡 2mL，煮沸使沉淀凝聚。取下冷却，以定性滤纸过滤并以除去二氧化碳的水稀释至 1L。以苯二甲酸氢钾进行标定。

标定：称取在 105~110℃烘过 2h 的苯二甲酸氢钾 0.6126g 于 250mL 烧杯中，加入经煮沸除去二氧化碳的水 150mL，搅拌使溶解，稍冷，加酚酞指示剂 3 滴，以 0.15mol/L 氢氧化钠标准溶液进行滴定，至溶液出现稳定的微红色为终点。

氢氧化钠标准溶液的浓度（mol/L）按下式计算：

$$c = \frac{m \times 1000}{204.21 \times V}$$

式中　V——滴定时消耗氢氧化钠标准溶液的体积，mL；

　　　　m——苯二甲酸氢钾的质量，mg；

204.21——1mol/L 苯二甲酸氢钾的质量，mg。

（10）粉煤灰。

（11）10%氯化钡溶液：10g 氯化钡（$BaCl_2 \cdot 2H_2O$）溶于适量水中，稀至 100mL。

四、分析步骤

（1）准确称取 0.5000g 试样放入银坩埚中，加数滴无水乙醇使试样润湿，加氢氧化钠 4~6g，加坩埚盖并将坩埚置于马弗炉中，逐渐升温至 600~650℃，在此温度保持 10min，取出冷却。

（2）将坩埚外部擦净，连盖一同放入 250mL 烧杯中，以沸水浸取熔块，用热水及淀帚洗净坩埚及坩埚盖，在不断搅拌下一次加入 25mL 盐酸使沉淀全部溶解，冷至室温，将溶液移入 200mL 容量瓶中，以水稀释至刻度，摇匀（溶液 B）。此溶液可用于其他化学组分的测定。

（3）用移液管准确吸取上述溶液 20mL 于塑料杯中，加氯化钾 2~3g 及硝酸 10mL，搅拌使氯化钾溶解，溶液经流水冷却后，加 10%氟化钾溶液 10mL，充分搅拌数次静置 5min，以快速定性滤纸过滤，以 5%氯化钾溶液洗塑料杯及沉淀 4~5 次，将沉淀连同滤纸放入原塑料杯中，加 5%氯化钾-乙醇溶液 10mL 及酚酞指示剂 10 滴，以 0.15mol/L 氢氧化钠标准溶液边中和边将滤纸捣碎，直至溶液出现稳定的粉红色，以杯中碎滤纸擦拭杯壁，并继续中和至红色不退为止。加入经煮沸除去二氧化碳的水 150mL，充分搅拌使沉淀水解完全，以氢氧化钠标准溶液进行滴定，至溶液出现稳定的微红色为终点。

注：① 室温在 32℃以上可用冰水冷却；② 为防止沉淀水解，过滤、洗涤等操作应尽量缩短时间，当试样较多时，应分批进行沉淀，每一批不宜超过 5~6 只。

五、结果分析

二氧化硅含量（%）按下式计算：

$$w(SiO_2) = \frac{T \cdot V \times 10}{m \times 1000} \times 100$$

式中　T——氢氧化钠标准溶液对二氧化硅的滴定度，mg/mL，$T = c \times 15.02$；

　　　　V——滴定时消耗氢氧化钠标准溶液的体积，mL；

　　　　m——试样质量，g。

六、允许误差

同一试样两次测定结果允许绝对误差为 0.4%。

学习任务二　Al_2O_3 含量的测定

一、学习目标

（1）掌握返滴定的原理及操作；

（2）掌握测定 Al_2O_3 含量的方法；

（3）掌握缓冲溶液的使用。

二、方法提要

铝离子与 EDTA 在 pH 为 3~6 范围内可定量络合，但由于常温条件下络合速度缓慢，必须先加入过量 EDTA，加热促使反应加速进行。本法以亚硝基红盐为指示剂，以铜盐进行返滴定，在 pH 为 4.5 条件下，指示剂由黄色经翠绿色突变为草绿色为终点。根据硫酸铜溶液消耗量计算三氧化二铝的含量。

三、实验准备

（一）仪器准备

表面皿、容量瓶、电子天平、洗耳球、玻璃烧杯、滴定台、铁架台、量筒、锥形瓶、铁架台、吸量管、电热板、恒温干燥箱。

（二）药品准备

（1）0.035mol/L EDTA：12.95g 乙二胺四乙酸二钠溶于 600mL 水中，稀释至 1L。

（2）将密度为 1.84g/cm³ 的硫酸在不断搅拌下慢慢倒入等体积的水中（必要时应在冷水浴中进行）。

（3）乙酸-乙酸铵缓冲溶液：77g 乙酸铵溶于 500mL 水中，加入 58.9mL 冰乙酸以水稀释至 1L，此溶液 pH 为 4.5。

（4）0.2%亚硝基红盐：0.2g 亚硝基红盐溶于 100mL 水中。

（5）0.035mol/L 硫酸铜：7.5g 硫酸铜（$CuSO_4 \cdot 5H_2O$）溶于有 5 滴硫酸（1+1）的 200mL 水中，以水稀释至 1L。

比较：准确吸取 0.035mol/L EDTA 标准溶液 20mL 于 250mL 烧杯中，以水稀释至 100mL，加 pH 为 4.5 的乙酸-乙酸铵缓冲溶液 20mL 及 0.2%亚硝基红盐指示剂 2mL，以硫酸铜溶液进行滴定，溶液由黄色经翠绿突变为草绿色为终点。

比较结果按下式计算：

$$K = \frac{V_{EDTA}}{V}$$

式中　K——每毫升硫酸铜溶液相当于 EDTA 标准溶液的体积；

　V_{EDTA}——吸取 EDTA 标准溶液的体积，mL；

　　V——滴定时消耗硫酸铜溶液的体积，mL。

四、分析步骤

以移液管吸取溶液 A 或溶液 B 20mL 于 250mL 烧杯中，准确加入 0.035mol/L EDTA 标准溶液 20mL 和 pH 为 4.5 的乙酸-乙酸铵缓冲溶液 20mL，以水稀释至 100mL，取小块滤纸压于玻璃棒下，加盖表面皿，加热煮沸 3min，取下冷却至室温。以水冲洗表面皿及杯壁，加 0.2%亚硝基红盐 2mL，以 0.035mol/L 硫酸铜溶液进行滴定，溶液由黄色经翠绿突变为草绿色为终点。

此法测定结果为铁、铝、钛合量。

如以铁、铝连续测定法进行三氧化二铝的测定，则向以络合滴定法测定过的三氧化二铁的溶液中加入 0.035mol/L EDTA 标准溶液 20mL 和 pH 为 4.5 的乙酸-乙酸铵缓冲溶液 20mL，以下均同上述操作步骤进行。此法测得结果为铝、钛合量。

五、结果分析

三氧化二铝含量按下式计算：

$$X_6 = \frac{(20 - V \cdot K) \times T \times 10}{m_0 \times 1000} \times 100 - X_5 \times 0.6381 - X_4 \times 0.6384 \text{（参考粉煤灰中氧化铝测量）}$$

式中　V——滴定时消耗硫酸铜溶液的体积，mL；

$\quad\quad K$——每毫升硫酸铜溶液相当于 EDTA 标准溶液的体积，mL；

$\quad\quad T$——EDTA 标准溶液对三氧化二铝的滴定度，mg/mL，按下式计算：

$$T = c \times 50.98$$

$\quad\quad c$——EDTA 标准溶液浓度，mol/L；

50.98——与 1.00mL EDTA 标准溶液（$c(EDTA) = 1.00$mol/L）相当的三氧化二铝的质
　　　　量，mg；

$\quad\quad m_0$——试样质量，g；

0.6381——二氧化钛对三氧化二铝的换算因数；

0.6384——三氧化二铁对三氧化二铝的换算因数。

注：铁、铝连续测定不作三氧化二铁（Fe_2O_3）项校正。

六、允许误差

同一试样两次测定结果允许绝对误差为 0.30%。

学习任务三　附碱的测定

一、学习目标

（1）掌握附碱测定的原理及操作；

（2）掌握附碱测定的方法。

二、方法提要

试样中的附碱用盐酸中和，以甲基红为指示剂使溶液由黄色变至红色为终点。

三、实验准备

（一）仪器准备

玻璃棒、容量瓶、电子天平、洗耳球、玻璃烧杯、滴定台、量筒、锥形瓶、滴定管、吸量管、电热板。

（二）药品准备

（1）0.3226mol/L 盐酸：取浓盐酸 27mL 定容到 1L。

（2）0.1% 甲基红指示剂：称取 1g 甲基红，用 100mL 无水乙醇溶解。

四、分析步骤

称取已烘干、捣碎、混匀的试样 2.00g 放入烧杯中，加少量水，用玻璃棒将其捣成浆状后加入 50mL 左右水在电炉上煮沸，稍静置后过滤于 500mL 锥形瓶中，连续加水、煮沸、过滤三次，在滤液里加入 0.1% 甲基红指示剂 3 滴，用 0.3226mol/L 盐酸标液滴至由黄色变至红色为终点，记下消耗的盐酸的体积。

五、结果分析

$$w(Na_2O) = \frac{0.3226 \times V_{HCl} \times 0.031}{2.00} \times 100$$

学习情境三　生料浆的分析

学习任务一　生料浆相对密度、水分的测定

一、学习目标
（1）掌握生料浆相对密度、水分测定的原理及操作；
（2）掌握生料浆相对密度、水分测定的方法。

二、方法提要
根据相对密度等于质量除以体积。

三、实验准备
100mL 量筒、电子天平。

四、分析步骤
将取来的料浆试样搅拌均匀，用已知质量的 100mL 量筒，准确量取 100mL，用电子天平称得总质量，按下式算出料浆相对密度，从相对密度-水分对应表中查得水分含量。

五、结果分析

密度：
$$d = \frac{W}{V}$$

式中　d——相对密度，g/mL；

　　　W——总质量减去量筒的质量，g；

　　　V——量取料浆的体积，mL。

水分：查相对密度-水分对应表。

注意事项：

（1）倒料浆时，不要让料浆粘量筒壁上。

（2）相对密度-水分对应表是根据试验实测数据得来的，即根据生产的配比，分别配成不同水分的料浆，称得质量算相对密度，绘制曲线。

（3）硅渣浆水分-相对密度对应表，也是根据试验实测数据得来的。

学习任务二　细度的测定

一、学习目标
（1）掌握细度测定的原理及操作；
（2）掌握细度测定的方法。

二、实验准备
筛子、瓷漏斗、抽滤瓶、循环水真空泵、电热板。

三、分析步骤
用上述测定相对密度所量取的 100mL 料浆，倒入 120 目筛中，用水充分筛洗。将筛中的残留洗入预先放有滤纸的瓷漏斗中，减压过滤，连同滤纸放入不锈钢盘中，在电热板上烘干。再将残留物置于 120 目筛中，用振动筛筛分 2min，称量筛上的残留物重量。

四、结果分析

$$细度(\%) = \frac{W}{100 \times d(1-m)} \times 100$$

式中　W——残留物总质量，g；

　　　100——量取料浆体积，mL；

　　　d——料浆相对密度；

　　　m——含水量，%。

学习任务三　CaO、Na₂O 的分析

一、学习目标

（1）掌握氧化钙、氧化钠测定的原理及操作；

（2）掌握氧化钙、氧化钠测定的方法。

二、方法提要

称取一定量样品，加入定量盐酸标准液，加热抽出，用氢氧化钠标准液回滴过量的盐酸，以 EDTA 络合滴定法，测定氧化钙的含量。从总耗酸量中减去按氧化钙的含量折算出的所消耗的盐酸量，来计算氧化钠的含量。

三、实验准备

（一）仪器准备

容量瓶、电子天平、洗耳球、鸭嘴烧杯、滴定台、量筒、锥形瓶、铁架台。

（二）药品准备

（1）0.5mol/L 盐酸标准液：4.17mL 的浓盐酸加 100mL 的水。

（2）0.25mol/L 氢氧化钠标准液：称取 1gNaOH，用蒸馏水溶解定容到 100mL。

（3）0.2%甲基红酒精溶液：称取 0.2g 甲基红，用酒精溶解定容到 100mL。

（4）pH＝10 氨性缓冲液：67.5g 氯化铵溶于 200mL 水中，加入密度为 0.9g/cm³ 的氢氧化氨 570mL，以水稀释至 1L，此溶液 pH 为 10。

（5）1%铬黑 T 指示剂。

（6）TCaO＝2mg/mLEDTA。

四、分析步骤

（一）样品的处理

（1）操作步骤：用不锈钢小勺，取混匀的料浆 2~3 勺，放入不锈钢盘中，在电热板上小心烘干，铲起置于刚玉研钵中，放入化验粉碎机中粉碎 2~3min，用毛刷扫出，装瓶，备做成分分析。

（2）注意事项：

1）烘干时温度不应太高，以免试样溅出。

2）样品细度要全部通过 120 目筛，过粗会影响成分分析结果。

3）样品一定要搅拌均匀，以保证样品有代表性。

4）样品一定要烘干，立即装入瓶中，以防吸水。

（二）含量测定

用天平准确称取试样 0.5g，置于预先盛有 25mL 0.5mol/L 盐酸的 500mL 鸭嘴烧杯中，

加热水至体积为 150mL 左右，加热煮沸 5min，用水冲洗杯壁，滴加甲基红指示剂 5 滴，用 0.25mol/L 氢氧化钠滴定至溶液由红色变为黄色，即为终点，记下毫升数。

　　将鸭嘴烧杯置于冷却槽中，冷却至室温。移入 250mL 容量瓶中，冲稀至刻度，振匀。用干滤纸过滤，将第一部分滤液弃取，移取 100mL 于原鸭嘴烧杯中，加 5mL pH＝10 的氨性缓冲液，滴加适量 EDTA 标准液（根据氧化钙含量，不可滴过）后，再加铬黑 T 指示剂约 0.03g，继续滴定至亮蓝色，即为终点。

五、结果分析

$$w(CaO) = \frac{V \times 2}{0.5 \times \dfrac{2}{5} \times 1000} \times 100 = V$$

式中　V——消耗 EDTA 标准液的体积，mL；

　　　　2—— EDTA 标准液对氧化钙的滴定度，mg/mL；

　　　0.5——样品质量，g；

　　　2/5——分取倍数。

$$w(Na_2O) = \frac{(50 - V_1 - V_2) \times 0.25 \times 0.031}{0.5} \times 100$$

式中　50——0.5mol/L 盐酸标准液 25mL 相当于 0.25mol/L 盐酸标准液的毫升数；

　　　V_1——回滴消耗 0.25mol/L 氢氧化钠标准液的毫升数；

　　　V_2——氧化钙在反应中耗用 0.25mol/L 盐酸的毫升数。

按下列反应式计算：

$$CaO + 2HCl \xrightarrow{\quad\quad} CaCl_2 + H_2O$$

由反应式得知：CaO 和 HCl 反应是 1∶2 的关系，则

$$\frac{w(CaO) \times 0.5}{\dfrac{56}{2}} = \frac{0.25 \times V_2}{1000}$$

式中　0.25 ——氢氧化钠标准溶液的摩尔浓度；

　　0.031 ——氧化钠毫摩尔质量；

　　　0.5——样品质量，g。

注意事项：

（1）加热煮沸时间，一定要严格掌握，时间为 5min；

（2）指示剂加入量，一定要按规定加入；

（3）用 EDTA 标准液滴定接近终点时，必须在振荡的情况下逐滴加入。

说明：

抽出时的反应式：

$$Na_2CO_3 + 2HCl \longrightarrow 2NaCl + CO_2 \uparrow + H_2O$$
$$NaOH + HCl \longrightarrow NaCl + H_2O$$
$$Ca(OH)_2 + 2HCl \longrightarrow CaCl_2 + H_2O$$
$$CaCO_3 + 2HCl \longrightarrow CaCl_2 + CO_2 \uparrow + 2H_2O$$
$$NaAlO_2 + 4HCl \longrightarrow NaCl + AlCl_3 + 2H_2O$$

回滴时的反应式：

$$HCl + NaOH \longrightarrow NaCl + H_2O$$

$$AlCl_3 + 3NaOH \longrightarrow Al(OH)_3 + 3NaCl$$

用 EDTA 标准液滴定氧化钙时的反应式，同熟料的氧化钙分析。

本方法所分析的结果，实际是氧化钙和氧化镁的合量；用氧化钙表示。

学习任务四　SiO_2 含量的测定

一、学习目标

（1）掌握二氧化硅测定的原理及操作；

（2）掌握二氧化硅测定的方法。

二、方法提要

试样经分解，在硝酸介质中加入足够 K^+ 和 F^-，使硅酸呈氟硅酸钾沉淀析出。沉淀经过滤、洗涤、中和后加沸水使氟硅酸钾水解，以氢氧化钠标准溶液滴定沉淀水解形成的氢氟酸，根据氢氧化钠标准溶液消耗量计算二氧化硅的含量。

$$SiO_3^{2+} + 2K^+ + 6F^- + 6H^+ \longrightarrow K_2SiF_6\downarrow + 3H_2O$$

$$K_2SiF_6 + 3H_2O \longrightarrow 2KF + H_2SiO_4 + 4HF$$

$$HF + NaOH \longrightarrow NaF + H_2O$$

三、实验准备

（一）仪器准备

马弗炉、银坩埚、塑料烧杯、玻璃棒、容量瓶、电子天平、洗耳球、玻璃烧杯、滴定台、铁架台、量筒、锥形瓶、铁架台、吸量管、电热板、恒温干燥箱。

（二）药品准备

（1）无水乙醇。

（2）氢氧化钠。

（3）盐酸（1+1）：密度 $1.19g/cm^3$ 的盐酸与水等体积混合。

（4）硝酸：密度 $1.4g/cm^3$。

（5）10%氟化钾：16.2g 氟化钾（$KF \cdot 2H_2O$）溶于适量水中，稀释至 100mL。

（6）5%氯化钾：5g 氯化钾溶于适量水中，稀释至 100mL。

（7）5%氯化钾-乙醇：50g 氯化钾溶于 500mL 水中，以无水乙醇稀释至 1L。

（8）1%酚酞指示剂：1g 酚酞溶于 100mL 无水乙醇中。

（9）0.15mol/L 氢氧化钠：6g 氢氧化钠溶于 300mL 水中，加热至近沸，加 10%氯化钡 2mL，煮沸使沉淀凝聚。取下冷却，以定性滤纸过滤并以除去二氧化碳的水稀释至 1L。以苯二甲酸氢钾进行标定。

标定：称取在 105~110℃烘过 2h 的苯二甲酸氢钾 0.6126g 于 250mL 烧杯中，加入经煮沸除去二氧化碳的水 150mL，搅拌使其溶解，稍冷，加酚酞指示剂 3 滴，以 0.15mol/L 氢氧化钠标准溶液进行滴定，至溶液出现稳定的微红色为终点。

氢氧化钠标准溶液的浓度（mol/L）按下式计算：

$$c = \frac{m \times 1000}{204.21 \times V}$$

式中　　V——滴定时消耗氢氧化钠标准溶液的体积，mL；

　　　　m——苯二甲酸氢钾的质量，mg；

　204.21——1mol/L 苯二甲酸氢钾的质量，mg。

（10）粉煤灰。

（11）10%氯化钡溶液：10g 氯化钡（$BaCl_2 \cdot 2H_2O$）溶于适量水中，稀至 100mL。

四、分析步骤

用天平准确称取生料样品 0.20g，于 30mL 银坩埚中，加氢氧化钠 2g（同时带一份试剂空白）加盖。置于 720~750℃的高温炉中，熔融 15~20min 取出，趁热将内熔物摇开，使之附于坩埚内壁，稍冷后，将坩埚外壁洗净，置于 7cm 长颈漏斗中，漏斗插入盛有（1+1）盐酸 18mL 的 100mL 容量瓶中，以热水吹洗坩埚内熔物，待内熔物完全浸出后，洗入漏斗中，加 3 滴 1+1 的盐酸将坩埚洗净。摇动容量瓶使熔块全部溶解，冷却至室温，以水冲至刻度，混匀，备作成分分析（以下简称"制备溶液"）。

用移液管准确吸取上述溶液 20mL 于塑料杯中，加氯化钾 2~3g 及硝酸 10mL，搅拌使氯化钾溶解，溶液经流水冷却后，加 10%氟化钾溶液 10mL，充分搅拌数次静置 5min，以快速定性滤纸过滤，以 5%氯化钾溶液洗塑料杯及沉淀 4~5 次，将沉淀连同滤纸放入原塑料杯中，加 5%氯化钾-乙醇溶液 10mL 及酚酞指示剂 10 滴，以 0.15mol/L 氢氧化钠标准溶液边中和边将滤纸捣碎，直至溶液出现稳定的粉红色，以杯中碎滤纸擦拭杯壁，并继续中和至红色不退为止。加入经煮沸除去二氧化碳的水 150mL，充分搅拌使沉淀水解完全，以氢氧化钠标准溶液进行滴定，至溶液出现稳定的微红色为终点。

注：① 室温在 32℃以上可用冰水冷却；② 为防止沉淀水解，过滤、洗涤等操作应尽量缩短时间，当试样较多时，应分批进行沉淀，每一批不宜超过 5~6 只。

五、结果分析

二氧化硅含量 $X_2(\%)$ 按下式计算：

$$X_2 = \frac{T \cdot V \times 10}{m \times 1000} \times 100$$

式中　　T——氢氧化钠标准溶液对二氧化硅的滴定度，mg/mL，$T = c \times 15.02$；

　　　　V——滴定时消耗氢氧化钠标准溶液的体积，mL；

　　　　m——试样质量，g。

六、允许误差

同一试样两次测定结果允许绝对误差为 0.4%。

学习任务五　Fe_2O_3 含量的测定

一、学习目标

（1）掌握化学滴定的操作；

（2）掌握络合滴定方式测定 Fe_2O_3 含量的方法；

（3）掌握化学滴定基本操作。

二、方法提要

铁离子在 pH 为 1~3 范围内能与 EDTA 定量络合，以磺基水杨酸为指示剂，以 EDTA

标准溶液进行滴定，溶液由紫红色突变为亮黄色为终点，根据 EDTA 标准溶液消耗量计算三氧化二铁的含量。

三、实验准备

（一）仪器准备

玻璃棒、容量瓶、电子天平、洗耳球、玻璃烧杯、滴定台、铁架台、量筒、锥形瓶、吸量管、电热板、恒温干燥箱。

（二）药品准备

（1）氯酸钾。

（2）氨水（1+1）：密度 0.9g/cm^3 的氨水与水等体积混合。

（3）10%磺基水杨酸：10g 磺基水杨酸溶于适量水中，稀释至 100mL。

（4）乙酸-乙酸钠缓冲溶液：136g 乙酸钠（NaAc·3H$_2$O）溶于适量水中，加冰乙酸 3.3mL 以水稀释至 1L。此溶液 pH 为 6。

（5）0.2%二甲酚橙指示剂：0.2g 二甲酚橙溶于 100mL 水中。

（6）0.01mol/L EDTA：3.7g 乙二胺四乙酸二钠溶于 200mL 水中，稀释至 1L。

标定：准确吸取 0.01mol/L 氧化锌标准溶液 10mL 于 250mL 烧杯中，以水稀释至 100mL，加 pH 为 6 的乙酸-乙酸钠缓冲溶液 20mL 及 0.2%二甲酚橙指示剂 3 滴，以 EDTA 标准溶液进行滴定，溶液由红色变为黄色为终点。

EDTA 标准溶液的浓度 c(mol/L) 按下式计算：

$$c = \frac{M_{ZnO} \times V_{ZnO}}{V_{EDTA}}$$

式中　M_{ZnO}——氧化锌标准溶液的浓度，mol/L；

　　　V_{ZnO}——吸取氧化锌标准溶液的体积，mL；

　　　V_{EDTA}——滴定时消耗 EDTA 标准溶液的体积，mL。

四、分析步骤

以移液管吸取制备溶液 20mL 于 250mL 烧杯中，加氯酸钾 0.1g，以水稀释至 100mL，将烧杯置于电炉上加热。使氯酸钾溶解并继续加热至近沸，取下烧杯以氨水（1+1）中和至 pH 为 6~7，加 1mol/L 盐酸 3~4mL，搅拌使沉淀溶解，加 10%磺基水杨酸溶液 2mL，以 1mol/L 盐酸调节溶液酸度使 pH 在 1.3~1.5 范围内，以 0.01mol/L EDTA 标准溶液进行滴定，溶液由紫红色突变为亮黄色（含铁较低时为无色）为终点。

五、结果分析

三氧化二铁含量 X_4(%) 按下式计算：

$$X_4 = \frac{T \cdot V \times 10}{m_0 \times 1000} \times 100$$

式中　T——EDTA 标准溶液对三氧化二铁的滴定度，mg/mL，按下式计算：

$$T = c \times 79.85$$

　　79.85——与 1.00mL EDTA 标准溶液（c(EDTA)＝1.00mol/L）相当的三氧化二铁的质量，mg；

　　　V——滴定时消耗 EDTA 标准溶液的体积，mL；

　　　m_0——试样质量，g。

六、允许误差

同一试样两次测定结果允许误差见表 2-10。

表 2-10　同一试样两次测定结果允许误差

含量	允许平均相对误差/%	允许绝对误差/%
≥0.50	15	—
<0.50	—	0.06

学习任务六　Al_2O_3 含量的测定

一、学习目标

（1）掌握返滴定的原理及操作；

（2）掌握测定 Al_2O_3 含量的方法；

（3）掌握缓冲溶液的使用。

二、方法提要

取一定量制备溶液，加过量 EDTA 标准液，使铁、铝离子与 EDTA 络合，在 pH＝5.5 时，以二甲苯酚橙为指示剂，用锌盐溶液回滴过量的 EDTA，测得氧化铁、氧化铝的合量，从合量中减去三氧化二铁含量，得氧化铝含量。

三、实验准备

（一）仪器准备

表面皿、容量瓶、电子天平、洗耳球、玻璃烧杯、滴定台、铁架台、量筒、锥形瓶、吸量管、电热板、恒温干燥箱。

（二）药品准备

（1）10%氢氧化钠溶液：10g NaOH 溶解到 90g 水中。

（2）盐酸（1+1）：密度 $1.19g/cm^3$ 的盐酸与水等体积混合。

（3）乙酸-乙酸钠缓冲液：46g 乙酸钠（$NaAc \cdot 3H_2O$）溶于适量水中，加冰乙酸 5.7mL 以水稀释至 1L。此溶液 pH 为 5.5。

（4）氢氧化铵（1+1）：密度 $0.9g/cm^3$ 的氨水与水等体积混合。

（5）二甲苯酚橙固体指示剂（1+99）。

（6）EDTA 标准液（$TAl_2O_3＝0.4mg/mL$）：0.4gEDTA 定容到 1000mL 水中。

（7）乙酸锌标准液（$TAl_2O_3＝0.2mg/mL$）：0.2g 乙酸锌定容到 1000mL 水中。

四、分析步骤

分取制备溶液 10mL，置于盛有 20mLEDTA 标准液的 500mL 三角烧瓶中，加酚酞指示剂 2 滴，滴加 10%的氢氧化钠调节至红色，再用（1+1）盐酸调节至酚酞刚褪色，并过量 2 滴，加水至体积为 100mL 左右，置于电炉上加热煮沸 3min，放在冷水槽中冷却至室温，加入乙酸-乙酸钠缓冲液 15mL，加二甲苯酚橙指示剂 0.03g，以乙酸锌标准液滴定至紫红色，即为终点。

五、结果分析

$$w(Al_2O_3) = \frac{[0.4(V_1 - V_3) - V_2 \times 0.2] \times 100}{0.2^* \times \dfrac{1}{10} \times 1000} = 2(V_1 - V_3) - V_2$$

式中 V_1—— 加入 EDTA 标准液的体积，mL；

V_2—— 滴定消耗乙酸锌标准液的体积，mL；

0.4—— EDTA 标准液对氧化铝的滴定度，mg/mL；

0.2——乙酸锌标准液对氧化铝的滴定度，mg/mL；

0.2^*——样品质量，g；

$\dfrac{1}{10}$——分取倍数

V_3——三氧化二铁消耗 EDTA 标准液的体积，mL。

EDTA 标准液对三氧化二铁的滴定度换算：

$$TFe_2O_3 = TAl_2O_3 \times \frac{Fe_2O_3 \text{ 相对分子质量}}{Al_2O_3 \text{ 相对分子质量}} = 0.6266 mg/mL$$

注意事项：

（1）调节酸度应严格掌握，否则造成结果波动。

（2）加热煮沸时间不得少于 3min。

（3）主要反应式同熟料中氧化铝的分析。

学习任务七　生料浆中配煤的分析

一、学习目标

（1）掌握生料浆中配煤测定的原理及操作；

（2）掌握生料浆中配煤测定方法。

二、方法提要

称取一定量生料样品盛于瓷舟中，用盐酸分解，烘干，在管式炉中通氧燃烧，以定碳仪测定生成的二氧化碳量，算出生料的含碳量。

有关分解反应式：

$$CaCO_3 + 2HCl = CaCl_2 + H_2O + CO_2 \uparrow$$
$$Na_2CO_3 + 2HCl = 2NaCl + H_2O + CO_2 \uparrow$$

燃烧反应：$\qquad\qquad C + O_2 = CO_2 \uparrow$

吸收反应：$\qquad CO_2 + 2NaOH = Na_2CO_3 + H_2O$

三、实验准备

（一）仪器准备

管式炉、氧气瓶、电子天平、电热板。

（二）药品准备

（1）盐酸（1+2）：密度 1.19g/cm³ 的盐酸与水按体积 1∶2 混合。

（2）硫酸（1+1）：将密度为 1.84g/cm³ 的硫酸在不断搅拌下慢慢倒入等体积的水中（必要时应在冷水浴中进行）。

（3）玻璃丝。

（4）35%NaOH 溶液：35g NaOH 溶于 65g 水中。

（5）二氧化锰粉末。

四、分析步骤

准确称取生料样品 0.1g，均匀倒入瓷舟中，加盖石棉压紧，以 1+2 盐酸分解，加入量约 8~10 滴，放电热板低温处烘至 30min 左右，第二次加盐酸分解，约 8~10 滴，在电热板低温处烘干（约 1.5h）。小心将瓷舟推入燃烧管高温处，塞紧皮塞，开始提温预热 5min，再通入氧气燃烧，用三通活塞控制通气，待量气管液面平降到零刻度处，关闭三通，移动水准瓶，使水准瓶液面与量气管液面成水平，记下量气管读数，转动三通活塞使其与吸收瓶联接，反复吸收直到吸收完全，以水准瓶调至吸收瓶液面的刻度线处，关闭三通，置水准瓶液面与量气管液面水平，记下读数，算出两次差值，记录此时温度、压力。

五、结果分析

$$生料含碳(\%) = \frac{差值 \times 补正系数}{0.1} \times 100\%$$

学习任务八　Na_2O、K_2O 含量的测定

一、学习目标

（1）掌握火焰光度计的原理及操作；

（2）掌握测定 Na_2O、K_2O 含量的方法。

二、方法提要

试样经酸分解后，过滤于 100mL 容量瓶中，稀释，摇匀，在火焰光度计上分别测量钾、钠发射光谱强度，自标准曲线中查出相应毫克数，计算试样中氧化钾和氧化钠的含量。

三、实验准备

（一）仪器准备

火焰光度计、铂坩埚、马弗炉、容量瓶、电子天平、洗耳球、玻璃烧杯、滴定台、铁架台、量筒、锥形瓶、吸量管、电热板、恒温干燥箱。

（二）药品准备

（1）硫酸（1+1）：将密度为 1.84g/cm³ 的硫酸在不断搅拌下慢慢倒入等体积的水中（必要时应在冷水浴中进行）。

（2）氢氟酸：密度 1.15g/cm³。

（3）氧化钾、氧化钠标准溶液：称取在 600℃ 灼烧过的基准氯化钾 0.1584g 和氯化钠 0.1886g 溶于 100mL 水中，移入 1L 容量瓶，以水稀释至刻度，摇匀。此溶液 1mL 相当于 0.1mg 氧化钾（K_2O）+0.1 mg 氧化钠（Na_2O）。

四、分析步骤

（一）标准曲线的绘制

以 10mL 滴定管准确分取氧化钾、氧化钠标准溶液 0mL，1mL，2mL，3mL，4mL，5mL，6mL，7mL 分别置于 100mL 容量瓶中，以水稀释至刻度，摇匀。在火焰光度计上分别测定各溶液氧化钾、氧化钠的发射光谱强度，并绘制标准曲线。

（二）试样的测定

准确称取 0.5000g 试样放入铂坩埚中，以少量水润湿，加硫酸（1+1）5mL 及氢氟酸 10mL，加热分解试样并蒸发至冒白烟，继续加热使白烟冒尽并在 600~700℃ 灼烧 5min，

取出坩埚冷却。加水 20mL，以玻璃棒将坩埚中残渣捣碎，加热至沸，以慢速滤纸过滤，滤液以 100mL 容量瓶承接。以热水洗坩埚 3~4 次，洗沉淀 5~6 次，以水稀释至刻度，摇匀。在火焰光度计上分别测定氧化钾和氧化钠的发射光谱强度。

注：滤液如有浑浊可以加数滴盐酸（1+1）使其澄清。

五、结果分析

氧化钾含量和氧化钠含量（%）分别按下式计算：

$$w(\mathrm{K_2O}) = \frac{m_1}{m_0 \times 1000} \times 100$$

$$w(\mathrm{Na_2O}) = \frac{m_2}{m_0 \times 1000} \times 100$$

式中　m_1——自标准曲线中查得的氧化钾的质量，mg；

　　　m_2——自标准曲线中查得的氧化钠的质量，mg；

　　　m_0——试样质量，g。

六、允许误差

同一试样两次测定结果允许误差见表 2-11。

表 2-11　同一试样两次测定结果允许误差

含　　量	允许平均相对误差/%	允许绝对误差/%
$w(\mathrm{K_2O}) \geqslant 0.50$	20	—
$w(\mathrm{K_2O}) < 0.50$	—	0.06
$w(\mathrm{Na_2O}) \geqslant 0.20$	20	—
$w(\mathrm{Na_2O}) < 0.20$	—	0.04

学习情境四　熟料的分析

常规分析项目：容重、二氧化硅、三氧化二铁、三氧化二铝、氧化钙、氧化钠、硫酸钠、标准溶出率等。

学习任务一　容重的测定

一、学习目标

（1）掌握容重测定的原理及操作；

（2）掌握容重测定的方法。

二、方法提要

取一定粒度、一定体积的熟料，称其重量，求得容重。

三、实验准备

筛子。

四、分析步骤

取熟料若干，用筛孔直径为 10mm 的筛子筛过，将筛下残留部分倾入 1L 体积的容器中，用铁片刮去多余部分，将容器内熟料倒入台秤上称量，记下重量。

五、结果分析

$$容重(g/cm^3) = \frac{1L\ 熟料重量}{1000}$$

学习任务二　硅钼蓝差示比色法测定 SiO_2 含量

一、学习目标

（1）掌握硅钼蓝差示比色法测定二氧化硅含量的原理及操作；

（2）掌握硅钼蓝差示比色法测定二氧化硅含量的方法。

二、方法提要

样品经氢氧化钠熔融，酸化后，使之转化为单分子状态的硅酸，分取适量，在 0.12 ~ 0.15mol 酸度下，加钼酸铵使之生成硅钼黄，再以混合还原液还原成硅钼蓝，进行比色测试。

三、实验准备

（一）仪器准备

分光光度计。

（二）药品准备

（1）盐酸（1+99）：密度为 1.19g/cm³ 的盐酸 1mL 与 99mL 水等体积混合。

（2）10%钼酸铵溶液：10g 钼酸铵溶于 90mL 水中。

（3）混合还原液。

四、分析步骤

（一）分析溶液制备

准确称取熟料样品 0.25g 于 30mL 银坩埚中。加氢氧化钠 3g（同时带一份试剂空白）。将坩埚置电炉上，预热 5min。然后移入 720 ~ 750℃ 的高温炉中，熔融 15 ~ 20min。取出，趁热将内熔物摇开，使之附于坩埚内壁，稍冷后，将坩埚外壁洗净，置于 Φ7cm 长颈漏斗中，漏斗插入盛有（1+1）盐酸 40mL、热水 50mL 的 250mL 容量瓶中，以热水吹洗坩埚内熔物，待内熔物完全浸出后洗入漏斗中，加（1+1）盐酸 2 滴，将坩埚洗净。摇动容量瓶，使熔块全部溶解，冷至室温，以水冲至刻度，混匀，备作成分分析（以下简称制备液）。

（二）二氧化硅含量测定

移取制备液 20mL 冲洗至 100mL，即稀释 5 倍。

移取稀释溶液 5mL 于 100mL 容量瓶中，加（1+99）盐酸 40mL，加钼酸铵 4mL，摇匀。加入混合还原液 20mL，以水冲至刻度，混匀，稍放置。以分光光度计在 700nm 波长处进行差示比色。测定试液吸光度减空白吸光度后查表得结果。

空白测定：分取试剂空白的制备溶液 5mL，与试样制备溶液同时按上述操作方法进行测定。以水作"零标准"，测定试剂空白溶液的吸光度。

（三）标准曲线的绘制

取 100mL 容量瓶 6 只，按样品中二氧化硅含量范围，分别加入二氧化硅标准液，如表 2-12 所示。各加（1+99）盐酸 40mL，按前述的二氧化硅操作方法进行。测得各溶液的消光度，减去空白溶液消光度，并与对应的 SiO_2 含量（%）绘制曲线。

　　如用纯二氧化硅配制的标准溶液绘制曲线时，可补加（1+1）盐酸 0.15mL，其他操作同前。

　　五、结果分析

　　二氧化硅含量与加入标准液体积见表 2-12。

表 2-12　二氧化硅含量与加入标准液体积

相当样品中二氧化硅/%	0	8	10	12	14	16
二氧化硅标准液加入的体积（0.2mg/mL）	0	2.00	2.50	3.00	3.50	4.00

学习任务三　邻菲啰啉比色法测定 Fe_2O_3 含量

　　一、学习目标

　　（1）掌握测定三氧化二铁含量的原理及操作；

　　（2）掌握测定三氧化二铁含量的方法。

　　二、方法提要

　　三价铁用盐酸羟胺还原为二价铁，在乙酸-乙酸钠缓冲液中加入邻菲啰啉生成橘红色配合物，测其吸光度。

　　三、实验准备

　　（一）仪器准备

　　分光光度计。

　　（二）药品准备

　　邻菲啰啉-盐酸羟胺-乙酸-乙酸钠混合液：称取 100g 无水乙酸钠（或150g 结晶乙酸钠）和 5g 盐酸羟胺，分别溶于水，另称 0.25g 邻菲啰啉溶于 15mL 乙酸中，将三溶液混合，用水稀释至 1L，混匀。

　　四、分析步骤

　　分取制备溶液 10mL 于 100mL 容量瓶中，加水 40mL，加入 1g/L 邻菲啰啉混合液 15mL，摇匀，用水冲至刻度，混匀，同时带试剂空白用水作参比溶液，在分光光度计波长 510nm 处，测量其吸光度。将测得吸光度减去随同试样空白溶液的吸光度，从工作曲线上查出相应的三氧化二铁含量。

　　（一）0.1mg/mL Fe_2O_3 标准液的制备

　　称取经 900℃ 灼烧过的 Fe_2O_3 1.0000g 于 500mL 烧杯中，加入（1+1）盐酸 100mL，盖上表皿置电热板上溶解，冷却至室温，冲至 1000mL。分取此溶液 100mL，冲至 1000mL 即为 0.1mg/mL 的 Fe_2O_3 标准液。

　　（二）标准曲线绘制

　　取 100mL 容量瓶 7 只，分别加入 0.1mg/mL Fe_2O_3 标准液 0.00mL、1.00mL、2.00mL、3.00mL、4.00mL、5.00mL、6.00mL，相当熟料矿石含氧化铁量 0.0%、2.0%、4.0%、6.0%、8.0%、10.0%、12.0%，各加水 40mL 左右，加入邻菲啰啉混合液 15mL，

用水冲至刻度，混匀。于分光光度计 510nm 波长处比色，测得溶液吸光度减去空白溶液吸光度，并与对应的 Fe_2O_3 含量（%）绘制曲线。

五、结果分析

从工作曲线上查出相应的三氧化二铁含量。

学习任务四　Al_2O_3 含量的测定

一、学习目标

（1）掌握 Al_2O_3 含量测定的原理及操作；

（2）掌握 Al_2O_3 含量测定的方法。

二、方法提要

分取制备溶液，放入氢氧化钠-碳酸钠混合溶液中，煮沸，以使铁、钛、镁 、钙等形成沉淀，与铝分离。取一定量分离后的溶液，加过量 EDTA 与铝离子络合，在 $pH = 5.5$ 时，以二甲苯酚橙为指示剂，用锌盐溶液回滴过量的 EDTA，从而计算出氧化铝的百分含量。

三、实验准备

（一）仪器准备

容量瓶、电子天平、洗耳球、玻璃烧杯、滴定台、铁架台、量筒、锥形瓶、吸量管、电热板、恒温干燥箱。

（二）药品准备

（1）10%氢氧化钠溶液：10g 氢氧化钠溶于 90mL 水中。

（2）碳酸钠：固体，分析纯。

（3）盐酸（1+1）：密度为 $1.19g/cm^3$ 的盐酸与水等体积混合。

（4）乙酸-乙酸钠缓冲液：46g 乙酸钠（$NaAc \cdot 3H_2O$）溶于适量水中，加冰乙酸 5.7mL 以水稀释至 1L。此溶液 pH 为 5.5。

（5）氢氧化氨（1+1）：密度为 $0.9g/cm^3$ 的氨水与水等体积混合。

（6）二甲苯酚橙指示剂（1+99）。

（7）0.1%溴酚绿酒精溶液：0.1g 溴酚绿溶于 100mL 酒精中。

（8）EDTA 标准液（$TAl_2O_3 = 0.4mg/mL$）：0.4gEDTA 定容到 1000mL 水中。

（9）乙酸锌标准液（$TAl_2O_3 = 0.2 mg/mL$）：0.2g 乙酸锌定容到 1000mL 水中。

四、分析步骤

分取制备溶液 100mL，于已加有 60mL 10%的氢氧化钠和 4g 碳酸钠的 250mL 烧杯中，盖上表皿，放在电热板上加热煮沸 5min。然后移置冷水槽中，冷却至室温。冲洗表皿，溶液移入 250mL 容量瓶中，用水冲至刻度，混匀。用干定性滤纸过滤，弃去第一部分滤液，取 50mL 滤液放入盛有 25mLEDTA 标准液的 500mL 三角瓶中，滴加溴酚绿指示剂 2滴，在振荡下，以（1+1）盐酸滴至溶液变黄色后，滴加（1+1）氨水至溶液变蓝色，再用（1+1）盐酸滴至溶液变黄色，并过量一滴，加水冲至体积为 100mL 左右，于电热板上加热煮沸 3min，放在冷水槽中冷却至室温。滴加（1+1）氨水 1~2 滴，溶液应呈蓝色（若滴加氨水 1~2 滴后，颜色仍不变蓝，证明第一次的酸度未调好）。加乙酸-乙酸钠缓冲液 15mL，加二甲苯酚橙指示剂约 0.03g，以乙酸锌标准液滴定至紫红色，即为终点。

五、结果分析

$$w(Al_2O_3)(\%) = \frac{0.4 \times 25 - 0.2V_2}{0.25 \times \frac{2}{5} \times \frac{1}{5} \times 1000} \times 100 = 50 - V_2$$

式中　0.4——EDTA 标准液质量浓度，mg/mL；

　　　25——EDTA 标准液加入的体积，mL；

　　　0.2——乙酸锌标准液质量浓度，mg/mL；

　　　V_2——滴定消耗乙酸锌标准液的体积，mL；

　　0.25——样品质量，g；

$\frac{1}{5} \times \frac{2}{5}$——分取倍数。

注意事项：

（1）应严格控制一定酸度。

（2）EDTA 标准液加入量应根据所测溶液中氧化铝含量而定，并保持适当过量。

说明：

（1）分离反应基于铝为两性元素，在强碱溶液中，生成铝酸钠留于溶液中，而与其他干扰元素分离。

$$TiCl_4 + 4NaOH \longrightarrow H_2TiO_3 \downarrow + 4NaCl + H_2O$$

$$FeCl_3 + 3NaOH \longrightarrow Fe(OH)_3 \downarrow + 3NaCl$$

$$CaCl_2 + Na_2CO_3 \longrightarrow CaCO_3 \downarrow + NaCl$$

$$MgCl_2 + 2NaOH \longrightarrow Mg(OH)_2 \downarrow + 2NaCl$$

$$AlCl_3 + 4NaOH \longrightarrow NaAl(OH)_4 + 3NaCl$$

$$H_2SiO_3 + 2NaOH \longrightarrow Na_2SiO_3 + 2H_2O$$

（2）EDTA 与 Al^{3+} 的络合滴定反应：

$$Al^{3+} + H_2Y_2^- \longrightarrow AlY^- + 2H^+$$

$$H_2Y_2^- + Zn^{2+} \longrightarrow ZnY_2^- + 2H^+$$

滴定到终点时，过量一滴乙酸锌与金属指示剂作用而显色。

其反应：

$$H_6XO + Zn^{2+} \longrightarrow ZnXO^{4-} + 6H^+$$

　　（黄色）　　　　　　（紫红色）

学习任务五　CaO、MgO 合量的测定

一、学习目标

（1）掌握测定氧化钙、氧化镁合量的原理及操作；

（2）掌握氧化钙、氧化镁合量测定的方法。

二、方法提要

样品以盐酸溶解，用氨水分离铁、铝、钛等，所得滤液以铬黑 T 作指示剂，用 EDTA 标准液进行滴定。

三、实验准备

(一) 仪器准备

容量瓶、电子天平、洗耳球、玻璃烧杯、滴定台、铁架台、量筒、锥形瓶、吸量管、电热板、恒温干燥箱。

(二) 药品准备

(1) 氨水 (1+1)：密度为 0.9g/cm³ 的氨水与水等体积混合。

(2) 盐酸 (1+2)：密度为 1.19g/cm³ 的盐酸与水按体积 1∶2 混合。

(3) 0.2%甲基红酒精溶液：0.2g 甲基红溶于 100mL 酒精中。

(4) 氨性缓冲液：67.5g 氯化氨溶于 200mL 水中，加入密度为 0.9g/cm³ 的氢氧化氨 570mL，以水稀释至 1L，此溶液 pH 为 10。

(5) 0.1%铬黑 T 指示剂：0.1g 铬黑溶于 100mL 水中。

(6) EDTA 标准液 (TCaO = 0.8 mg/mL)：0.8gEDTA 定容到 1000mL 水中。

四、分析步骤

准确称取样品 0.2g，放入 250mL 已洗净的干烧杯中，加 (1+2) 盐酸 15mL，置于电热板加热溶解后，加热水至体积为 120mL 左右，加甲基红指示剂 2~3 滴。在徐徐搅拌下逐滴加入 (1+1) 氨水至溶液变为黄色，并过量 3 滴，盖上表皿，煮沸 3min，放入冷水槽中，冷却至室温，移入 250mL 容量瓶中，以水冲至刻度，振荡混匀。以干定性滤纸过滤，弃去第一部分滤液，取 100mL 滤液于 500mL 三角瓶中，加氨性缓冲液 5mL，滴加适量 EDTA 标准液，再加铬黑 T 指示剂约 0.03g，继续用 EDTA 标准液滴定至亮蓝色，即为终点。

五、结果分析

$$w(CaO)(\%) = \frac{0.8 \times V}{0.2 \times \dfrac{2}{5} \times 1000} \times 100 = V$$

式中　0.8——EDTA 标准液对氧化钙的滴定度，mg/mL；

　　　　V——消耗 EDTA 标准液的体积，mL；

　　　0.2——样品质量，g；

　　　2/5——分取倍数。

注意事项：

(1) 溶液中含有铁、铝离子时，对钙离子的测定有干扰 (据文献介绍，若滴定溶液中含有 0.2mg 铝离子或 0.4mg 铁离子，对滴定终点即有干扰)。因此，在中和时，氨水加入量不宜过量太多，煮沸时间不宜太长，以免氢氧化铝溶解。

(2) 根据经验，在以 EDTA 标准液滴定时，先滴入约总耗量的二分之一，然后加铬黑 T 指示剂，继续滴定，这样可防止指示剂的封闭，使终点明显。

(3) 加氨水分离铁、铝时，加入氨水速度要慢，特别在沉淀近于生成时。因为加入速度太快，使氢氧化铝、氢氧化铁沉淀急剧生成，增加对 Ca²⁺ 的吸留作用，使结果偏低。

说明：

本方法为钙镁合量的测定，此法是基于在 pH = 10 时，用铬黑 T 作指示剂，以 EDTA 标准液进行滴定。

铬黑 T 在溶液中有三种不同的颜色：$pH = 6$ 以下时呈紫红色；$pH = 8 \sim 12$ 时呈蓝色；$pH = 13$ 以上时呈橙色。如果以 H_2In^- 代表其阴离子时，则其颜色改变可表示如下：

$$H_2In^- \underset{pH=7}{\overset{pK1=6.35}{\rightleftharpoons}} HIn^{2-} \underset{pH=12}{\overset{pK2=11.55}{\rightleftharpoons}} In^{3-}$$

（红色）　　　（蓝色）　　　（橙色）

于碱性介质中 HIn^{2-} 与 Ca^{2+}、Mg^{2+} 等形成深色配合物，其反应为：

$$Mg^{2+} + HIn^{2-} \longrightarrow MgIn^- + H^+$$

此指示剂与 Mg^{2+} 的反应非常灵敏，所以当有 Mg^{2+} 存在时，即可终止络合滴定。

学习任务六　MgO 含量的测定

一、学习目标

（1）掌握 MgO 含量测定的原理及操作；

（2）掌握测定 MgO 含量的方法。

二、方法提要

在分取测定氧化钙、氧化镁合量滤液的同时另取一份滤液，在 $pH = 12.5 \sim 13.5$ 时单独测定氧化钙，从氧化钙、氧化镁合量减去氧化钙含量，得氧化镁含量。

三、实验准备

（一）仪器准备

容量瓶、电子天平、洗耳球、玻璃烧杯、滴定台、铁架台、量筒、锥形瓶、吸量管、电热板、恒温干燥箱。

（二）药品准备

（1）钙指示剂（1+99）。

（2）10%氢氧化钠溶液：10g 氢氧化钠溶于 90mL 水中。

（3）其他试剂：同生料中钙、镁合量分析。

四、分析步骤

在分取测定氧化钙、氧化镁合量的滤液的同时，另分取滤液 100mL 于 500mL 三角瓶中，加 10%氢氧化钠 20mL，以 pH 试纸检查，使溶液 pH>12.5，加钙指示剂约 0.03g，以 EDTA 标准液滴定至亮蓝色，此为钙所消耗的 EDTA 标准液的体积。

五、结果分析

$$w(MgO)(\%) = \frac{(V - V_1) \times 0.8 \times 0.719}{0.2 \times \frac{2}{5} \times 1000} \times 100 = (V - V_1) \times 0.719$$

式中　V——熟料中测定氧化钙、氧化镁合量时消耗 EDTA 标准液的体积，mL；

V_1——氧化钙消耗 EDTA 标准液的体积，mL；

0.8——EDTA 标准液对氧化钙的滴定度，mg/mL；

0.719——氧化镁对氧化钙的换算系数；

0.2——样品质量，g；

$\frac{2}{5}$——分取倍数。

学习任务七　原子吸收法测定 Na_2O 的含量

一、学习目标

(1) 掌握 Na_2O 含量测定的原理及操作；

(2) 掌握测定 Na_2O 含量的方法。

二、实验准备

（一）仪器准备

原子吸收分光光度计。

（二）药品准备

(1) 盐酸（1+1）：密度为 $1.19g/cm^3$ 的盐酸与水等体积混合。

(2) 钠标液（1mg/mL）。

三、分析步骤

称取试样 0.1000g 于 150mL 的干烧杯中（硅钙渣称 0.25g），加 20mL 盐酸（1+1）置于电热板上加热溶解（若溶解时样有结块用玻璃棒搅拌），待溶液微沸腾 1min 后，取下冷却，移入 250mL 容量瓶中，用水稀释至刻度，混匀，过滤，用原子吸收分光光度计测定。

标准曲线的绘制：移取 0mL、10mL、20mL、30mL、40mL、50mL 钠标液（1mg/mL）各于 1000mL 容量瓶中，各加入 60mL 盐酸（1+1）用水稀释至刻度，混匀。用原子吸收分光光度计测定绘制。

四、结果分析

熟料：$w(Na_2O)(\%) = 0.3370 \times (C - C_0)$

硅钙渣：$w(Na_2O)(\%) = 0.1348 \times (C - C_0)$

注意事项：

(1) 做样前所用烧杯、容量瓶、漏斗等器皿须用盐酸（1+1）浸泡后再用水清洗干净。

(2) 用标液做曲线时，每次用小烧杯从容量瓶里倒取少许，以防重复使用多次而导致标液被污染，从容量瓶里倒取时要先摇匀，并用少许对烧杯进行润洗。

(3) 每次测定完毕，把乙炔关掉后，暂不关掉循环水、空压机，用纯净水抽吸不低于 5min，然后在空烧 5min 后再关闭。

(4) 测样时要观察火焰是否均匀，若不均匀，停止测定，检查燃烧头或进样系统是否有堵塞。

学习任务八　硫酸钠重量法测定 Na_2O 的含量

一、学习目标

(1) 掌握硫酸钠重量法测定 Na_2O 含量的原理及操作；

(2) 掌握硫酸钠重量法测定 Na_2O 含量的方法。

二、方法提要

样品加酸分解后，加氨水、碳酸铵，将铁、铝、钙等离子分离。分取滤液的一部分，加硫酸酸化，蒸干，灼烧，冷却后，称其 Na_2SO_4 重量。

三、实验准备

（一）仪器准备

马弗炉、容量瓶、电子天平、洗耳球、玻璃烧杯、滴定台、铁架台、量筒、锥形瓶、吸量管、电热板、恒温干燥箱。

（二）药品准备

（1）盐酸（1+2）：密度为 $1.19g/cm^3$ 的盐酸与水按体积 1：2 混合。

（2）硫酸（1+1）：将密度为 $1.84g/cm^3$ 的硫酸在不断搅拌下慢慢倒入等体积的水中（必要时应在冷水浴中进行）。

（3）10%碳酸铵：10g 碳酸铵溶于 90mL 水中。

（4）氨水（1+1）：密度为 $0.9g/cm^3$ 的氨水与水等体积混合。

（5）0.5%溴麝香草酚蓝酒精溶液：0.5g 溴麝香草酚蓝溶于 100mL 酒精中。

四、分析步骤

准确称取样品 2.182g 于 250mL 干烧杯中。加（1+2）的盐酸 30mL，在电热板上加热分解，待试样完全分解后，加热水稀释至体积为 100mL 左右。滴加溴麝香草酚蓝指示剂 4~5 滴，在搅拌下徐徐加入（1+1）氨水至溶液呈蓝色，并有明显的氨味。煮沸 1~2min，冷却至 70℃ 左右，加碳酸铵 30mL，充分搅拌，冷却至室温。将溶液移入 250mL 容量瓶中，以水冲至刻度，混匀。用干的定性滤纸过滤，弃去第一部分滤液，取 50mL 滤液于带柄的瓷蒸发皿中，在电热板上蒸发至体积为 10mL 左右，加（1+1）硫酸 5mL，继续蒸发至产生白烟，将其移置电炉上，待硫酸除净，取下，冷却。用温水冲洗皿壁，加溴麝香草酚蓝指示剂 1~2 滴、（1+1）氨水 1~2 滴（使之呈碱性），再加碳酸铵 2~3mL，在电热板上保温 2~3min，然后过滤，滤液置于 30mL 瓷坩埚中，用 70~80℃ 热水洗涤滤纸 5~6 次，洗液并于滤液。把坩埚置于电热板的低温处，徐徐蒸发至体积在 10mL 左右时，向坩埚内加一小块滤纸，继续蒸发至干。在电炉上使滤纸灰化后，移入高温炉中，在 700~750℃ 灼烧 20min。取出置干燥器内冷却至室温，重复灼烧称量操作至达恒重。

五、结果分析

$$w(Na_2O)(\%) = \frac{W \times 0.4364}{2.182 \times \frac{1}{5}} \times 100 = W \times 100$$

式中　W——沉淀质量，g；

　2.182——样品质量，g；

　0.4364——硫酸钠对氧化钠的换算系数。

注意事项：

（1）样品溶解要完全；

（2）氨水不可过量太多，以免氢氧化铝被溶解；

（3）蒸发温度不可太高，防止溅出；

（4）灼烧温度应严格控制在规定温度范围内，以免温度过高使硫酸钠分解，影响结果的准确性。

说明：

（1）熟料中氧化钠主要呈 $Na_2O \cdot Al_2O_3$、$Na_2O \cdot Fe_2O_3$、Na_2SO_4 形式存在，加酸后其反应如下：

$$Na_2O \cdot Al_2O_3 + 8HCl \longrightarrow 2NaCl + 2AlCl_3 + 4H_2O$$

$$Na_2O \cdot Fe_2O_3 + 8HCl \longrightarrow 2NaCl + 2FeCl_3 + 4H_2O$$

（2）分离反应式：

$$AlCl_3 + 3NH_3 \cdot H_2O \longrightarrow Al(OH)_3 \downarrow + 3NH_4Cl$$

$$FeCl_3 + 3NH_3 \cdot H_2O \longrightarrow Fe(OH)_3 \downarrow + 3NH_4Cl$$

$$CaCl_2 + (NH_4)_2CO_3 \longrightarrow CaCO_3 \downarrow + 2NH_4Cl$$

$$MgCl_2 + 2NH_3 \cdot H_2O \longrightarrow Mg(OH)_2 \downarrow + 2NH_4Cl$$

$$2NaCl + H_2SO_4 + xH_2O \longrightarrow Na_2SO_4 \cdot xH_2O + 2HCl$$

$$Na_2SO_4 \cdot xH_2O \longrightarrow Na_2SO_4 + xH_2O$$

（3）本法所得 Na_2O 的分析结果，实际系包含有 K_2O 在内的含量，而这部分 K_2O 亦按 Na_2O 来计算。

学习任务九　硫酸钡重量法测定 Na_2SO_4 的含量

一、学习目标

（1）掌握硫酸钡重量法测定 Na_2SO_4 含量的原理及操作；

（2）掌握硫酸钡重量法测定 Na_2SO_4 含量的方法。

二、方法提要

分析氧化钠的同时，分取分离铁、铝、钙等元素后的滤液，调节到酸性，然后加氯化钡使硫酸根离子与钡离子作用，生成硫酸钡沉淀，过滤，灼烧，称量。

$$SO_4^{2-} + Ba^{2+} + xH_2O \longrightarrow BaSO_4 \cdot xH_2O \downarrow$$

$$BaSO_4 \cdot xH_2O \longrightarrow BaSO_4 + xH_2O$$

三、实验准备

（一）仪器准备

马弗炉、容量瓶、电子天平、洗耳球、玻璃烧杯、滴定台、铁架台、量筒、锥形瓶、吸量管、电热板、恒温干燥箱。

（二）药品准备

（1）盐酸（1+1）：密度为 $1.19g/cm^3$ 的盐酸与水按体积 $1:1$ 混合。

（2）5%氯化钡溶液：5g 氯化钡溶于 95mL 水中。

四、分析步骤

分取做氧化钠的滤液 50mL 于 250mL 烧杯中，用盐酸调节至酸性，此时溶液呈黄色，并过量（1+1）盐酸 2mL，加水稀释至体积 $100 \sim 150$mL 左右，在电热板上加热煮沸 2min，再徐徐加入已沸的氯化钡溶液 15mL，将烧杯在电热板上微沸 1h，待溶液澄清后，用慢速定量滤纸过滤。用热水（$60 \sim 70$℃）洗净烧杯，并洗涤沉淀 $10 \sim 12$ 次，将沉淀连同滤纸放入瓷坩埚中，在电炉上使滤纸完全灰化后，置于高温炉中，在 $800 \sim 850$℃灼烧 $20 \sim 30$min 取出，置于干燥器中冷却至室温，将固体物扫出称量。

五、结果分析

$$w(\mathrm{Na_2SO_4})(\%) = \frac{W \times 0.2656}{2.182 \times \dfrac{1}{5}} \times 100 = W \times 61$$

式中　W——硫酸钡质量，g；

　2.182——样品质量，g；

　0.2656——硫酸钡对氧化钠的换算系数；

　1/5——分取倍数。

注意事项：

（1）为保证生成大颗粒结晶沉淀，溶液酸度 0.05~0.06mol/L 为宜。同时应在足够稀的溶液中进行沉淀。氯化钡溶液加入不应太快，否则因沉淀速度太快，使结晶变小。

（2）保温陈化时间尽可能长一些，以使结晶颗粒长大。

（3）灰化灼烧滤纸和沉淀时，不应使滤纸燃烧，并应在空气充足的情况下进行，否则硫酸钡易被还原成绿色硫化钡，使结果偏低。遇此情况应加（1+1）硫酸 2 滴，加热待三氧化硫白烟逸净后再灼烧 20min。

（4）硫酸钡的灼烧温度不应超过 850℃，以免硫酸钡分解。

学习任务十　Al_2O_3、Na_2O 溶出率的测定

一、学习目标

（1）掌握氧化铝、氧化钠溶出率测定的原理及操作；

（2）掌握氧化铝、氧化钠溶出率测定的方法。

二、方法提要

称取定量的熟料样品于抽出液（提炼液）中，在规定温度下，溶出一定时间，过滤。赤泥经充分洗涤、烘干，称取一定量，分析赤泥中的氧化铝、氧化钠含量，以求算氧化铝、氧化钠的标准溶出率。

三、实验准备

（一）仪器准备

马弗炉、电子天平、洗耳球、玻璃烧杯、锥形瓶、吸量管、电热板、组合磁力加热搅拌器、250 或 500mL 过滤瓶、直径 65mm 布氏漏斗。

（二）药品准备

（1）提炼抽出液。

（2）其他试剂同硅钙渣分析。

四、分析步骤

量取预先加热到 95℃的抽出液 120mL，移入 250mL 烧杯中，加盖，置于磁力搅拌器加热盘上，打开加热开关，控制溶液温度在 85℃±2℃。准确称量 8g 熟料样品于上述烧杯中，加搅拌转子一个，抽出 15min。以布氏漏斗和已知重量的滤纸减压过滤，沉淀全部转入漏斗中，以沸水洗涤 6~7 次（每次用水 20~30mL）。将滤饼连同滤纸移至烘箱中，在115℃±5℃烘干 1h，取出冷却至室温，准确称量赤泥重量，计算折合比。将赤泥混匀，研细供成分分析用。

折合比计算：

$$\eta_{赤} = \frac{W}{8}$$

式中　$\eta_{赤}$——赤泥产出率；

　　　8——熟料质量，g；

　　　W——赤泥质量，g。

准确称取样品 0.3g 于银坩埚中，加氢氧化钠 3g，在 720～750℃ 的高温炉中熔融 20min。取出，趁热将内熔物摇开，使之附于坩埚内壁上。稍放冷却，置于 7cm 的长颈漏斗中，以热水吹洗，溶液受于预先加入 10% 的氢氧化钠 20mL、碳酸钠 8g 的 250mL 烧杯中。将坩埚及漏斗洗净，使溶液体积在 150mL 左右，移置电热板上，加热煮沸 5min，置冷水槽中冷至室温，移入 250mL 容量瓶中，以水冲至刻度，混匀。用干的定性滤纸过滤，弃去第一部分滤液，取滤液 50mL 于预先盛有 15mL EDTA 标准液的 500mL 三角瓶中。加溴酚绿指示剂 2 滴，以（1+1）盐酸调节至溶液呈黄色，用（1+1）氨水滴至蓝色，再以盐酸调至黄色并过量一滴。以水吹洗瓶壁，并使溶液体积在 100mL 左右，置电热板上加热煮沸 3min，冷至室温。加 1～2 滴（1+1）氨水使溶液呈蓝色，加 15mL 乙酸-乙酸钠缓冲液，二甲苯酚橙指示剂约 0.03g，以乙酸锌标准液滴定至紫红色，即为终点。

五、结果分析

$$w(\mathrm{Al_2O_3})(\%) = \frac{0.4 \times 15 - 0.2V}{0.3 \times \frac{1}{5} \times 1000} \times 100 = \frac{30 - V}{3}$$

式中　0.4——EDTA 标准液对氧化铝的滴定度，mg/mL；

　　　15——EDTA 标准液加入的体积，mL；

　　　0.2——乙酸锌标准液对氧化铝的滴定度，mg/mL；

　　　V——乙酸锌标准液消耗的体积，mL；

　　　0.3——样品质量，g；

　　　1/5——分取倍数。

$$\mathrm{Al_2O_3}\,溶出率(\%) = \frac{熟料中\,\mathrm{Al_2O_3}\,含量 - 赤泥中\,\mathrm{Al_2O_3}\,含量 \times \eta_{赤}}{熟料中\,\mathrm{Al_2O_3}\,含量} \times 100\%$$

$$\mathrm{Na_2O}\,溶出率(\%) = \frac{熟料中\,\mathrm{Na_2O}\,含量 - 赤泥中\,\mathrm{Na_2O}\,含量 \times \eta_{赤}}{熟料中\,\mathrm{Na_2O}\,含量} \times 100\%$$

式中　$\eta_{赤}$——赤泥产出率。

注意事项：

（1）溶出温度及时间应严格控制，否则所得标准溶出率有波动。

（2）溶出过程中要防止熟料结底，造成标准溶出率偏低。

（3）过滤时，洗水量尽量保持一致，赤泥不能损失。

（4）过滤用滤纸要先在 115℃±5℃ 烘箱中烘干 1h，并在干燥器中冷却后称量。滤纸折叠成布氏漏斗形状。

学习任务十一 TiO₂ 含量的测定

一、学习目标

（1）掌握原子吸收分光光度计的操作；

（2）掌握测定 TiO_2 含量的方法；

（3）掌握标准曲线的绘制方法。

二、方法提要

钛离子与过氧化氢在酸性介质中生成黄色配合物，以磷酸作掩蔽剂消除 Fe^{3+} 的干扰，以分光光度计于 420nm 波长处测定溶液吸光度，根据标准曲线查得的质量（mg）计算二氧化钛含量。

三、实验准备

（一）仪器准备

原子吸收分光光度计、容量瓶、电子天平、洗耳球、玻璃烧杯、滴定台、铁架台、量筒、锥形瓶、吸量管、电热板、恒温干燥箱。

（二）药品准备

（1）硫酸（1+1）：将密度为 1.84g/cm³ 的硫酸在不断搅拌下慢慢倒入等体积的水中（必要时应在冷水浴中进行）。

（2）磷酸（1+1）：将密度为 1.69g/cm³ 的磷酸在不断搅拌下倒入等体积的水中。

（3）过氧化氢（1+9）：1 份 30% 的过氧化氢与 9 份水混合。

（4）二氧化钛标准溶液：准确称取于 950℃ 灼烧过的基准二氧化钛 0.2500g 于瓷坩埚中，以 6~8g 焦硫酸钾在 750℃ 熔 20min，取出冷却，以 100mL 热的硫酸（1+5）浸取熔块，冷却后移入 250mL 容量瓶中，以水稀释至刻度，摇匀。

准确吸取上述溶液 50mL 于 500mL 容量瓶中，以水稀释至刻度，摇匀。此溶液 1mL 相当于 0.1mg 二氧化钛（TiO_2）。

四、分析步骤

（一）标准曲线的绘制

以滴定管准确分取 0mL，1mL，2mL，3mL，5mL，7mL，10mL 二氧化钛标准溶液分别置于 100mL 容量瓶中，以水稀释至 50mL，加硫酸（1+1）10mL、磷酸（1+1）2mL 和过氧化氢（1+9）5mL，以水稀释至刻度，摇匀。在分光光度计上于 420nm 波长处以 5cm 比色槽测定吸光度并绘制标准曲线。

（二）试样分析

以移液管吸取溶液 A 或溶液 B20mL 于 100mL 烧杯中，加硫酸（1+1）10mL 于通风橱内加热蒸发至冒白烟，取下冷却，以水冲洗杯壁并稀释至 40mL，以定性滤纸过滤，以水洗烧杯 3 次，洗沉淀 5~6 次，滤液以 100mL 容量瓶承接。加磷酸（1+1）2mL 和过氧化氢（1+9）5mL，以水稀释至刻度，摇匀，在分光光度计上于 420nm 波长处以 5cm 比色槽测定吸光度。

注：冒白烟后如无沉淀析出可不进行过滤。

五、结果分析

二氧化钛含量按下式计算：

$$w(TiO_2)(\%) = \frac{m \times 10}{m_0 \times 1000} \times 100$$

式中　m——自标准曲线中查得的二氧化钛的质量，mg；

　　　m_0——试样质量，g。

六、允许误差

同一试样两次测定结果允许误差见表 2-13。

表 2-13　同一试样两次测定结果允许误差

含量	允许平均相对误差/%	允许绝对误差/%
≥0.10	30	—
<0.10	—	0.03

学习情境五　硅钙渣的分析

硅钙渣的常规分析项目有：二氧化硅、氧化铝、氧化钙、氧化钠。

学习任务一　硅钼蓝差示比色法测定二氧化硅含量

一、学习目标

（1）掌握硅钼蓝差示比色法测定二氧化硅含量的原理及操作；

（2）掌握硅钼蓝差示比色法测定二氧化硅含量的方法。

二、方法提要

样品经氢氧化钠熔融，酸化后，使之转化为单分子状态的硅酸，分取适量，在 0.12~0.15mol 酸度下，加钼酸铵使之生成硅钼黄，再以混合还原液还原成硅钼蓝，进行比色测试。

三、实验准备

（一）仪器准备

分光光度计。

（二）药品准备

（1）盐酸（1+99）：1 份浓盐酸和 99 份水混合。

（2）10% 钼酸铵溶液：10g 钼酸铵溶于 90mL 水中。

（3）混合还原液。

四、分析步骤

（一）分析溶液制备

准确称取熟料样品 0.25g 于 30mL 银坩埚中。加氢氧化钠 3g（同时带一份试剂空白）。将坩埚置电炉上，预热 5min。然后移入 720~750℃ 的高温炉中，熔融 15~20min。取出，趁热将内熔物摇开，使之附于坩埚内壁，稍冷后，将坩埚外壁洗净，置于 Φ7cm 长颈漏斗中，漏斗插入盛有（1+1）盐酸 40mL、热水 50mL 的 250mL 容量瓶中，以热水吹洗坩埚内熔物，待内熔物完全浸出后洗入漏斗中，加（1+1）盐酸 2 滴，将坩埚洗净。摇动容量瓶，使熔块全部溶解，冷至室温，以水冲至刻度，混匀，备作成分分析(以下简称制备液)。

（二）二氧化硅含量测定

移取制备液 20mL 冲洗至 100mL，即稀释 5 倍。

移取稀释溶液 5mL 于 100mL 容量瓶中，加（1+99）盐酸 40mL，加钼酸铵 4mL，摇匀。视室温高低按规定时间发色（参照注意事项）加入混合还原液 20mL，以水冲至刻度，混匀，稍放置。以分光光度计，在 700nm 波长处进行差示比色。测定试液吸光度减空白吸光度后查表得结果。

空白测定：分取试剂空白的制备溶液 5mL，与试样制备溶液同时按上述操作步骤进行测定。以水做"零标准"，测定试剂空白溶液的吸光度。

（三）标准曲线的绘制

取 100mL 容量瓶 6 只，按样品中二氧化硅含量范围，分别加入二氧化硅标准液，如表所示。各加（1+99）盐酸 40mL，按前述的二氧化硅操作手续进行。测得各溶液的消光度，减去空白溶液消光度，并与对应的 SiO_2 含量（%）绘制曲线。

如用纯二氧化硅配制的标准溶液绘制曲线时，可补加（1+1）盐酸 0.15mL，其他操作同前。

五、结果分析

结果分析见表 2-14。

表 2-14 二氧化硅含量与加入标准液体积表

相当样品中二氧化硅/%	0	8	10	12	14	16
二氧化硅标准液加入的体积（0.2mg/mL）	0	2.00	2.50	3.00	3.50	4.00

学习任务二 Al₂O₃ 含量的测定

一、学习目标

（1）掌握 Al_2O_3 含量测定的原理及操作；

（2）掌握 Al_2O_3 含量测定的方法。

二、方法提要

分取制备溶液，放入氢氧化钠-碳酸钠混合溶液中，煮沸，以使铁、钛、镁、钙等形成沉淀，与铝分离。取一定量分离后的溶液，加过量 EDTA 与铝离子络合，在 pH = 5.5 时，以二甲苯酚橙为指示剂，用锌盐溶液回滴过量的 EDTA，从而计算出氧化铝的含量。

三、实验准备

（一）仪器准备

容量瓶、电子天平、洗耳球、玻璃烧杯、滴定台、铁架台、量筒、锥形瓶、吸量管、电热板、恒温干燥箱。

（二）药品准备

（1）10%氢氧化钠溶液：10g 氢氧化钠溶于 90mL 水中。

（2）碳酸钠：固体，分析纯。

（3）盐酸（1+1）：密度 1.19g/cm³ 的盐酸与水等体积混合。

（4）乙酸-乙酸钠缓冲液：46g 乙酸钠（NaAc·3H₂O）溶于适量水中，加冰乙酸 5.7mL 以水稀释至 1L，此溶液 pH 为 5.5。

（5）氢氧化氨（1+1）：密度 0.9g/cm³ 的氨水与水等体积混合。

（6）二甲苯酚橙指示剂（1+99）。

（7）0.1%溴酚绿酒精溶液：0.1g 溴酚绿溶于 100mL 酒精中。

（8）EDTA 标准液（TAl₂O₃ = 0.4mg/mL）：0.4gEDTA 定容到 1000mL 水中。

（9）乙酸锌标准液（TAl₂O₃ = 0.2 mg/mL）：0.2g 乙酸锌定容到 1000mL 水中。

四、分析步骤

分取制备溶液 100mL，于已加有 60mL 10%的氢氧化钠和 4g 碳酸钠的 250mL 烧杯中，盖上表皿，放在电热板上加热煮沸 5min。然后移置冷水槽中，冷却至室温。冲洗表皿，溶液移入 250mL 容量瓶中，用水冲至刻度，混匀。用干定性滤纸过滤，弃去第一部分滤液，取 50mL 滤液放入盛有 25mLEDTA 标准液的 500mL 三角瓶中，滴加溴酚绿指示剂 2 滴，在振荡下，以（1+1）盐酸滴至溶液变黄色后，滴加（1+1）氨水至溶液变蓝色，再用（1+1）盐酸滴至溶液变黄色，并过量一滴，加水冲至体积为 100mL 左右，于电热板上加热煮沸 3min，放在冷水槽中冷却至室温。滴加（1+1）氨水 1~2 滴，溶液应呈蓝色（若滴加氨水 1~2 滴后，颜色仍不变蓝，证明第一次的酸度未调好）。加乙酸-乙酸钠缓冲液 15mL，加二甲苯酚橙指示剂约 0.03g，以乙酸锌标准液滴定至紫红色，即为终点。

五、结果分析

$$w(\mathrm{Al_2O_3})(\%) = \frac{0.4 \times 25 - 0.2V_2}{0.25 \times \frac{2}{5} \times \frac{1}{5} \times 1000} \times 100 = 50 - V_2$$

式中　0.4——EDTA 标准液浓度，mg/mL；

　　25——EDTA 标准液加入的体积，mL；

　　0.2——乙酸锌标准液浓度，mg/mL；

　　V_2——滴定消耗乙酸锌标准液的体积，mL；

　0.25——样品质量，g；

$\frac{1}{5} \times \frac{2}{5}$——分取倍数。

注意事项：

（1）应严格控制一定酸度。

（2）EDTA 标准液加入量应根据所测溶液中氧化铝含量而定，并保持适当过量。

说明：

（1）分离反应基于铝为两性元素，在强碱溶液中，生成铝酸钠留于溶液中，而与其他干扰元素分离。

$$\mathrm{TiCl_4 + 4NaOH \longrightarrow H_2TiO_3 \downarrow + 4NaCl + H_2O}$$

$$\mathrm{FeCl_3 + 3NaOH \longrightarrow Fe(OH)_3 \downarrow + 3NaCl}$$

$$\mathrm{CaCl_2 + Na_2CO_3 \longrightarrow CaCO_3 \downarrow + NaCl}$$

$$\mathrm{MgCl_2 + 2NaOH \longrightarrow Mg(OH)_2 \downarrow + 2NaCl}$$

$$AlCl_3 + 4NaOH \longrightarrow NaAl(OH)_4 + 3NaCl$$

$$H_2SiO_3 + 2NaOH \longrightarrow Na_2SiO_3 + 2H_2O$$

（2）EDTA 与 Al^{3+} 的络合滴定反应：

$$Al^{3+} + H_2Y^{2-} \longrightarrow AlY^- + 2H^+$$

$$H_2Y^{2-} + Zn^{2+} \longrightarrow ZnY^{2-} + 2H^+$$

滴定到终点时，过量一滴乙酸锌与金属指示剂作用而显色。

其反应：

$$\underset{\text{（黄色）}}{H_6XO} + Zn^{2+} \longrightarrow \underset{\text{（紫红色）}}{ZnXO^{4-}} + 6H^+$$

学习任务三　CaO、MgO 含量的测定

一、学习目标

（1）掌握测定氧化钙、氧化镁含量的原理及操作；

（2）掌握氧化钙、氧化镁含量测定的方法。

二、方法提要

样品以盐酸溶解，用氨水分离铁、铝、钛等，所得滤液以铬黑 T 作指示剂，用 EDTA 标准液进行滴定。

三、实验准备

（一）仪器准备

容量瓶、电子天平、洗耳球、玻璃烧杯、滴定台、铁架台、量筒、锥形瓶、吸量管、电热板、恒温干燥箱。

（二）药品准备

（1）氨水（1+1）：密度 0.9g/cm³ 的氨水与水等体积混合。

（2）盐酸（1+2）：密度 1.19g/cm³ 的盐酸与水按体积 1：2 混合。

（3）0.2%甲基红酒精溶液：0.2g 甲基红溶于 100mL 酒精中。

（4）氨性缓冲液：67.5g 氯化铵溶于 200mL 水中，加入密度为 0.9g/cm³ 的氢氧化氨 570mL，以水稀释至 1L，此溶液 pH 为 10。

（5）0.1%铬黑 T 指示剂：0.1g 铬黑溶于 100mL 水中。

（6）EDTA 标准液：（TCaO＝0.8mg/mL）：0.8gEDTA 定容到 1000mL 水中。

四、分析步骤

准确称取样品 0.2g，放入 250mL 已洗净的干烧杯中，加（1+2）盐酸 15mL，置于电热板加热溶解后，加热水至体积为 120mL 左右，加甲基红指示剂 2~3 滴。在徐徐搅拌下逐滴加入（1+1）氨水至溶液变为黄色，并过量 3 滴，盖上表皿，煮沸 3min，放入冷水槽中，冷却至室温，移入 250mL 容量瓶中，以水冲至刻度，振荡混匀。以干定性滤纸过滤，弃去第一部分滤液，取 100mL 滤液于 500mL 三角瓶中，加氨性缓冲液 5mL，滴加适量 EDTA 标准液，再加铬黑 T 指示剂约 0.03g，继续用 EDTA 标准液滴定至亮蓝色，即为终点。

五、结果分析

$$w(CaO)(\%) = \dfrac{0.8 \times V}{0.2 \times \dfrac{2}{5} \times 1000} \times 100 = V$$

式中　0.8——EDTA 标准液对氧化钙的滴定度，mg/mL；

　　　　V——消耗 EDTA 标准液的体积，mL；

　　　0.2——样品质量，g；

　　　2/5——分取倍数。

注意事项：

(1) 溶液中含有铁、铝离子对钙离子的测定有干扰（据文献介绍，若滴定溶液中含有 0.2mg 铝离子或 0.4mg 铁离子，对滴定终点即有干扰）。因此，在中和时，氨水加入量不宜过量太多，煮沸时间不宜太长，以免氢氧化铝溶解。

(2) 根据我们的经验：在以 EDTA 标准液滴定时，先滴入约总耗量的二分之一，然后加铬黑 T 指示剂，继续滴定，这样可防止指示剂的封闭，使终点明显。

(3) 加氨水分离铁、铝时，加入氨水速度要慢，特别在沉淀近于生成时。因加入速度太快时，使氢氧化铝、氢氧化铁沉淀急剧生成，增加对 Ca^{2+} 的吸留作用，使结果偏低。

说明：

本方法为钙镁合量的测定，此法是基于在 pH = 10 时，用铬黑 T 作指示剂，以 EDTA 标准液进行滴定。

铬黑 T 在溶液中有三种不同的颜色：在 pH = 6 以下呈紫红色；pH = 8 ~ 12 时呈蓝色；pH = 13 以上时呈橙色。如果以 H_2In^- 代表其阴离子时，则其颜色改变可表示如下：

$$H_2In^- \underset{pH=7}{\overset{pK1=6.35}{\longleftrightarrow}} HIn^{2-} \underset{pH=12}{\overset{pK2=11.55}{\longleftrightarrow}} In^{3-}$$

　　　（红色）　　　　（蓝色）　　　　（橙色）

于碱性介质中 HIn^{2-} 与 Ca^{2+}、Mg^{2+} 等形成深色配合物，其反应：

$$Mg^{2+} + HIn^{2-} \longrightarrow MgIn^- + H^+$$

此指示剂与 Mg^{2+} 的反应非常灵敏，所以通过在有 Mg^{2+} 存在下，确定络合滴定的终点。

学习任务四　MgO 含量的测定

一、学习目标

(1) 掌握 MgO 含量测定的原理及操作；

(2) 掌握测定 MgO 含量方法。

二、方法提要

在分取测定氧化钙、氧化镁合量滤液的同时另取一份滤液，在 pH = 12.5 ~ 13.5 单独测定氧化钙，从氧化钙、氧化镁合量减去氧化钙含量，得氧化镁含量。

三、实验准备

(一) 仪器准备

容量瓶、电子天平、洗耳球、玻璃烧杯、滴定台、铁架台、量筒、锥形瓶、铁架台、吸量管、电热板、恒温干燥箱。

（二）药品准备

（1）钙指示剂（1+99）。

（2）10%氢氧化钠溶液：10g 氢氧化钠溶于 90mL 水中。

（3）其他试剂：同生料中钙、镁合量分析。

四、分析步骤

在分取测定氧化钙、氧化镁合量的滤液同时，另分取滤液 100mL，于 500mL 三角瓶中，加 10%氢氧化钠 20mL，以 pH 试纸检查，使溶液 pH>12.5，加钙指示剂约 0.03g，以 EDTA 标准液滴定至亮蓝色，此为钙所消耗之 EDTA 标准液的体积（mL）。

五、结果分析

$$w(MgO)(\%) = \frac{(V - V_1) \times 0.8 \times 0.719}{0.2 \times \frac{2}{5} \times 1000} \times 100 = (V - V_1) \times 0.719$$

式中　　V——熟料中测定氧化钙、氧化镁合量时消耗 EDTA 标准液的体积，mL；

V_1——氧化钙消耗 EDTA 标准液的体积，mL；

0.8——EDTA 标准液对氧化钙的滴定度，mg/mL；

0.719——氧化镁对氧化钙的换算系数；

0.2——样品质量，g；

$\frac{2}{5}$——分取倍数。

学习任务五　硅渣 Na_2O、K_2O 含量的测定

一、学习目标

（1）掌握火焰光度计的原理及操作；

（2）掌握测定 Na_2O、K_2O 含量的方法。

二、方法提要

试样经酸分解后，过滤于 100mL 容量瓶中，稀释，摇匀，在火焰光度计上分别测量钾、钠发射光谱强度，自标准曲线中查出相应毫克数，计算试样中氧化钾和氧化钠含量。

三、实验准备

（一）仪器准备

火焰光度计、铂坩埚、马弗炉、容量瓶、电子天平、洗耳球、玻璃烧杯、滴定台、铁架台、量筒、锥形瓶、铁架台、吸量管、电热板、恒温干燥箱。

（二）药品准备

称取碳酸钙 12.5g 于 1000mL 烧杯中，加水少许，加（1+1）盐酸 200mL，待溶解后，再加入 400mL 5.6%氯化铝溶液，在电热板上煮沸，冷却，倒入 1000mL 容量瓶中备用。

称取经 300℃灼烧过的碳酸钠 1.7100g、氯化钾 0.1583g（基准）加水少许，加（1+1）盐酸 40mL，待全部溶解后，移入以上备用溶液中，用（1+1）盐酸冲至刻度，混匀。取此溶液 50mL 同硅酸钙钠钾标液操作，配制 1L，相当试样氧化钠 5%、氧化钾 0.5%。

四、分析步骤

准确称取样品 0.4g 于 150mL 干烧杯中，盖上表皿，加（1+2）盐酸 15mL，加热溶解，冷却至室温，移入 100mL 容量瓶中，以水冲至刻度，混匀。用干的定性滤纸过滤，滤去第一部分滤液，取 50mL 滤液于 100mL 容量瓶中，以 5.6%氯化铝溶液冲至刻度，混匀，倒入 50mL 烧杯中。同时取两个不同含量的标准钠钾溶液，倒入另外两个 50mL 小烧杯中，保持三者液面相同。在火焰光度计上分别测定氧化钠、氧化钾含量。

火焰光度计操作条件：空气压力 $0.04 \times 10^6 \sim 0.05 \times 10^6$ Pa，燃料气体压力视火焰调节，蓝色火焰高度在 1~1.5mm 为宜。

五、结果分析

$$C_x(\%) = C_2 + \frac{C_1 - C_2}{T_1 - T_2}(T_3 - T_2)$$

式中　C_1——高浓度标准溶液浓度；

　　　C_2——低浓度标准溶液浓度；

　　　T_1——高浓度标准溶液测得透光度；

　　　T_2——低浓度标准溶液测得透光度；

　　　T_3——样品测得透光度。

第三部分　粉煤灰预脱硅-碱石灰烧结法
提取氧化铝生产

学习情境一　粉煤灰预脱硅

学习任务一　粉煤灰预脱硅的意义

一、高铝粉煤灰

前文提到，粉煤灰主要是火电厂电煤发电后的主要固体废物，其成分取决于煤的可燃成分和夹杂物。不同产地的煤，各种物质的含量不同，导致粉煤灰的成分也不尽相同。我国山西、内蒙古、新疆、陕西、四川、贵州、宁夏、山东等地开采的煤的种类不同，其所含夹杂物也不同。其中内蒙古中西部地区的矿物种类简单，主要夹杂矿物有四种，大量地夹杂高岭石和勃姆石，只有少量的方解石和黄铁矿，属于高铝、低硅、低铁的矿藏。我们将高铝、低硅、低铁的电煤发电后的粉煤灰称为高铝粉煤灰。

二、高铝粉煤灰的成分

高铝粉煤灰的化学成分由于产地和成因的不同而复杂多变，其主要由硅、铝、铁、钙、钠、钛、镁、钾、锰和氧等元素组成。这些组分存在形态以氧化物为主，如氧化铝、氧化硅、氧化铁、氧化钛等，其次有一部分以硅酸盐和硫酸盐的形式存在。与传统的铝土矿比较，高铝粉煤灰氧化铝含量相对较低，例如，内蒙古中西部地区的高铝粉煤灰的成分如表 3-1 所示。

表 3-1　高铝粉煤灰的成分

高铝粉煤灰的成分	氧化铝	氧化硅	氧化铁	氧化钛
质量分数/%	38~61	35~50	5~6	1~2

燃煤电厂产生的粉煤灰主要组成为 Al_2O_3、SiO_2、Fe_2O_3、CaO、TiO_2、MgO、K_2O、Na_2O 和 SO_3 等，此外，还含有 Cd、As、Hg、Pb 和 Ga 等多种微量元素。与普通粉煤灰相比，高铝粉煤灰的 Al_2O_3 和 SiO_2 含量高，$Al_2O_3+SiO_2$ 含量达 85% 以上。高铝粉煤灰中含有大量的铝硅组分，相当于一种中级品位的铝土矿资源。相比铝土矿，粉煤灰粒度较小，硬度较低，省去了大量烦琐复杂的破碎、筛选工序，使其可以成为生产氧化铝的潜在资源，所以，资源化综合利用粉煤灰对于环境保护和资源利用具有重要的意义。

三、二氧化硅的危害
二氧化硅的存在是碱法生产氧化铝的最有害的物质。

（1）在烧结法碳分分解过程中，要求尽可能提高分解率以降低氧化铝的循环量；但分解率提高，溶液中的 SiO_2 会随氢氧化铝一起析出，进入成品氧化铝中，使氧化铝杂质含量增加。

（2）如果溶液中的 SiO_2 含量高，析出氢氧化铝后的碳酸钠母液中 SiO_2 含量也高，在母液蒸发过程中易以铝硅酸钠的形式析出，附着于蒸发器管壁形成结疤，降低传热效率，影响蒸发作业顺利进行。

传统的烧结法生产氧化铝一般是在溶出过程后进行一、二段脱硅。高铝粉煤灰作为原料进行氧化铝生产，采用预脱硅-烧结法，预脱硅-碱石灰烧结法是一种有应用前景的资源化综合利用工艺，先将粉煤灰中部分活性 SiO_2 用碱溶出，提高铝硅比，然后对预脱硅后的粉煤灰（即脱硅渣）采用碱石灰烧结法提取氧化铝。

进行预脱硅有以下优点：

（1）可以显著提高剩余粉煤灰中的 Al/S，大幅降低单位氧化铝需配制的待烧生料量、能耗、物耗及成渣量；

（2）预脱硅提高粉煤灰铝硅比的同时，还可以生成白色粉末状 X-射线无定形硅酸和硅酸盐，俗称白炭黑，可以用作橡胶的补强剂、造纸等，显著地提高粉煤灰的资源化利用效率；

（3）预脱硅在提取非晶态 SiO_2 的同时，打破玻璃相对莫来石和刚玉的包裹，使粉煤灰颗粒产生大量的孔洞，显著提高粉煤灰的反应活性，提高 Na_2CO_3-$CaCO_3$-脱硅高铝粉煤灰体系反应速率，降低焙烧温度，因而可降低对焙烧设备的性能要求。

学习任务二　粉煤灰预脱硅的原理、工艺及参数

一、粉煤灰预脱硅的原理

90℃下，用 NaOH 溶液与高铝粉煤灰在搅拌的作用下 4h 完成预脱硅。粉煤灰中的非晶态 SiO_2 与氢氧化钠发生反应，生成硅酸钠。该温度下，氧化铝不与氢氧化钠反应，实现铝、硅的分离。

$$2NaOH + SiO_2 \longrightarrow Na_2SiO_3 + H_2O$$

二、粉煤灰预脱硅

粉煤灰预脱硅的工艺流程图如图 3-1 所示。

三、参数

影响粉煤灰预脱硅的参数有：温度、碱液浓度、搅拌速度、灰碱比、预脱硅时间。

（一）反应时间和灰碱比

在 NaOH 浓度为最佳条件的 25%，温度为 95℃ 的条件下，将 1：0.3、1：0.5 及 1：0.7 三组不同灰碱比对应的 SiO_2 提取率随时间变化作图（图 3-2）。从图中可看出，1：0.5 和 1：0.7 两组灰碱比在反应进行到 4h 左右 SiO_2 提取率均达到最高值，分别为 41.8% 和 40%，在此之后提硅率均随时间的延长而降低。而 1：0.3 的提硅率一直随时间呈缓慢上升趋势，在所研究的时间范围内并没有出现提硅的最高值，从图形走势来看，该配比提硅率和 1：0.5 相比还有较大差距，而且反应时间越长，能耗越大，所以综合考虑，1：0.5 左右可以作为最佳灰碱比。

（二）粉煤灰颗粒度

粉煤灰的粒度对脱硅效率有很大的影响，当粉煤灰的粒径较小时，粉煤灰的比表面积增大，与 NaOH 溶液的接触反应面积就增大，其脱硅效率提高，但粉煤灰的粒径小于一定值时，由于颗粒间的静电引力，更易发生团聚，从而导致脱硅效率的降低。

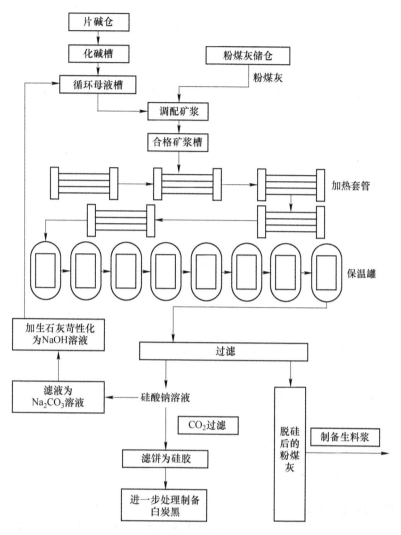

图 3-1 粉煤灰预脱硅的工艺流程图

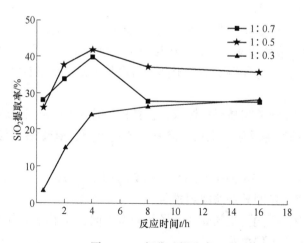

图 3-2 二氧化硅提取率

分别将高铝粉煤灰研磨至 0.074mm（200 目）、0.048mm（300 目）及小于 0.038mm（400 目以上），然后在灰/碱质量比为 1：0.5、NaOH 浓度为 25%、反应温度为 95℃的最佳条件下，进行脱硅反应。不同细磨粒度的粉煤灰在不同反应时间下的 SiO_2 提取率列于表 3-2。可以看出，未磨高铝粉煤灰的 SiO_2 提取率在相同反应时间下明显低于细磨后的高铝粉煤灰，在所观察的时间内提取率一直随时间缓慢增加；在细磨粒度小于 0.048mm 时，SiO_2 提取率随粒度的减小而增加，当细磨粒度小于 0.038mm 时，却有下降趋势；由表 3-2 可知，细磨至 0.048mm 的高铝粉煤灰 SiO_2 提取效果最好。

细磨粒度小于 0.038mm 的高铝粉煤灰，其 SiO_2 提取率反而低于 0.048mm 的主要原因可能如下：当粉煤灰粒度细到一定程度时，尽管粉煤灰中非晶态 SiO_2 的溶解速率继续随粒度变细而增加，但反应完毕之后，粉煤灰和脱硅液之间的过滤分离比较困难，因为粉煤灰颗粒越细，体系黏度越大，脱硅液中的少部分 NaOH 和 Na_2SiO_3 夹杂在粉煤灰颗粒中，难以过滤洗涤干净而残留，造成 SiO_2 提取率下降。

表 3-2　二氧化硅提取率

反应时间/h	0.5	2	4	8	16
未磨	2.9	5.0	8.1	9.8	11.2
细磨至 0.074mm（200 目）	13.3	25.2	30.5	32.6	31.1
细磨至 0.048mm（300 目）	26.0	37.8	41.8	37.3	36.0
细磨至<0.038mm（400 目以上）	30.8	36.5	34.7	32.3	31.9

此外，随着反应时间的延长，SiO_2 和 Al_2O_3 的溶出量越大，溶液中的硅酸钠和铝酸钠反应生成的硅酸铝钠水合物越多。因此，要防止"二次沉淀"反应的发生，要严格控制反应条件包括碱液浓度、反应时间等。

学习任务三　实验室制取高 A/S 的粉煤灰

一、粉煤灰脱硅的目的

降低粉煤灰中 SiO_2 含量，提高粉煤灰中 A/S，减少烧结过程中的物流量，有利于熟料烧结。

二、粉煤灰预脱硅原理

粉煤灰的预脱硅处理通常采用的是 NaOH 溶液，一定浓度的苛性碱液能使粉煤灰中大部分的玻璃态 SiO_2 溶解出来，Al_2O_3 则几乎不被碱液溶出而留在脱硅粉煤灰中，从而实现硅、铝初步分离，铝硅比得到明显提高，粉煤灰中铝硅比率越大越有利于铝硅的完全分离。

90℃下，用 NaOH 溶液与高铝粉煤灰在搅拌的作用下 4h 完成预脱硅。粉煤灰中的非晶态 SiO_2 与氢氧化钠发生反应，生成硅酸钠。该温度下，氧化铝不与氢氧化钠反应，实现铝、硅的分离。

$$2NaOH + SiO_2 \longrightarrow Na_2SiO_3 + H_2O$$

三、实验室粉煤灰预脱硅的原材料准备

在预脱硅过程中，不同类型粉煤灰的预脱硅率不同，除了与溶出条件有关之外，与粉煤灰的组成结构也有很大的关系。

对不同产地的粉煤灰进行成分分析，品质较优的为 A 粉煤灰，品质较差的为 B 粉煤灰。在实验室实际操作过程中，以实际检测的粉煤灰成分为准进行配料。必须要进行 SiO_2、Al_2O_3、Fe_2O_3、TiO_2 的成分检测，作为配料的依据。粉煤灰成分如表 3-3 所示。

表 3-3　粉煤灰成分（质量分数）　　　　　　　　（%）

成分	SiO_2	Al_2O_3	Fe_2O_3	MgO	CaO	Na_2O	K_2O	TiO_2	MnO	P_2O_5
A	37.80	48.50	2.27	0.31	3.62	0.15	0.36	1.64	0.012	0.15
B	45.7	42.11	3.43	0.63	3.55	0.16	0.48	1.30	0.018	0.19

四、粉煤灰预脱硅操作过程

（一）主要仪器和设备

MZD-1 型制样粉碎机，工作温度为 1300℃ 的马弗炉，WHF 型高压反应釜，水循环真空抽滤泵及辅助过滤设备，普通的鼓风式烘干箱，精度可达 0.01g 的电子天平。

（二）预脱硅反应的正交实验条件设计

预脱硅反应实际上主要是 NaOH 溶液与高铝粉煤灰非晶态 SiO_2 之间的反应，以高铝粉煤灰中非晶态 SiO_2 含量的上限 25% 作为基准含量，以反应式 $2NaOH + SiO_2 \longrightarrow Na_2SiO_3 + H_2O$ 作为基本反应式，并考虑需要较高浓度 OH^- 作为推动力，设计了四因素三水平的正交实验方案，实验条件和实验结果同时列于表 3-4。

表 3-4　实验数据记录表

条件编号	质量浓度	质量比（粉煤灰/碱）	温度/℃	时间
1	20	1:0.5	25	30min
2	20	1:0.7	60	2h
3	20	1:0.3	95	4h
4	25	1:0.5	60	4h
5	25	1:0.7	95	30min
6	25	1:0.3	25	2h
7	30	1:0.5	95	2h
8	30	1:0.7	25	4h
9	30	1:0.3	60	30min

一般情况下，灰碱质量比为 1:0.5，NaOH 浓度为 25%，反应温度为 95℃，反应时间为 4h 为最佳。反应条件下，脱硅所用的 NaOH 有 95% 以上可以循环再利用。

（三）实验步骤

（1）将高铝粉煤灰细磨至 0.048mm 左右，每份称取 20g，共称取 9 份。按正交实验表（表 3-4）的 9 组正交实验条件的要求，在 9 个塑料瓶内分别配制一定浓度及体积的 NaOH 溶液。

（2）将粉煤灰与配制好的 NaOH 溶液混合，然后将混合物通入 WHF 型高压反应釜中，按正交实验表设定反应温度和反应时间，反应釜的转速固定为 60r/min。

（3）到达反应时间后，取出混合物料进行过滤，对滤饼充分洗涤，洗液归于首次过滤所得的滤液中，滤液为脱硅液。测量不同反应条件下所获滤液的体积，并对其进行化学全分析，然后根据公式 $E_{SiO_2} = N \cdot V/M$ 计算每组实验的 SiO_2 提取率，其中 E_{SiO_2} 表示 SiO_2 的提取率；N、V 分别表示溶液中 SiO_2 的浓度和溶液体积；M 表示高铝粉煤灰脱硅前 SiO_2 的总质量。

（4）步骤（3）过滤所得到的滤饼为脱硅高铝粉煤灰。将不同脱硅条件下所获得的脱硅粉煤灰进行烘干后称取质量，并分别进行扫描电镜分析、化学全分析及 X 射线衍射分析。

预脱硅后的粉煤灰进行成分检测，合格的粉煤灰进入下一道工序。

学习任务四   粉煤灰提取氧化铝生产设备与操作

本部分内容用于企业跟岗操作参考内容，根据内蒙古大唐国际再生资源有限责任公司设备及操作规程编写，仅适用于粉煤灰预脱硅-烧结法生产氧化铝。粉煤灰预脱硅包括配碱操作、粉煤灰预调配、粉煤灰预脱硅三部分操作。

一、配碱操作

（一）配碱操作的目的

配碱操作主要是将片碱（NaOH）溶解于水，得到 NaOH 溶液以备粉煤灰预脱硅使用。

（二）配碱操作系统图

如图 3-3 所示，氢氧化铝固体由电葫芦吊起放入下料斗中，通过定量给料机称量计算进行下料，进入到化碱槽，与排盐苛化后的母液混合，得到的 NaOH 溶液，送到蒸发槽罐区进行蒸发提高浓度。

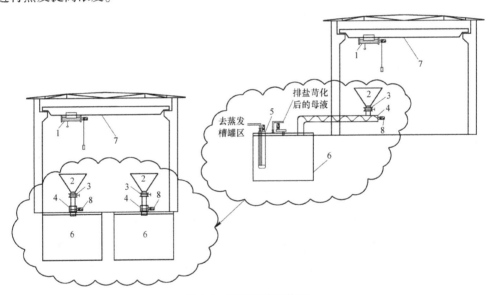

图 3-3   配碱操作系统图

1—电动葫芦；2—下料斗；3—下料阀；4—定量给料机；5—碱液泵；6—化碱槽；7—电动单梁起重机；8—驱动电机

（三）相关设备介绍

1. 电动单梁起重机

电动单梁起重机是与电动葫芦配套使用，具有运行轨道的轻型起重设备，是依靠电动葫芦来提升重物，用旋转机构、变幅机构和运行机构中的一种或几种来配合，实现重物水平方向移动。

主要作用：吊装片碱。

2. 电动葫芦

电动葫芦通过联轴器经减速器空心轴驱动卷筒旋转使绕在卷筒上的钢丝绳带动吊钩装置上升或下降，以达到调运物料的目的。

优点：结构紧凑、轻巧、安全可靠、零部件通用程度大，互换性强、单重起重能力高、维修方便。

3. 定量给料机

定量给料机是由给料机和计算计量系统组成。

片碱在下料斗中暂时存放，打开下料阀，片碱进入到定量给料机，在位于皮带下的托辊的引导下通过称重平台，称重段通过称重托辊将重力作用到称重传感器上，传感器电信号与称重负荷成正比，负荷传感器输出电压被放大器放大之后传送到配有模拟/数字转换器的微处理机中，微处理机进行下料量的控制。

作用：用来定量下片碱。

4. 化碱槽

化碱槽由器体和搅拌装置组成。主要用于盛装碱液，并通过搅拌器不断地搅拌使片碱溶解，氢氧化钠的浓度、温度均匀。

5. 碱液泵

用于输送碱液。

（四）设备的操作

1. 溶液泵操作

（1）开车前的准备工作：

1）接到开车通知，倒好流程；

2）检查出料槽液位情况；

3）泵盘车两周以上无卡塞现象；

4）停车 7d 的 200kW 以上电机需检测一次绝缘，停车 1 个月的 200kW 以下电机需检测一次绝缘；

5）检查仪器、仪表齐全可靠；落实各阀门灵活好用；

6）检查落实安全防护罩完好；

7）检查各润滑点并确认油质、油量正常；

8）检查急停开关情况并落实复位；

9）检查各连接部位螺栓，松的要紧固，缺的要补上；

10）确认泵的转向正确。

（2）开车：

1）泵出口阀打开 15%；

2）现场人员通知主控室启泵；

3）打开出口阀至生产需要值。

（3）运行中的检查：

1）检查是否有滴漏现象；

2）检查各润滑点润滑情况；

3）检查泵的运行声音是否正常；

4）检查地脚螺栓是否松动；

5）检查轴承温度，夏季不高于70℃，冬季不高于60℃；

6）检查电机温度不高于80℃；

7）检查电机运行电流，不得超过额定值。

（4）停车：

1）接到停车指令后，方可进行停车操作；

2）停电机。

2. 定量给料机操作

（1）开车前的准备工作：

1）接到开车通知，倒好流程；

2）检查给料机无剩余物料及杂物；

3）检查进料口是否畅通；

4）停车7d的200kW以上电机需检测一次绝缘，停车1个月的200kW以下电机需检测一次绝缘；

5）检查仪器、仪表齐全可靠；落实各阀门灵活好用；

6）检查落实安全防护罩完好；

7）检查各润滑点并确认油质、油量正常；

8）检查急停开关情况并落实复位；

9）检查各连接部位螺栓，松的要紧固，缺的要补上；

10）确认设备的转向正确。

（2）开车：

1）启动给料机；

2）如无异常即可供料；

3）给料机进料时，应逐步增加给料量直至达到额定输送能力。

（3）运行中的检查：

1）检查各电机、减速机声音是否正常，温度不得超过铭牌规定；

2）检查输送物料内不得混有坚硬的块状物料；

3）各连接部位无漏料现象；

4）检查各连接部位螺栓有无松动现象；

5）检查各润滑点润滑情况；

6）检查电机运行电流，不得超过额定值。

（4）停车：

1）接到停车指令后，方可进行停车操作；

2）先停止进料，待给料机上无料时方可停给料机。

3. 天车操作

（1）开车前的准备工作：

1）检查设备是否完好，有无影响设备运转的杂物和人员；

2）停车 7d 的 200kW 以上电机需检测一次绝缘，停车 1 个月的 200kW 以下电机需检测一次绝缘；

3）检查仪器、仪表齐全可靠；

4）检查落实安全防护罩、电机防护罩完好；

5）检查各润滑点并确认油质、油位正常；

6）检查连接是否牢固，转动机构是否灵活，金属结构有无变形，钢丝绳在卷筒上的缠绕情况；

7）检查天车大车和小车运行机构的车轮组、齿轮联轴器、减速机、传动器、制动齿轮联轴器、制动器、电动机固定螺钉及轴承座螺钉是否松动；

8）检查起重机起升机构的减速机、制动器、齿轮联轴器、传动轴、电动机、滑轮组、卷筒组固定螺钉及轴承座螺钉是否松动；

9）检查电机、联轴器、制动器、限位器（限位开关）、安全开关、紧急开关和其他部位的安全设施是否齐全；梯子、吊孔的栏杆的盖板是否牢固；

10）禁止天车上有浮动物体或容易掉落的器件。

（2）开车：

1）开车时告诉其他工作人员，离开天车工作范围方可开车；

2）合上电源开关，开动天车。

（3）运行中的检查：

1）检查各电机、减速机声音是否正常，温度不得超过铭牌规定；

2）各天车制动系统、限位开关是否正常；

3）检查各连接部位螺栓有无松动现象；

4）检查各润滑点润滑情况；

5）检查电机运行电流，不得超过额定值。

（4）停车：

1）将天车停到指定位置；

2）关闭控制按钮；

3）关闭电源。

（五）常见故障及处理方法

常见故障及处理方法见表 3-5。

表 3-5　配碱操作设备常见故障及处理方法

常见故障	故障原因	处理方法
1. 电动单梁起重机及电机常见故障处理		
抱闸抱不住	抱闸皮损坏或松动	更换新闸皮或重新紧闸皮
钢丝绳跑槽	钢丝绳不一样长	调整钢丝绳长度
	卷筒绳槽磨损	更换新卷筒
	操作不当	提高操作技术、稳定操作
大小车墨轨	轨道变形或活动	检修轨道
	大、小车滚轮及轴承损坏	更换新备件

常见故障	故障原因	处理方法
钢丝绳断	电气失灵	电工检查
	绳子损坏	更换新钢丝绳
	抓斗过顶	操作责任
电机发热	电机振动	紧固地脚螺栓
	电机风叶破损	更换电机风叶
	拉料多，负荷大	减少拉料量
电机跳闸	电压低	找电工处理
	负荷大	减少拉料量
	启动器接触不良	找电工处理

2. 电动葫芦常见故障处理

常见故障	故障原因	处理方法
减速器响声过大	润滑不良	拆卸检修
	齿轮过度磨损	
	齿间间隙过大	
	齿轮、轴承损坏	
启动后不能提起重物	过度超载	不允许超载使用
	电压比额定电压低 10%	等电压恢复正常
	电气故障	检修电器与线路
	制动轮与后端盖锈蚀咬死，制动轮脱不开	卸下制动轮，清洗锈蚀表面
	电机扫膛	调整定子转子之间的间隙
制动不可靠，下滑距离大	制动环磨损大	更换或修理制动装置
	制动面有油污	拆下清洗
	压力弹簧疲劳	更换弹簧
	联轴器窜动不灵或卡死	检查其连接部位

3. 定量给料机常见故障处理

常见故障	故障原因	处理方法
测速传感器失灵	安装时，测速头和齿轮距离把握不准	调整它们的工作距离为 0.5~1mm
	落有积灰，影响灵敏度	拆卸下来清理积灰
负荷传感器失真	物料卡在称重架上	检查并清理称重架上的异物
	长时间使用，给料机的皮重发生变化	定期去皮

二、粉煤灰预调配操作

(一) 粉煤灰预调配操作的目的

将粉煤灰与一定配比的碱液充分搅拌后得到料浆，通过检验，测定其成分，通过预调配调整浆液的钠硅比，得到合格的料浆。

(二) 粉煤灰预调配操作系统图

如图 3-4 所示，将粉煤灰由堆场运输到生产现场，通过皮带输送机将粉煤灰送到各氧化铝仓，由螺旋输送机定量给料，进入调配矿浆槽，配入循环母液，经搅拌机搅拌均匀，得到矿浆，通过调整成分得到合格矿浆，合格矿浆由泵输送至合格矿浆槽，为预脱硅做准备。

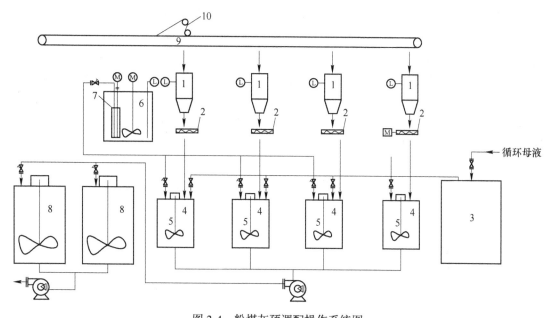

图 3-4 粉煤灰预调配操作系统图

1—氧化铝仓；2—螺旋输送机；3—循环母液槽；4—调配矿浆槽；5—搅拌机；

6—污水槽；7—泵；8—合格料浆槽；9—皮带输送机；10—卸料小车

（三）相关设备介绍

1. 槽

槽包括槽体和搅拌装置，用于盛装粉煤灰浆液，起缓冲停留作用。

根据用途可分为：调配矿浆槽、合格矿浆槽、循环母液槽、污水槽。

用来盛装溶液，电机通过减速机变速后带动搅拌器在一定转速下旋转，流体浓度、热量、质量趋于均匀。

2. 泵

泵主要由叶轮、轴、泵壳、机封等组成，粉煤灰预调配操作工序使用该设备输送粉煤灰浆液。

根据用途可分为：调配矿浆泵、合格矿浆泵、碱液泵、污水泵。

泵启动前，泵壳内要灌满液体，液体随叶轮做圆周运动，在离心力的作用下自叶轮中心向外周抛出，液体从叶轮获得压力能和速度能。当液体流经蜗壳到排液口时，部分速度能将转变为静压力能。在液体自叶轮抛出时，叶轮中心部分造成低压区，与吸入液面的压力形成压力差，于是液体不断地被吸入，并以一定的压力排出。

3. 螺旋输送机

螺旋输送机是在氧化铝生产中常用的水平或小于20°倾斜角的输送设备。用来输送粉状或粒径较小的物料。输送物料的温度要求不大于200℃。

螺旋输送机主要由螺旋轴、料槽和驱动装置组成。料槽的下部是半圆柱形，螺旋轴上有螺旋叶，按一定螺距固定在抽上。螺旋轴转动时，物料由于其重力及其与机槽摩擦力的作用，不跟着螺旋一起转动，这样由螺旋轴旋转而产生的轴向推力就直接作用到物料上，推送物料向前运动到出料口排出。

螺旋输送机的优点是结构简单，占地面积小，容易密闭，操作管理简单。缺点是运行阻力很大，动力消耗大，软件磨损快，使用设备的时候要防止堵料，否则会损坏机件。

4. 带式输送机

带式输送机在倾斜度不大的状态下运输各种块状、粒状、粉状等散状物料和成件物品。它的输送量较大（$500 \sim 1000 \text{m}^3/\text{h}$），运转费低，适用范围广，运输距离长（可达数公里）。它的分类按支架结构有固定式和移动式两种，按输送带材料有胶带、塑料带和钢带等数种。塑料带是一种新型材料，钢带用于运送高温物料，目前以胶带使用最广。

皮带机由驱动装置、拉紧装置、输送带中部构架和托辊组成，输送带作为牵引和承载构件，借以连续输送散碎物料或成件物品，本工序用来输送粉煤灰。

（四）设备的操作

1. 泵的操作

（1）开车前的准备工作：

1）接到开车通知，倒好流程；

2）检查出料槽液位情况；

3）泵盘车两周以上无卡塞现象；

4）检查泵冷却水，落实阀门灵活好用，水量、水质正常；

5）停车 7d 的 200kW 以上电机需检测一次绝缘，停车 1 个月的 200kW 以下电机需检测一次绝缘；

6）检查仪器、仪表齐全可靠；落实各阀门灵活好用；

7）检查落实安全防护罩完好；

8）检查各润滑点并确认油质、油量正常；

9）检查急停开关情况并落实复位；

10）检查各连接部位螺栓，松的要紧固，缺的要补上；

11）确认泵的转向正确。

（2）开车：

1）打开机械密封冷却水阀；

2）关闭放料阀；

3）全打开泵进料阀，向泵腔供料；

4）全打开泵出口阀（非变频泵需全关闭出口阀）；

5）启动泵；

6）调整流量至生产需要值。

（3）运行中的检查：

1）检查是否有滴漏现象；

2）检查各润滑点润滑情况；

3）检查泵的运行声音是否正常；

4）检查地脚螺栓是否松动；

5）检查轴承温度，夏季不大于 70℃，冬季不大于 60℃；

6）检查机械密封泵冷却水回水是否带料；

7）检查电机温度不高于 80℃；

8) 检查电机运行电流，不得超过额定值。

（4）停车：

1) 关闭出口阀后停电机，将控制按钮打到零位；

2) 泵停止转动后，关闭泵的进料阀，打开泵的放料阀；

3) 缓慢打开泵出口阀，管道料放完后，反盘泵几周倒回泵腔余料；

4) 关闭机械密封冷却水阀（冬季没有此项操作）。

2. 螺旋输送机操作

（1）开车前的准备工作：

1) 倒好流程；

2) 检查机槽内有无剩余物料及杂物；

3) 检查进料口是否畅通；

4) 停车 7d 的 200kW 以上电机需检测一次绝缘，停车 1 个月的 200kW 以下电机需检测一次绝缘；

5) 检查仪器、仪表齐全可靠；落实各阀门灵活好用；

6) 检查落实安全防护罩完好；

7) 检查各润滑点并确认油质、油量正常；

8) 检查急停开关情况并落实复位；

9) 检查各连接部位螺栓，松的要紧固，缺的要补上；

10) 确认设备的转向正确。

（2）开车：

1) 启动输送机；

2) 如无异常即可供料；

3) 螺旋机进料时，应逐步增加给料量直至达到额定输送能力。

（3）运行中的检查：

1) 检查各电机、减速机声音是否正常，温度不得超过铭牌规定；

2) 检查输送物料内不得混有坚硬的块状物料；

3) 各连接部位无漏风、漏料现象；

4) 检查各连接部位螺栓有无松动现象；

5) 检查各润滑点润滑情况；

6) 检查电机运行电流，不得超过额定值。

（4）停车：

1) 先停止进料，待给料机上无料时方可停螺旋机；

2) 清理给料机并打扫卫生。

3. 皮带输送机操作

（1）开车前的检查：

1) 停车 7d 的 200kW 以上电机需检测一次绝缘，停车 1 个月的 200kW 以下电机需检测一次绝缘；

2) 检查安全装置是否齐全可靠；

3) 检查皮带周围有无妨碍正常运行的物件及不安全因素；

4）检查各下料口、溜槽是否正常，各紧固件是否齐全紧固；

5）检查皮带及接头有无拉裂、划破，拉紧装置是否正常；

6）检查主、被动轮，上、下托轮，调心轮和导向轮是否正常；

7）检查各润滑点并确认油质、油量正常；

8）皮带输送系统所有人员离开转动部位，处在安全位置；

9）检查紧急停车装置是否灵敏可靠；

10）确认设备转向正确。

（2）开车：

1）现场人员通知主控室启动皮带；

2）主控室接到现场开车通知后启动皮带；

3）启动空转正常后，开始下料逐渐加到生产要求值。

（3）运行中的检查：

1）检查电机、减速机、轴承温升和声音是否正常，有无异常振动；

2）检查各润滑点润滑情况是否正常；

3）检查皮带有无跑偏现象；

4）检查主、被动轮，托轮、调心轮和导向轮是否正常；

5）进出料口有无堵塞、漏料，卸料器是否工作正常，皮带及接头有无裂纹、划破；

6）经常巡视皮带上的物料有无杂物；

7）各紧固件是否有松动。

（4）停车：

1）正常情况下，接到停车指令，停止下料，继续开启皮带待皮带上物料卸完；

2）联系主控室停机；

3）事故停车时，按急停按钮并及时通知送料岗停止下料，待事故处理完毕后，联系重新启动；

4）正常停车后，清理干净环境卫生。

4. 粉煤灰预调配工序操作

（1）开车前的准备工作：

1）接到开车通知检查改好流程，管道无堵管，阀门好用；

2）盘车两周落实各转动设备无异常；

3）停车 7d 的 200kW 以上电机需检测一次绝缘，停车 1 个月的 200kW 以下电机需检测一次绝缘；

4）检查落实灰仓、螺旋给料机、污水系统具备启动条件；

5）检查仪器、仪表齐全可靠；

6）检查落实循母槽、矿浆槽槽位、料浆泵具备启动条件；

7）检查落实安全设施无缺陷；

8）检查各连接部位螺栓，松的要紧固，缺的要补上。

（2）开车：

1）接开车通知后，联系好上下工序；

2）启动循环母液泵向调配槽按要求下料，接着启动螺旋给料机向调配槽按要求下料，调配槽进料后启动搅拌，待运转正常方能离开；

3）调配槽液位到 3m 时，打开调配槽出料阀门；

4）启动调配泵向合格矿浆槽送料；

5）合格矿浆槽有料液位后启动搅拌；

6）合格矿浆槽到 4m 槽位后，再次联系启动合格矿浆泵外送料浆，用变频器调整流量至生产需要值。

（3）运行中的检查：

1）开车后检查设备运行有无杂音和振动等异常现象；

2）随时观察液面上升情况，准确判断槽子物料进出平衡；

3）槽子出料槽位控制在 3~4m 之间；

4）检查污水沟、槽子入口、阀门垫子和阀门盘根是否漏料；

5）检查设备电流情况；

6）检查进出料流量、压力、下料量，注意液量平衡。

（4）停车：

1）接到停车通知后，停合格矿浆泵放料；

2）停止下粉煤灰、走完粉煤灰后停螺旋给料机；

3）停循环母液泵；

4）停调配槽输送泵。

（五）常见故障及处理方法

常见故障及处理方法见表 3-6。

表 3-6　粉煤灰预调配设备常见故障及处理方法

故障现象	故障原因	处理方法
1. 螺旋输送机常见故障处理		
测速传感器失灵	安装时测速头和齿轮距离把握不准	调整它们的工作距离为 0.5~1mm
	落有积灰，影响灵敏度	拆卸下来清理积灰
负荷传感器失真	物料卡在称重架上	检查并清理称重架上的异物
2. 皮带输送机常见故障处理		
皮带跑偏	主、被动轮不正	找机务处理
	主、被动轮粘料	停车处理
	下料冲向一方	找机务处理
	机身不正	找机务处理
	皮带接头不正	重新皮接
皮带打滑	皮带松	调整拉紧装置
	负荷大	减少拉料量
	张紧装置失灵或配重轻	修复张紧装置或增加配重
	皮带上有雨雪	清理雨雪
皮带破损	皮带跑偏	调整上下调速托轮
	有妨碍皮带运行的杂物	清除杂物
轴承发热	缺油	加油
	油脏或油变质	更换新油
	轴承座螺钉松动	紧固螺钉

故 障 现 象	故 障 原 因	处 理 方 法
3. 离心泵常见故障处理		
泵打不上料	电机反转；叶轮堵塞；进出口管道堵塞；扬程不够；进料管漏气	电机换向；清理叶轮；清理进出口管道；重新选型；检查处理漏气点
泵振动	地脚螺栓松动；对轮连接件磨损严重；电机与泵不同心；泵严重缺料；轴承损坏	紧固地脚螺栓；更换对轮连接件；调整电机与泵的同心度；停泵检查处理后开泵；更换轴承

三、粉煤灰预脱硅

(一) 粉煤灰预脱硅的目的

粉煤灰预脱硅的主要目的是：降低粉煤灰中二氧化硅的含量，提高铝硅比，在生产氧化铝过程中减少耗能、设备结疤、碱和氧化铝的损失、渣的排放。高铝粉煤灰中可除去的二氧化硅为玻璃相中的非晶态 SiO_2，脱硅液可以用碳分沉淀法制取白炭黑，用来造纸。

高铝粉煤灰预脱硅处理的优点如下：

(1) 可以显著提高剩余粉煤灰中的 Al/Si，大幅降低单位氧化铝需配制的待烧生料量、能耗、物耗及成渣量；

(2) 每处理 1t 高铝粉煤灰，可以生产 120～160kg 的白炭黑，显著提高粉煤灰的资源化利用效率；

(3) 能在提取非晶态 SiO_2 的同时，打破玻璃相对莫来石和刚玉的包裹，使粉煤灰颗粒产生大量的孔洞，显著提高粉煤灰的反应活性，提高 Na_2CO_3-$CaCO_3$-脱硅高铝粉煤灰体系反应速率，降低焙烧温度，因而可降低对焙烧设备的性能要求。

粉煤灰中预脱硅常用以下两种方法：

(1) 用碳酸钠和粉煤灰混合后高温焙烧，然后用盐酸进行铝硅分离；

(2) 用 NaOH 稀溶液和经过热处理之后的粉煤灰反应进行铝硅的逐步分离。

根据高铝粉煤灰中不含石英晶体以及玻璃相主要由非晶态 SiO_2 构成的特点，用高浓度 NaOH 低温提取非晶态 SiO_2 的脱硅效果更好。

(二) 粉煤灰预脱硅的系统图

合格矿浆（配入氢氧化铝溶液的粉煤灰）由料浆泵送到预脱硅工序，依次进入 1 级加套管、2 级加热套管直至 5 级加热套管，加热套管如图 3-5 所示。加热套管是由内外两层管道组成，内部管道是合格矿浆的流经管道，由 1 级加热

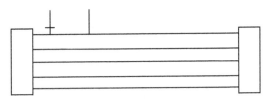

图 3-5　加热套管

套管流至 5 级加热套管，外层管道是热蒸气流经管道，由 5 级加热套管流至 1 级加热套管，热蒸气经过管道壁，将热能传递到内层管道的矿浆，矿浆的温度逐渐升高，最后矿浆进入到 1~8 级保温罐，经过充分保温后，粉煤灰中的二氧化硅生成硅酸钠溶于溶液，经过自蒸发器送至缓冲槽。

粉煤灰预脱硅操作流程图如图 3-6 所示。

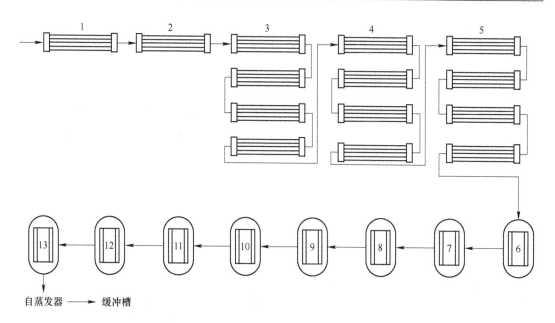

图 3-6　粉煤灰预脱硅操作流程图

1—1 级加热套管；2—2 级加热套管；3—3 级加热套管；4—4 级加热套管；

5—5 级加热套管；6—1 号保温溶出罐；7—2 号保温溶出罐；8—3 号保温溶出罐；9—4 号保温溶出罐；

10—5 号保温溶出罐；11—6 号保温溶出罐；12—7 号保温溶出罐；13—8 号保温溶出罐

（三）相关设备介绍

粉煤灰预脱硅设备包括套管加热器、保温溶出罐、矿浆自蒸发器、缓冲槽四部分主体设备，如图 3-7 所示。

图 3-7　粉煤灰预脱硅设备图

1. 套管加热器

如图 3-8 所示，套管加热器有内管和外管等组成，内管可以是单根或多根。预脱硅工序中由直径不同的直管按同轴线相套组合而成，构造简单，用作加热调配好的粉煤灰浆液。冷热流体分别在内管和套管间隙中流动，通过管壁进行间接换热，达到换热提温的目的。企业用套管加热器如图3-9所示。

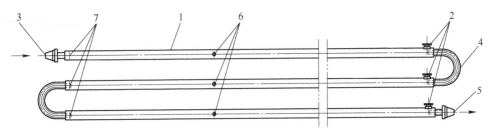

图3-8　套管加热器构造示意图

1—外管；2—蒸汽入口；3—进料口；4—内管；5—出料口；6—不凝气口；7—排水口

图3-9　企业用套管加热器

2. 保温溶出罐

加热、加压后的粉煤灰浆液进入保温停留罐，电机通过减速机变速后带动搅拌器在一定转速下旋转，自桨叶处排出不同速度的流体，这股运动流体同时吸引挟带着周围的液体，使周围的静止流或低速流卷入其中，从而合成一股复杂的运动流，这股合成的运动流既有水平循环流，又有沿壁面及搅拌轴的上下循环流，这种循环流动，能够涉及搅拌槽内较大范围，起着体积循环作用。从桨叶排出的液体把来自桨叶的能量传递到槽内介质，同时将槽内液体顺次循环到具有搅拌作用的桨叶近旁，由于瞬时速度波动会产生湍动、涡流等不规则移动，逐渐崩解而和周围的流体混合，其结果是流体本身以及所包含的热量、质量和能量也都随之向周围移动，从而促进局部混合、异相间界面更新等引起整体液流的传质和传热反应均质作用。

保温罐在粉煤灰预脱硅过程中，多台串联使用。优点是结构简单，加工制造容易，维修方便，容易清洗结疤，如图3-10所示。

3. 矿浆自蒸发器

料浆进入自蒸发器（图3-11），通过扩容减压降低溶液沸点，使浆液产生自蒸发，自蒸发产生的二次汽通过控制装置与冷介质进行热交换，达到回收利用余热的目的。

图 3-10　企业用保温罐

　　用来盛装粉煤灰脱硅浆液，电机通过减速机变速后带动搅拌器在一定转速下旋转，自桨叶处排出不同速度的流体，这股运动流体同时吸引挟带着周围的液体，使周围的静止流或低速流卷入其中，从而合成一股复杂的运动流，这股合成的运动流既有水平循环流，又有沿壁面及搅拌轴的上下循环流，这种循环流动，能够涉及搅拌槽内较大范围，起着体积循环作用。从桨叶排出的液体把来自桨叶的能量传递到槽内介质，同时将槽内液体顺次循环到具有搅拌作用的桨叶近旁，由于瞬时速度波动会产生湍动、涡流等不规则移动，逐渐崩解而和周围的流体混合，其结果是流体本身以及所包含的热量、质量和能量也都随之向周围移动。

　　（四）设备的操作

　　1. 料浆泵（变频电机）操作

　　（1）开车前的准备工作：

　　1）接到开车通知，倒好流程；

　　2）检查出料槽液位情况（料浆槽液位应不低于1.5m）；

　　3）泵盘车两周以上无卡塞现象；

　　4）检查泵冷却水，落实阀门灵活好用，水量、水质正常；

　　5）停车 7d 的 200kW 以上电机需检测一次绝缘，停车 1 个月的 200kW 以下电机需检测一次绝缘；

　　6）检查仪器、仪表齐全可靠；落实各阀门灵活好用；

　　7）检查落实安全防护罩完好；

　　8）检查各润滑点并确认油质、油量正常；

　　9）检查急停开关情况并落实复位；

　　10）检查各连接部位螺栓，松的要紧固，缺的要补上；

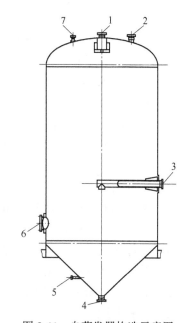

图 3-11　自蒸发器构造示意图
1—蒸汽出口；2—安全阀口；3—进料口；
4—出料口；5—仪表口；6—入孔；
7—不凝气口

11）确认泵的转向正确。

（2）开车：

1）打开机械密封冷却水阀；

2）关闭放料阀；

3）全开泵出口阀；

4）现场人员通知主控室启泵；

5）主控室接到现场开车通知后将变频器调至 12~16Hz，启动泵（非变频泵只是启动泵）；

6）全打开泵进料阀，向泵腔供料；

7）用变频器调整流量至生产需要值（非变频泵逐渐打开出口阀至生产需要值）。

（3）运行中的检查：

1）检查是否有滴漏现象；

2）检查各润滑点润滑情况；

3）检查泵的运行声音是否正常；

4）检查地脚螺栓是否松动；

5）检查轴承温度，夏季不大于 70℃，冬季不大于 60℃；

6）检查机械密封泵冷却水回水是否带料；

7）检查电机温度不高于 80℃；

8）检查电机运行电流，不得超过额定值。

（4）停车：

1）接到值班员命令后，方可进行停车操作；

2）将变频器转速调到 12~16Hz 后停电机，将控制按钮打到零位（非变频泵要先关小出口阀，然后停电机）；

3）泵停止转动后，关闭泵的进料阀，打开泵的放料阀；

4）管道料放完后，反盘泵几周倒回泵腔余料；

5）关闭机械密封冷却水阀（冬季没有此项操作）。

2. 缓冲槽操作规程

（1）开车前的准备工作：

1）检查管道无堵塞，改好流程；

2）盘车数周检查设备无异常；

3）停车 7d 的 200kW 以上电机需检测一次绝缘，停车 1 个月的 200kW 以下电机需检测一次绝缘；

4）检查槽内不能有异物和油污；

5）检查槽子搅拌机减速箱内的油质、油量正常；

6）检查仪器、仪表齐全可靠；

7）检查落实槽子出料阀门关死；

8）检查落实污水流程正确；

9）检查落实安全防护罩完好；

10）检查各连接部位螺栓，松的要紧固，缺的要补上。

（2）开车：

1）接进料通知后，问明进料流程，观察液位上升情况；

2）待缓冲槽位上升至 1.2m 时，启动搅拌，待运转正常方能离开；

3）接到通知改走正流程时，应及时配合旁通管放料；

4）当缓冲槽位上升至 4.5m 时，汇报班长；

5）接到出料通知打开槽子出料阀门，观察缓冲泵各处垫子、盘根及放料阀的出料情况，若正常关闭放料阀启动泵；

6）用变频器调整流量至生产需要值。

（3）运行中的检查：

1）开车后检查搅拌、缓冲泵、污水泵运行情况有无杂音和振动等异常现象；

2）随时观察液面上升情况，准确判断槽子物料进出平衡；

3）槽子出料槽位控制在 3~4m 之间；

4）检查污水沟、槽子入口、阀门垫子和阀门盘根是否漏料；

5）检查槽子设备电流情况。

（4）停车：

1）接到停车通知时，倒好旁通进缓冲槽的流程；

2）待槽位降低至 0.5m 时，停止搅拌；

3）槽位拉空后，停下缓冲泵，汇报班长。

3. 粉煤灰预脱硅工序操作

（1）开车前的准备工作：

1）新安装或大修后的设备，需要按压力标准试压合格、开通蒸汽预热二次紧固方可投入使用，与相关岗位联系，做好开车准备工作；

2）检查落实各连接部位法兰、螺栓及垫子、安全罩完好；

3）检查各阀门是否灵活好用；

4）检查仪器、仪表是否灵活好用；

5）关闭各保温停留罐顶部的不凝性气体连排阀门及排空阀门；

6）打开 8 号保温停留罐往缓冲槽的旁通阀，关闭进入矿浆自蒸发器的阀门；

7）关闭矿浆自蒸发器乏汽阀及排空阀门；

8）检查各设备、槽罐是否具备启动条件；

9）关闭 1 号套管进口空气压料阀、进酸阀；

10）打开 5 号套管出口进保温罐阀门，关闭 5 号套管出口去粉煤灰预调配工序阀门，关闭 5 号套管出口废酸回流阀；

11）向套管通气预热，适当打开各级冷凝水排地沟阀门排除冷凝水，检查落实通畅，然后停止通气。

（2）开车：

1）准备工作完毕后，逐级通入新蒸汽预热后关小蒸汽，汇报值班员通知以 320m³/h 进料，接到已经进料回复 10min 后 1~5 级套管加大通入新蒸汽提温，浆液进 1 号保温溶出罐后加大通汽量，20min 后降合格矿浆泵流量至 200m³/h，从 1 级套管开始，逐级按梯度加大通入新蒸汽提温，适当打开冷凝水罐排地沟阀门；

2）料浆进入保温停留罐后，按顺序启动保温停留罐搅拌，按流程顺序逐步打开1~8号保温溶出罐的顶部排不凝性气体阀门，使满罐率达到85%以上，然后关闭顶部排不凝性气体阀门；

3）调整8号保温溶出罐到缓冲槽的控制阀门，使8号保温停留罐的压力控制在（0.35±0.05）MPa左右；8号保温溶出罐温度低于120℃时缓冲料返回预调配合格矿浆出料槽，8号保温溶出罐温度达120℃以上时，改走正流程；

4）矿浆自蒸发器进料后，随着温度压力的升高，1、2级套管开始逐渐关闭低压新蒸汽，并从1号、2号矿浆自蒸发器开始逐级适当开启乏汽阀门向1、2级套管供汽加热，矿浆自蒸发器料进入缓冲槽后，改缓冲槽出料至粉煤灰分离洗涤工序；

5）视温度、压力的上升情况逐级适当开启1号、2号冷凝水自蒸发器乏汽阀门走向正常循环；

6）当1号冷凝水罐有水后，开启二次汽冷凝水泵外送洗水，当6号冷凝水罐有水后，开启新蒸汽冷凝水泵外送洗水；

7）加热系统启动正常后打开乏汽回收器进水阀进水，热水槽水位到1m时启动热水泵外送热水，根据温升情况调节循环水加入量；

8）汇报值班员正流程启动完毕，逐步根据系统温度情况调整流量至生产需要值。

（3）运行中的检查：

1）岗位操作人员要时刻检查、视听各处压力、温度变化情况；

2）要认真检查管道、容器、阀门、仪器、仪表连接和安装点是否有漏气、漏料现象；

3）根据操作情况，及时检查1号、2号级冷凝水的含碱量，确定乏汽是否带料；

4）将1~8号保温停留罐的不凝性气体连排阀门保持微开状态，确保满罐率达到85%左右，但不能从顶部过料；

5）按照岗位责任制的规定，控制好各项技术参数，做好各项记录；

6）现场仪表保持清洁；

7）检查设备是否运行正常。

（4）停车：

1）接到值班员停车的通知，岗位人员做好停车的准备工作；

2）停止通新蒸汽，通知预调配停止进料，确认预调配已停料后逐级关闭二次汽冷凝水自蒸发器的乏汽阀门，将冷凝水罐压空，按先后顺序停新蒸汽冷凝水泵、二次汽冷凝水泵；

3）按照顺序逐级关闭1~8号保温停留罐顶部的不凝性气体连排阀阀门，加快出料；

4）将两级矿浆自蒸发器乏汽阀门逐级适当关小，但不能让冷凝水带料；

5）当矿浆自蒸发器压力降到控制技术参数以下时，将其乏汽阀门逐渐关闭，进一步加快出料；

6）等8号保温停留罐压力降至0.05MPa时，打开空气阀压料；

7）通过检查二级料浆自蒸发器到缓冲槽管道放料情况判断压料是否结束，接着依序停止乏汽回收器循环水和热水泵；

8）通知值班员预脱硅系统压料完毕，停压缩空气。

（五）常见故障及处理方法

粉煤灰预脱硅设备的常见故障及处理见表3-7。

表3-7 粉煤灰预脱硅设备的常见故障及处理

故障现象	故障原因	处理方法
2级冷凝水自蒸发器带料	2号矿浆自蒸发器液面高	提高2号矿浆自蒸发器压力，降低液面
	汽液分离器磨破失效	修补分离器
1级冷凝水自蒸发器带料	1号矿浆自蒸发器液面高或汽液分离器磨损	提高压力，降低液面
	2级冷凝水窜来料	修补破裂，检查2级冷凝水情况
突然发生某根套管有"咔"的响声，管道震动厉害	内套管被磨破，料浆进入外套管，形成汽液相撞所致	检查并确定磨穿的套管后，停机组进行处理
矿浆自蒸发器卸料箱响声大，大量向外排汽	该自蒸发器超压，安全阀跳闸	开大该自蒸发器排汽阀，降低压力，使安全阀回位
某冷凝水自蒸发器的安全阀跳闸，大量向外排汽	安全阀失灵	调整安全阀
	出口阀堵塞	调整冷凝水阀
	汽量过大	调整各级汽量
停留罐超压安全阀跳闸	出料不畅通，造成超压	停或倒机组处理出料管
	安全阀失灵	调整安全阀
	料量突然增大	查出增料原因，进行处理
2号矿浆自蒸发器压力提不起来，1号压力增高	该矿浆自蒸发器出料孔板磨坏或脱落	停机组进行处理孔板
发现保温罐以前各级套管温度普遍升高	喂料泵排量不足或泵停	检查料少的原因，进行处理
热水加热器突然大量冒汽	循环水停或水量过小	追查原因，增大水量
故障现象	故障原因	处理方法
泵打不上料	电机反转；叶轮堵塞；进出口管道堵塞；扬程不够；进料管漏气	电机换向；清理叶轮；清理进出口管道；重新选型；检查处理漏气点
泵振动	地脚螺栓松动；对轮连接件磨损严重；电机与泵不同心；泵严重缺料；轴承损坏	紧固地脚螺栓；更换对轮连接件；调整电机与泵的同心度；停泵检查处理后开泵；更换轴承

学习情境二　生料浆的制备

学习任务一　生料配料的重要性

对纯碱石灰烧结法而言，熟料生产是整个生产的关键，它不但直接影响氧化铝的产量和质量，而且直接影响生产系统的正常运行和技术经济指标的好坏。在生产实践中，要做到"优质高产、低消耗"，归纳出的一条经验是"烧结是关键，配料是基础"。只有配制出合格的生料浆，才能烧结出高质量的熟料。

在利用"高铝粉煤灰预脱硅+碱石灰烧结法"生产氧化铝工艺中，"碱石灰烧结法"是借鉴传统铝土矿纯碱石灰烧结法生产氧化铝的原理而产生的。其基本原理是利用碱与脱硅粉煤灰中的 Al_2O_3 经高温生成铝酸钠，同时为了将粉煤灰中 SiO_2 和 Fe_2O_3 等有害杂质在熟料溶出时分离掉，借助于添加 CaO 经高温生成不溶解的 $2CaO \cdot SO_2$ 及 $2CaO \cdot Fe_2O_3$。这看起来虽然比较简单，但在实际生产中由于脱硅粉煤灰本身成分波动很大，碱主要来源于脱硅粉煤灰附液、碳分蒸发循环母液和钠硅渣所含的 Na_2O；添加 CaO，除石灰石外，还有石灰、钙硅渣、钠硅渣所含的 CaO 等；同时在以煤粉为燃料时，燃煤灰分也全部进入熟料，构成多组分配料和多因素影响配料的氧化铝生产特点，使配料工作变得十分困难，化学成分的配料复杂性可想而知，就连最容易的料浆水分都很难保持稳定。因此，应该十分重视配料工作，把它看作最基础的工作来抓。

学习任务二 对生料配料的要求

配料的目的就是保证铝酸盐熟料化学成分和矿物成分的准确。

首先要求原料如高铝粉煤灰（脱硅粉煤灰）、石灰石或石灰、碳分蒸发循环母液、钠硅渣、钙硅渣、烧成煤的灰分等成分的准确和稳定。

高铝粉煤灰作为火力发电厂的工业废弃物，它是煤在锅炉内燃烧后所产生的飞灰通过电除尘器等装备而收集到的。我国鄂尔多斯盆地晚古生代煤田具有煤铝镓共生的资源特性，该煤种作为我国主要动力用煤，燃烧后形成的高铝粉煤灰中氧化铝含量达40%以上，是我国十分宝贵的再生含铝矿物资源。但是，由于各矿区煤种的灰分成分波动较大，煤灰中 A/S 能在 0.7~1.7 之间波动。因此，对高铝粉煤灰的均化是十分重要和必要的。

高铝粉煤灰中 SiO_2 含量高，在35%~45%之间波动，平均40%。脱硅后 SiO_2 含量也在24%~34%之间波动，平均29%。在生产过程中将会消耗大量石灰石，这也就对石灰石的品位和成分稳定性提出了更高的要求。因此，就要十分注意采矿或采购方式，注意尽量避免或减少泥土混杂。同时，必须有严格的配矿和石灰石预均化过程。

碳分蒸发循环母液作为生料配料中 Na_2O 的主要来源，它是决定生料浆碱比和水分的主要因素。在生产过程中必须严格控制碳分蒸发系统的各项生产工艺参数，确保碳分蒸发循环母液浓度指标达到配料要求。

钠硅渣和钙硅渣滤饼的水分含量对生料浆的水分也影响较大。在生产过程中也要注意对其技术指标的控制。它决定着碳母硅渣浆液的技术指标。

脱硅粉煤灰的水分和 Na_2O 含量，决定着脱硅粉煤灰浆液的技术指标，也是决定生料浆碱比和水分的主要因素之一。因此重视脱硅粉煤灰生产过程工艺参数和产品指标控制是至关重要的。

在熟料生产中，烧成煤的灰分是全部进入熟料中的，灰分的成分以及成分的稳定性对熟料质量的影响是显而易见的。因此，对烧成煤的煤质控制以及预均化处理是十分必要的。

其次要求脱硅粉煤灰浆液的成分准确和稳定。脱硅粉煤灰浆液的控制指标主要包括碱比和水分含量。实际上,一般情况下脱硅粉煤灰浆液的碱比就是生料浆的碱比。

最后要求按入窑生料浆配料成分指标要求准确计算出各种物料的配比,然后将各种物料按配比经计量后分别喂入管磨机进行细磨,并将磨制出的生料浆调配成合格生料浆送至熟料烧成工序。

入窑生料的配方是指生料浆中各种氧化物含量所应保持的比例,它对于入窑生料的性质、烧结进程和熟料质量有着决定性的影响。入窑生料配方的选择应该以保证烧结过程的顺利进行、制取高质量的熟料、节约原料和燃料为原则。要使烧结过程顺利进行,关键在于使入窑生料具有比较宽阔的烧结温度范围。它是标志炉料性质、影响烧结进程和熟料质量的一项重要指标。

在确定入窑生料配方时,要综合考虑原料特点、烧结制度以及熟料溶出工艺等各个方面。由于配方受多重因素的影响,目前主要是通过实验来确定最宜配方的。

在生料掺煤的情况下,配方包括料浆中七项指标:铝硅比 A/S,铁铝摩尔比 [F]/[A]([ ] 表示氧化铝的物质的量,下同)、碱比([N]/([A] + [F]))、钙比([C]/[S])、水分含量、固定碳含量以及干生料的细度。铝硅比和铁铝比虽然是非常重要的指标,但是它们的数值是由高铝粉煤灰指标所决定的,均化只能做小幅度的调节。水分、细度和固定碳含量三项指标比较易于确定。碱比和钙比为配方中需要确定的两项最重要指标。

碱比等于 1,钙比等于 2 称为饱和配方;高钙配方和高碱低钙配方,都是与饱和配方相比较而言的。

由于在生产条件下,烧结反应远比在实验室的复杂得多。采用饱和配方有时得不到溶出率最高的熟料。在利用"高铝粉煤灰预脱硅+碱石灰烧结法"生产氧化铝工艺中熟料配方如下:

$$\frac{[Na_2O] + [K_2O] + [Na_2SO_4]}{[Al_2O_3] + [Fe_2O_3]} = 0.93 \sim 0.99$$

$$\frac{[CaO]}{[SiO_2]} = 1.92 \sim 1.98$$

配方所允许的波动范围是根据原料配制的操作水平确定的。由于燃料带入灰分以及一些作业因素(如各种氧化物的灰尘损失率不同)等原因,生料和熟料之间的碱比和钙比存在差值。

采用上述配方能够得到质量较好的熟料是由于高铝粉煤灰中 Fe_2O_3 量较低,熟料中只有部分 Fe_2O_3 以 $Na_2O \cdot Fe_2O_3$ 状态存在。$4CaO \cdot Al_2O_3 \cdot Fe_2O_3$ 在熟料中呈稳定相,在生料掺煤的情况下,一部分 Fe_2O_3 还原成 FeS 和 FeO。生产实践证明,采用这种配方,Al_2O_3 和 Na_2O 的溶出率较高,而且烧成温度范围比较宽阔。

学习任务三 生料配料中加入固体还原剂(生料加煤)的意义

在碱石灰烧结法中,原料、燃料甚至生产用水常含有或多或少的硫化物和硫酸盐。硫在高温下氧化并和碱反应,最后转变为 Na_2SO_4,溶出时进入铝酸钠溶液,在生产中循环积累。生产经验证明,熟料中 Na_2SO_4 含量超过 7%,烧结过程便遇到严重困难。Na_2SO_4 的熔点很低(884℃),与 Na_2CO_3 形成共晶的熔点则更低(826℃)。因此,烧结反应还未

充分进行之前 Na_2SO_4 便已熔化，使熟料中液相增加，造成熟料窑结圈，不能正常运转。在蒸发过程中 Na_2SO_4 与 Na_2CO_3 呈复盐析出，严重影响蒸发作业进行。熟料中 Na_2SO_4 含量增加后，使生产 1t 氧化铝的熟料量增加，窑的实际产量降低，碱耗和热能增加。

向生料中加入固体还原剂（生料加煤）可以消除氧化铁和硫的有害影响。使相当的硫转化为二价硫化物，从赤泥中排出，生料加煤后，氧化铁在烧结过程中于 $600\sim700℃$ 被还原成碱性的氧化亚铁（FeO），甚至还原成金属铁。以黄铁矿存在的铁，在还原气氛下转化为硫化亚铁（FeS）。

Na_2SO_4 熔点低且不易挥发和分解。Na_2SO_4 在 1430℃ 开始按 $Na_2SO_4 \rightarrow Na_2O + SO_2 + 1/2O_2 - 656J$ 反应分解。当温度为 2177℃ 时分解压力才达到 0.1MPa。当有碳存在时，Na_2SO_4 在 $750\sim880℃$ 开始分解。还原剂和氧化剂同时存在，可使 Na_2SO_4 达到完全分解的程度。

因此，碱石灰烧结法生料中加入还原剂，除前述各反应外，还由于 Na_2SO_4 的分解而生成 $Na_2O \cdot Al_2O_3$、FeS 及 CaS。

熟料溶出时，Na_2S 进入溶液。FeS 除少部分被碱溶液分解，使其中的硫再转入溶液外，大部分进入赤泥。在采用喷入法喂料时，上述反应产生的 SO_2 气体相当完全地被料浆吸收，又以 Na_2SO_4 的形式回到炉料中，因此，气相排硫量是很少的，尚不到生料含硫量的 1%。

值得注意的是，当烧结物料进入到窑的高温带后，由于处在氧化气氛下，暴露在料层表面的二价硫化物与空气接触后又会被氧化成 Na_2SO_4，只有约半数的硫是以二价硫化物形式保存在熟料中，在熟料溶出时，进入赤泥中排出流程。

此外，由于生料掺煤使炉料中一部分氧化铁还原成氧化亚铁和硫化铁。它们不与 Na_2O 结合成 $Na_2O \cdot Fe_2O_3$。这也是炉料碱比可以低一些的原因。生料掺煤还能强化烧结过程，因为加入生料中的煤是在进入燃烧带以前燃烧的，等于增加了窑的燃烧空间，提高了窑的发热能力。

学习任务四　生料制备过程

生料制备过程就是指生料入窑以前对原料的全部加工过程，包括原料的破碎、预均化、配料控制、粉磨以及生料调配等环节。生料制备过程按其工作性质，可分为粉碎和均化两大子过程。

一、粉碎的基本概念

（一）粉碎的定义

用外力克服固体物料质点之间的内聚力，使之分裂、破坏并使其粒度减小的过程称为粉碎过程。它是破碎和粉磨的总称。

一般把粉碎后产品粒度大于 $2\sim5mm$ 的称破碎，产品粒度小于 $2\sim5mm$ 的称粉磨。也有将破碎后产品粒度为 300mm、25mm、5mm 的分别称为粗碎、中碎和细碎；将粉磨后产品粒度小于 2mm 和 0.01mm 的分别称为粗磨和细磨的。事实上破碎和粉磨的作业范围并无严格的划分。不同的工业部门和不同的学者提出的粒度范围不尽相同。

粉碎前后粒度的比值称为粉碎比，可按下式计算：

$$i = \frac{D}{d} \tag{3-1}$$

式中　i——粉碎比；

　　　D——粉碎前物料的粒径；

　　　d——粉碎后物料的粒径。

　　粒径可用不同的方法表示，如最大粒径、算术平均粒径、80%通过的粒径等。不同的粒径计算出的 i 值也不一样。

　　各种粉碎设备的粉碎比互不相同，而且各有一定的范围。在实际应用中，要求的总粉碎比往往较大，例如，生产原料中的石灰石要求从 1m 左右的块度粉碎至 0.08mm 以下，这显然不能在一台粉碎设备中完成，而需要经过几次粉碎和粉磨才能达到最终的粒度。物料每经过一次粉碎，则称为一个粉碎段。一般石灰石粉碎采用一段或两段破碎，一段磨碎。

　　粉碎系统按粉碎方式的不同，可分成开路系统和闭路系统。在粉碎过程中，物料一次通过粉碎设备后即为成品的称为开路。当物料出粉碎设备后经过分选，细粒部分作为成品，粗粒部分返回粉碎设备进行再次粉碎的称为闭路。开路系统的优点是流程简单、设备少、投资省、操作简便；其缺点是粉碎效率低、电耗高。闭路系统的优缺点和开路相反。

　　粉碎系统中还有湿法和干法之分。在湿磨过程中，如原料水分不足，还可加入一定量的水，其产品呈浆状。在干磨过程中，则喂入原料的水分应该小于1%，否则粉磨效率将大大降低。如是烘干兼粉磨，物料水分可允许适当增加，边干燥边粉磨。

　　粉碎的目的在于使物料成为一定粒度的产品，以满足各工艺过程的要求。就生料而言，就是要满足熟料的烧成要求。

　　熟料烧成基本上是一种固相反应。按反应动力学原理，反应速度与颗粒大小和温度有关。

　　W. Jander 于 1927 年应用 Tammann 公式得出：

$$\left[1-\left(\frac{100-x}{100}\right)^{\frac{1}{3}}\right]^{2}=\frac{2DC_{0}t}{r^{2}}=k\cdot t \tag{3-2}$$

式中　x——参与反应物质的重量百分数；

　　　D——扩散系数；

　　　C_{0}——接触表面上的浓度，重量百分数；

　　　t——反应时间；

　　　r——反应粒子半径；

　　　k——反应速度常数。

　　J. H. Van't Hoff 1884 年曾提出：

$$K=C\cdot e^{-\frac{A}{KT}} \tag{3-3}$$

式中　K——反应速度常数；

　　　C——常数；

　　　e——自然对数的底；

　　　A——反应活化能；

　　　R——气体常数；

　　　T——反应温度。

由此可知：生料的颗粒小、反应温度高，熟料容易烧成。换句话说，颗粒小，维持同样的反应速度，烧成温度就可以低一些。但是粉磨得过细又要消耗大量的能量。

生料的粒度通常用 80μm 孔筛筛余表示，称为细度。不同粉磨系统的产品，即使是同样的细度，其粒度组成也不同。

关于生料合适的细度，应该根据易烧性试验和易磨性试验，从工艺和经济两个方面结合所采用的粉磨和烧成系统综合加以确定。在实际生产中，一般控制细度为 8%~16%。

（二）颗粒的粒度特性

物料的粒度特性是粉碎作业的一个重要性质。衡量粒度特性的方法应包括单位颗粒和群体颗粒两个方面。

（1）单体颗粒的粒度表示方法：

1）最大粒径：设想有一个长方体外切于某一块物料，该长方体的长、宽、高表示该颗粒的三维尺寸。其最大边称为最大粒径。

2）用筛孔尺寸表示：设某一颗粒能通过尺寸为 a_{n+1} 的筛孔，而被尺寸为 a_n 的筛孔所阻留（$a_{n+1} > a_n$），则颗粒的粒度为 $a_n \sim a_{n+1}$。

3）颗粒的名义粒径：设某一颗粒的三维尺寸分别为 l、b、$h(l > b > h)$，可用 b 当作其名义粒径。亦可以算术平均值 $\left(\dfrac{l + b + h}{3} \right)$，或几何平均值（$\sqrt[3]{l \cdot b \cdot h}$）作为名义粒径。

（2）群体颗粒的粒度表示方法：

1）粒度组成曲线：将某一颗粒群的粒度组成，在以重量百分数为纵坐标、粒度大小为横坐标的系统上作图，得出的图形称分部粒度组成曲线。

若纵坐标为累计重量百分数，则得出的图形称累计粒度组成曲线。

2）粒度特性公式：不少学者认为，粉碎产品是遵循一定规律的，其粒度组成曲线可用数学式来表达。这种数学式称为粒度特性公式或粒度分布公式。最为典型的是以下两个：

Gates-Gaudin-Schahmann 式，简称 GGS 式：

$$y = 100 \left(\frac{x}{K} \right)^m \qquad (3-4)$$

式中　y——粉碎产品中小于某一粒级 x 的累计重量百分数，%；

　　　K——粒度系数，其物理意义为 100% 小于某粒级的颗粒大小，K 值越大，物料越粗；K 值越小，则物料越细；

　　　m——级配系数，表示粒度分布范围的宽窄程度，m 越大，粒度分布越窄；m 越小，粒度分布越宽。

Rosin-Rammler-Sperling 式，简称为 RRS 式（又称 Rosin-Rammler-Bennet 式，简称为 RRB 式）：

$$R = 100 \cdot e^{-\left(\frac{x}{x_0} \right)^n} \qquad (3-5)$$

式中　R——粉碎产品中某一粒级 x 的累计筛余百分数；

　　　e——自然对数的底；

x_0——特征粒径（或临界粒径），其物理意义为相当于筛余为 $\dfrac{10C}{\mathrm{e}}$ % 时的粒径，x_0 越大，物料越粗；x_0 越小，物料越细；

n——均匀性系数，表示粒度分布范围的宽窄程度，n 越大，粒度分布越窄；n 越小，粒度分布越宽。

以上两个公式中，RRB 式更符合粉碎作业的实际情况，也更为常用。

对于粉碎产品的过粗或过细部分往往 RRB 式也有偏差。实际上，粉碎产品的粒度分布不是简单的连续函数，正如 1957 年 H. H. Heywood 提出的，随着粉碎作业的进行，从一个分布向另一个分布不连续的移动，最终的成品是由许多分布组合而成的。

3）名义粒度。名义粒度有以下几种表示方法：

①细度或筛余。习惯上粉碎产品用某一号筛的筛余百分数表示，称作细度。

②通过量 80% 的粒径，即 D_{80}。相当于细颗粒累计含量为 80% 时的粒度大小。

③平均粒径：可按以下各式计算：

$$\bar{d}_1 = \frac{x_1 d_1 + x_2 d_2 + \cdots + x_n d_n}{x_1 + x_2 + \cdots + x_n} = \frac{\sum (x_i d_i)}{\sum x_i} = \frac{\sum (x_i d_i)}{100} \tag{3-6}$$

$$\bar{d}_2 = (d_1 x_1 + d_2 x_2 + \cdots + d_n x_n) / \sum x_i \tag{3-7}$$

$$\bar{d}_3 = \frac{x_1 + x_2 + \cdots + x_n}{x_1 \dfrac{1}{d_1} + x_2 \dfrac{1}{d_2} + \cdots + x_n \dfrac{1}{d_n}} = \frac{100}{\sum \left(\dfrac{x_i}{d_i} \right)} \tag{3-8}$$

式中　　$\bar{d}_1$ ——算术平均粒径；

$\bar{d}_2$ ——几何平均粒径；

$\bar{d}_3$ ——调和平均粒径；

$d_1, d_2, \cdots, d_n$ ——群体颗粒中每一颗粒范围的平均粒径；

$x_1, x_2, \cdots, x_n$ ——各粒级的重量百分数；

i ——$1 \sim n$ 的正整数。

（三）粉碎能耗理论

粉碎过程是一个物理变化过程。要完成这个过程，必须消耗一定的能量。粉碎能耗理论主要阐述粉碎过程与能耗的关系。

（1）表面积理论。1867 年，P. R. Von Rittinger 提出表面积理论，认为粉碎单位重量物料所消耗的能量正比于物料新生成的表面，即：

$$W = k_1 (s_2 - s_1) = k_1 \left(\frac{k_2}{k_3 r} - \frac{k_2}{k_3 r} \right) = C \left(\frac{1}{d_{\mathrm{m}}} - \frac{1}{D_{\mathrm{m}}} \right) \tag{3-9}$$

式中　　　　W ——粉碎单位重量物料所消耗的能量，J/kg；

d_{m} ——粉碎后物料的平均粒径，m；

D_{m} ——粉碎前物料的平均粒径，m；

s_1 ——粉碎前物料的比表面积，m^2/kg；

s_2 ——粉碎后物料的比表面积，m^2/kg；

k_1，k_2，k_3，C——比例常数，$C = \dfrac{k_1 k_2}{r k_3}$；

　　　　　r——物料的容重，kg/m^3。

以粉碎比 i 表示时，可以表示为

$$W = C\left(\frac{i-1}{D_{\mathrm{m}}}\right) \tag{3-10}$$

式中　i——粉碎比，$i = \dfrac{D_{\mathrm{m}}}{d_{\mathrm{m}}}$。

（2）体积理论。1885 年，F. Kick 提出体积理论，认为相同条件下，能量消耗与被粉碎物料的体积或质量成正比。有两种表示方法：

$$A = \frac{v}{2E} \tag{3-11}$$

或

$$W = r\lg\frac{D_{\mathrm{m}}}{d_{\mathrm{m}}} \tag{3-12}$$

式中　A——粉碎体积为 V 的物体所消耗的能量，J；

　　　　V——变形物体的体积，m^3；

　　　　σ——物体变形时所产生的应力，N/m^2；

　　　　E——物体的弹性模量，N/m^2。

单位重量的物料粉碎前后的总体积不变。设粒度为 D_{m} 的物料每次粉碎的粒度均减小为原来的 $1/2$，则每次消耗的能量均为 W_1。n 次破碎后的产品粒度为 $D_{\mathrm{m}}/2^n$；粉碎比 $i = \dfrac{D_{\mathrm{m}}}{D_{\mathrm{m}}/2^n} = 2^n$，或 $n = \dfrac{\lg i}{\lg 2}$。因此，单位重量物料破碎 n 次消耗的总能量 $W = n \cdot W_1 = \dfrac{\lg i}{\lg 2} W_1 = r\lg\dfrac{D_{\mathrm{m}}}{d_{\mathrm{m}}}$，如式（3-12）所示。此处 $k = \dfrac{w_1}{\lg 2}$。

（3）Bond 第三理论。1955 年，F. C. Bond 提出粉碎第三理论，认为粉碎所消耗的能量与生成颗粒直径的平方根成反比：

$$W = \frac{10W_i}{\sqrt{d_{80}}} - \frac{10W_i}{\sqrt{D_{80}}} \tag{3-13}$$

式中　W——粉碎每短吨（907kg）物料所需能量，$kW \cdot h/st$；

　　　D_{80}——被粉碎物料 80% 通过筛孔的孔径，μm；

　　　d_{80}——产品 80% 通过筛孔的孔径，μm；

　　　W_i——功指数，$D_{80} \to \infty$ 时粉碎至 $d_{80} = 100\mu m$ 时单位重量物料所消耗的功，$kW \cdot h/kg$，按下式计算：

$$W_i = k\left(\frac{1}{\sqrt{100}} - \frac{1}{\sqrt{\infty}}\right) = k \cdot \frac{1}{\sqrt{100}}$$

或

$$k = 10W_i$$

表面积理论只考虑了生成新表面积的能量消耗，对于细磨过程较为接近。体积理论只考虑粉碎变形功，比较近似地反映粗碎过程的能量消耗。这两种理论对粗碎和细磨之间的粉碎过程误差均较大。Bond 第三理论认为物料粉碎开始于产生裂纹。颗粒体积的变形功集中于裂纹附近，由于应力集中，扩展成裂缝；裂缝连成一片，形成新的表面。因此，粉碎能耗同裂缝长度有关，而裂缝长度既与颗粒体积有关，也与颗粒表面积有关，即

$$A \propto \sqrt{V \cdot S} \propto \sqrt{D^3 \cdot D^2} \propto D^{2.5}$$

或

$$W \propto \frac{D^{2.5}}{D^3} = k \cdot D^{-0.5} = k\left(\frac{1}{\sqrt{d_m}} - \frac{1}{\sqrt{D_m}}\right) \tag{3-14}$$

由于 Bond 第三理论较接近于实际粉碎过程，所以被广泛接受。一般通过测定功指数 W_i 来确定不同物料的粉碎功耗。

W. A. Walker 等于 1937 年提出一个普遍公式：

$$dA = -C\frac{dx}{x^a} \tag{3-15}$$

式中 dA——颗粒粒径减小 dx 时所消耗的能；

C, a——常数；

x——颗粒粒径。

将式（3-15）在 D_m 和 d_m 之间积分，即

$$A = \int_{D_m}^{d_m} -C\frac{dx}{x^a} \tag{3-16}$$

当 $a=2$ 时，$A_1 = C_1\left(\frac{1}{d_m} - \frac{1}{D_m}\right)$，即表面积理论；

当 $a=1$ 时，$A_2 = C_2\lg\frac{D_m}{d_m}$，即体积理论；

当 $a=1.5$ 时，$A_3 = C_3\left(\frac{1}{\sqrt{d_m}} - \frac{1}{\sqrt{D_m}}\right)$，即第三理论。

上列三式虽然在一定的作业范围内具有一定的正确性，但实际上粉碎产品的粒度是一个连续过程，各级别粒度需要的能量也有差别。因此，R. J. Charles 于 1957 年将能量公式（3-16）和 GGS 粒度方程式（3-4）结合起来，经过数学推导，得出以下能量粒度公式：

$$E = A \cdot K^{-m} \tag{3-17}$$

式中 E——粉碎物料需要的能量；

A——系数；

K——GGS 式中的粒度系数；

m——GGS 式中的级配系数。

但是，如前所述 RRB 式更符合粉碎作业的实际，也可将式（3-16）和式（3-5）相联系，推导出更为可靠的能量粒度方程式：

$$E = A \cdot x_0^{n''} \tag{3-18}$$

式中 A——系数；

x_0——RRB 式中的特征粒径；

n''——指数；

E——粉碎物料需要的能量。

（四）粉磨动力学

在粉磨过程中，初期粗级别含量高，粉磨速度快。随着粉磨时间的增加，粗级别含量

逐渐减少，粉磨速度变慢。亦即粉磨速度与粗级别含量成正比。1937 年，俄国科学家提出了适用于间歇粉磨的公式：

$$R = R_0 \cdot e^{-k \cdot t} \tag{3-19}$$

式中　　R——粉磨 t 时间后某一粗粒级的累计筛余百分数；

　　　　R_0——粉磨开始时粗级别含量，一般以 100% 计；

　　　　e——自然对数的底；

　　　　k——比例系数；

　　　　t——粉磨时间。

根据实验，式（3-19）修正为

$$R = R_0 \cdot e^{-k \cdot tn''} \tag{3-20}$$

式中　　n''——指数，取决于物料性能和粉磨条件。

式（3-20）是经典的粉磨动力学公式。

在粉磨过程中，处理的不单是某一级别的粗物料，而是由不同粒度组成的全部粒度范围的粗物料，粉磨以后产生的也是一个粒径较小的全部粒度范围的产品。在粒度变小的过程中，不仅需要知道某一粒级的变化，而且更需要知道整个粒级的变化。

为此，1948 年，B. Epstein 引入了以下两个粉碎函数的概念：

（1）单位粉碎速率 S：在粉碎时，某一级别的颗粒按单位重量计算以怎样的速度变小消失。S 又可称为选择函数，其物理意义为某一粒级的颗粒只有一定比例的粒子被选择去粉碎，而余下的部分只是简单地通过，并没有发生粒度减小。

（2）粉碎级配函数 B：某一粒级的颗粒粉碎后落入比原来小的各粒级间隔内的分配比例。

应用这两个基本函数对间歇粉磨可求出粒度质量平衡等式。

在整个粉磨过程中，粒度 i 增加的速率必须等于所有大颗粒产生的粒度 i 的总量减去粒度 i 粉碎成较小颗粒的速率。亦即：

$$\frac{\mathrm{d}}{\mathrm{d}t}[M_i(t)W] = \sum_{\substack{j=1 \\ i \geqslant 1}}^{i-1} b_{ij}\, s_j\, M_j(t)\, W - S_i\, M_i(t)\, W \tag{3-21}$$

或

$$\frac{\mathrm{d}}{\mathrm{d}t}[M_i(t)] = S_i M_i(t) + \sum_{\substack{j=1 \\ i \geqslant 1}}^{i-1} b_{ij} s_j M_j(t) \tag{3-22}$$

式中　　M_i，M_j——粒度 i、j 在总颗粒质量 W 中的重量百分数；

　　　　S_i，s_j——粒度 i、j 的单位粉碎速率；

　　　　b_{ij}——粒度 j 粉碎至粒度 i 的重量百分数；

　　　　t——粉碎时间。

式（3-22）是 L. Bass 于 1954 年首先导出的。这是当代的基本粉磨动力学公式。

（五）被粉碎物料的物理性质

粉碎作业与物料的下列性质直接有关。

（1）强度、硬度、韧性、脆性：

1）强度：强度是指物料抗破坏的阻力，一般用破坏应力表示。随破坏时施力方法的不同，可分成抗压、抗剪、抗弯、抗拉应力等。

物料的破坏应力以抗拉应力为最小，它只有抗压应力的 1/20 ~ 1/30，抗剪应力的 1/15 ~ 1/20，抗弯应力的 1/6 ~ 1/10。

2）硬度：硬度是指物料抗变形的阻力。一般对非金属材料用莫氏硬度表示。以刻痕法测定，分成 10 个等级，金刚石最硬为 10，滑石最软为 1。

3）韧性和脆性：是两个对应的性质，表征物料抗断裂的阻力。脆性好的物料，易于粉碎。

（2）水分和黏结性：物料的表面水分对粉碎有一定影响。若原料水分大而且含有较多泥质，则在干法破碎、粉磨、贮存、运输过程中易于黏结和堵塞。特别是对于粉磨，效率将大大降低，必须进行干燥。

（3）易碎性：易碎性是表示物料破碎难易程度的特性。随试验方法的不同，其值也不一样。常用的一种方法是将一定粒度的物料在试验破碎机中进行破碎，测定产品中 1mm 筛孔的筛余值，以此作为易碎性的指标。筛余值大表示难碎，筛余值小表示易碎。

（4）易磨性：易磨性是表示物料粉磨难易程度的特性。易磨性随试验方法的不同而异。常见的易磨性测定方法有 Hardgrove 法、Tovarov 法、Zeisel 法、Bond 法等。

（5）磨蚀性：物料的磨蚀性是物料对粉碎工具（齿板、板锤、钢球、衬板、衬套等）产生磨损程度的一种性质。通常用粉碎 1t 物料粉碎工具的金属消耗量来表示，单位为 g/t。

物料的磨蚀性虽然与强度、硬度、易碎性、易磨性有关，但没有直接的联系，有时易磨物料的磨蚀性很大。

测定磨蚀性的方法不少，磨蚀性的数值也将随之而变化。

矿石中的石英含量，特别是粗粒石英，对物料的磨蚀性有很大影响。

二、均化的基本概念

为了稳定回转窑的正常热工操作制度，提高熟料质量，增加产量，保证窑系统的长期安全运行，生产对入窑生料成分的均匀性提出了严格的要求。

生料均化过程实际贯穿于生料制备的全过程。一般认为：矿山搭配开采、原料预均化堆场、生料粉磨过程的均化作用和生料调配均化四个环节构成生料均化链。每经过一个环节都会使原料或成品进一步得到均化。各个环节的均化作用不同，均化效果也不一样。原料预均化堆场、干粉煤灰均化库和生料调配槽是均化过程的主要环节，它们占全部均化工程量的 80%。

（一）评价均匀性的指标

一般采用计算合格率的方法来评价原料、半成品、成品的质量与均匀性。合格率的含义是：若干个样品在规定质量标准上下限之内的百分率，称为该一定范围内的合格率。这种计算方法虽然可以反映物料成分的均匀性，但它并不能反映全部样品的波动幅度及其成分分布特性。下面的例子可以说明这一点。

假设有两组石灰石样品，其 $CaCO_3$ 含量介于 90% ~ 94% 的合格率均为 60%，每组 10 个样品的 $CaCO_3$ 含量如下：

第一组　99.5　93.8　94.0　90.2　93.5　86.2　94.0　90.3　98.9　85.4（%）
第二组　94.1　93.9　92.5　93.5　90.2　94.8　90.5　89.5　91.5　89.9（%）

第一组和第二组样品的平均值分别为 92.58% 和 92.03%，两者比较接近，而且合格率也相同（60%），两者的均匀性似乎差别不大。但实际上这两组样品的波动幅度相差很大。第一组中有两个样品的波动幅度都在平均值±7%，即使是合格的样品，其成分不是偏近上限，就是偏近下限。而第二组样品的成分波动就小得多。两者的标准偏差分别为4.68和1.96。显然，用合格率来衡量物料成分均匀性的方法是有较大缺陷的。

根据质量控制和数理统计学原理，在探讨物料均化系统时，引用三个主要的参数——标准偏差 S、变异系数 R 和均化倍数（又称均化效果）H 作为评价物料成分均匀性的指标。

标准偏差是数理统计学中的一个概念，是随着高斯定律的发现而提出的。它应用于烧结法生产氧化铝时可扼要地理解为：

（1）标准偏差是一项表示物料成分（例如 $CaCO_3$、SiO_2 含量）均匀性的指标，其值越小，成分越均匀。

（2）标准偏差和算术平均值一起构成变异系数，可以表示物料成分的相对波动情况。

（3）成分波动于标准偏差范围内的物料，在总量中大约占70%，还有近30%的物料其成分的波动比标准偏差还要大。标准偏差 S 可由下式求得：

$$S = \sqrt{\frac{1}{n-1} \sum_{i=1}^{n} (x_i - \bar{x})^2} \tag{3-23}$$

式中　S——标准偏差；

　　　n——试样总数，一般 n 不应少于 $20 \sim 30$ 个；

　　　x_i——每一个试样的成分，$x_1 \sim x_n$；

　　　$\bar{x}$——各 x_i 的总算术平均值。

$$\bar{x} = \frac{1}{n} \sum_{i=1}^{n} x_i \tag{3-24}$$

$$R = \frac{S}{\bar{x}} \times 100\% \tag{3-25}$$

$$H = \frac{S_1}{S_2} \tag{3-26}$$

式中　R——变异系数；

　　　H——均化效果或均化倍数；

　S_1，S_2——进料和出料，即均化前后的标准偏差值。

变异系数 R 值越小，物料越均匀；均化倍数 H 值越大，均化效果越好。标准偏差的概念，如图 3-12 和图 3-13 所示。

应该指出，当进料成分围绕其平均值的波动符合高斯定律的正态分布时，上述三条简单的理解是正确的，如果进料成分的波动偏离正态分布较远时，由上式求得的标准偏差只能是一个近似值，往往比它的真值偏大。然而，均化过程出料成分的波动基本上接近正态分布，因此计算所得出的出料标准偏差值较接近于其真值。这样求得的均化倍数就会偏大。所以在一定条件下，直接用出料的标准偏差来表示均化作业的好坏，比单纯采用均化倍数表示要切合实际，并且工艺生产的要求也不在于追求表面的"倍数"，而是要控制其出料的标准偏差值，保证其成分的均匀性。

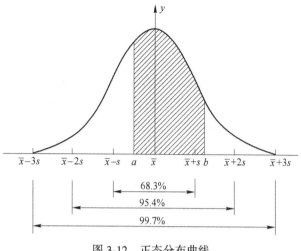

图 3-12　正态分布曲线

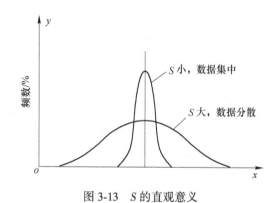

图 3-13　S 的直观意义

（二）生料均化链

前已述及，一个完整的生料均化系统必需包括四个环节，即原料矿山的搭配开采、原料预均化、生料磨的配料控制和入窑生料的调配。这四个环节相互连接而组成一条生料均化链，如图 3-3 所示。设计好生料均化链的技术经济意义主要体现在：第一，可以扩大原料资源，提高资源的综合利用率；第二，确保入窑生料的质量与均匀性，以稳定窑的正常热工制度和操作，便于实现自动控制，提高熟料质量、产量及窑的运转率。

（1）矿山的搭配开采与运输。矿山搭配开采的工作内容包括：生产勘探、爆破采掘设计；爆堆成分分布预测及装运设计；多台段采运搭配；入厂原料成分预测、检验与调节等。国内外大型石灰石矿山的生产实践表明，掌握搭配开采的原则应为：在经济开采和综合利用资源的前提下，在矿石采运过程中尽可能做到进厂原料成分合格和稳定；但大型矿山的搭配开采在整个生料均化链中所负担的均化任务不宜太大，通常为总均化工作量的10%左右。因大型矿山的机械化程度高、设备规格大、能力高、台数少，若过分强调进料矿石成分的均匀性而人为地减小开采设备的规格，增加台数，强化搭配采运，势必使整个矿山开采过程复杂化，增加开采成本，这是不经济的。相反，在一些中小型的矿山中，其搭配开采在整个生料均化链中所负担的均化任务的比重就可适当增大，达 15%~20% 是有可能的，也是经济的。

在矿山开采与运输这个环节上，一般会受矿层赋存情况和开采设计的影响，其矿石原料进厂成分的波动是不可避免的，且具有长周期、低频率、高振幅的特性。搭配开采的任务就是适当地缩短其波动周期和降低其波动振幅。

（2）原料预均化与储存。原料预均化与储存主要由预均化堆场完成。它在生料均化链中主要起两个作用：其一，消除进厂矿石原料成分以天计的长周期波动；其二，显著降低原料成分波动的振幅，缩小其标准偏差。在料堆或堆场的储存期（天数）内，使出料的成分达到一定的均匀性，满足生料磨配料控制的要求。因而预均化堆场出料的成分波动具有周期短、频率高、振幅低的特性。

预均化堆场在生料均化链中担负的任务约占总均化工作量的 35%~40%，其出料 $CaCO_3$ 的标准偏差 S_{B2} 可缩小到 $\pm1\%$~$\pm1.5\%$；或者在进料成分波动较大的情况下，其均化效果 S_{B1}/S_{B2} 可达 7~10，为生料磨提供成分已知而又较均齐的喂料。

生料制备和均化系统如图 3-14 所示。

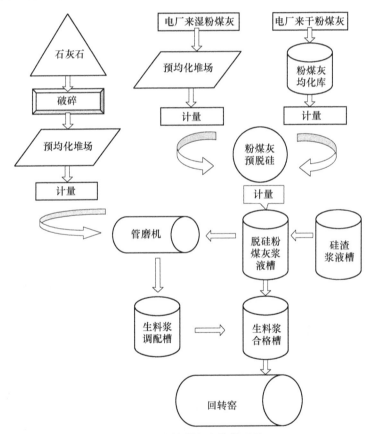

图 3-14　生料制备和均化系统

（3）生料磨配料控制。生料磨在均化链中的主要作用是控制和调节配料。虽然就提高其出料 $CaCO_3$ 含量的均匀性来看，它并没有多大作用，但它可保证出磨生料的平均成分在一定时期内接近目标值，且提高了生料中 SiO_2、Al_2O_3、Fe_2O_3 等其他成分的均匀性。生料磨在均化链中完成的均化工作量约为总量的 0~10%。之所以会有这么大的范围，主要取决于配料控制的措施与水平、重量喂料机的精度和生料粉磨系统的类型。由于生料磨配料控制中的延时性与滞后性，以及其生产调节中的惯性与稳定性的影响，生料磨出料的成分波动具有以小时计的中等周期、中等频率、低振幅的特性。

（4）入窑生料的调配与储存。这是生料均化链的最后一环，它担负着均化总量的40%的任务。生料调配槽的主要功能就是消除出磨生料所带来的成分波动，使入窑生料的均匀性满足入窑要求，且$CaCO_3$标准偏差达到±0.2%以下，保证入窑料成分高度均齐，最终完成整个生料均化链的全部任务。

综上所述，生料均化链中各环节的主要功能可归纳为表3-8。

表 3-8　生料均化链各个环节的均化效果

环节名称	平均均化周期[①]/h	$CaCO_3$ 标准偏差/%		均化效果 S_1/S_2	完成均化工作量比例/%
		出料 S_1	出料 S_2		
矿山	8~168		±2~±10		10~20
预均化	2~8	≤±10	±1~±3	≤10	30~40
生料磨	1~8	±1~±3	±1~±3	1~2	0~10
均化库	0.2~1.0	±1~±3	±0.2~±0.4	≤10	~40

①生料成分的加权平均值达到目标值所需用的时间称为波动周期，各次波动周期的平均值称为平均均化周期。

（三）磨头配料及控制

在对原料进行粉磨之前，需确定原料的品种和各种原料的配合比例，称之为生料配料。生料配料计算主要以熟料化学成分和各项技术指标为依据，然后根据原料化学成分计算各种原料的配合比例。磨头配料控制的目的是使入窑（出磨）生料成分符合目标值的要求，保证生料成分的平均值接近目标值。

生料浆的配料和细磨是烧结法生产的重要工艺环节，不只是对生料成分和料浆水分要求准确和均衡，而且对生料的细度也要求很严格。现在生料浆细度和配料一般选择开路的多仓复式管磨，流程简单，投资较省，操作也较简便。脱硅粉煤灰浆液、石灰石或石灰、硅渣浆液，还有生料加煤等一起按配料比例加入磨内粉碎磨细成生料浆。因为是多仓磨，物料的细磨和混合都比较充分，生料细度较易达到120号筛上残留≤13%的要求，同时达到生料成分的均匀。但是只依靠入磨物料喂料量的控制就想一次达到生料成分的合格，在这样多组分配料的情况下是不可能的。于是，合格生料浆的配制是由料浆的"三段配料"来完成的。第一段是让生料磨出磨料浆进入"A"槽，槽满后取样分析CaO、Na_2O、H_2O及细度。根据"A"槽样分析结果，采取多槽调配（计算）的方法，使混合后的平均成分满足或接近配料要求的CaO、Na_2O、H_2O及细度指标。将料浆配入"B"槽，搅拌均匀后再取样分析生料的SiO_2、Fe_2O_3、Al_2O_3、CaO、Na_2O、水分和细度，并计算出生料的$[Na_2O]/([Al_2O_3]+[Fe_2O_3])$和$[CaO]/[SiO_2]$分子比（配料的分子比可预示烧成熟料后的矿物组成是否与要求指标接近），然后根据"B"槽的分析结果采取倒槽、压平等措施，按计算的合格成分进行调配，送入"K"槽，这时料浆成分要求达到或接近理想的配料分子比和水分、细度指标。最后，在送出料浆时保持数个"K"槽同时送料，以做到进一步搭配调整，使混合送出料浆成分更理想些、更均匀些。

在原料预均化的基础上经过上述三段配料过程应能保证配料的准确、稳定。但经验证明，不做好原料的预均化，只在料浆的调配上花功夫，配料合格率（按熟料单项分子比计）最高极限只能达到 70% 左右，距离优质熟料的完整指标（A/S、N/(A+F)、C/S）的全部合格差距很大。特别应该指出配料 A/S 比若不加控制，也就是说烧结法生产不控制高铝粉煤灰的 A/S 的稳定，将无法保证优质、高产、低消耗地稳定生产，因为，烧结法生产的基础被破坏后将引起生产系统失去平衡。

根据近代大型窑外分解水泥窑的生产经验，生料经过配料，虽是干混配，生料 $CaCO_3$ 的分析结果已能稳定在 ±0.2% 范围内，按 CaO 的分析值来说，生料 CaO 的变化范围也只是 ±0.1%，其严格的程度是可想而知的。这些实践证明，配料成分的准确和稳定对大型窑外分解窑尤为重要，否则它的自动化生产过程就无法运行。

与水泥生产对照，碱石灰烧结法生产配料一般要求为：

$$[Na_2O]/(Al_2O_3 + [Fe_2O_3]) = (K_1 \pm 0.015) \pm 0.01$$
$$[CaO]/[SiO_2] = (K_2 \pm 0.02) \pm 0.02$$

显然规程要求的配料波动范围碱比已放大到 0.05，钙比已放大到 0.08；折算成生料的 Na_2O、CaO，分析值已都超过 1.0%，比水泥的标准放宽了 5 倍多！这就必然对氧化铝生产带来不利影响。因此，配料技术的提高和改进是当务之急。

学习任务五　石灰石、烧成煤及湿粉煤灰的预均化

石灰石、烧成煤及湿粉煤灰预均化作为生料均化链和稳定回转窑操作的一个环节，其重要性正日益得到公认。原料预均化对提高质量、发挥经济和社会效益均具有明显作用。

一、预均化堆场的形式和布置

预均化堆场有矩形和圆形两种。在矩形预均化堆场中，一般设有两个料堆。两个料堆的排列有平行布置和直线布置两种，如图 3-15 所示。

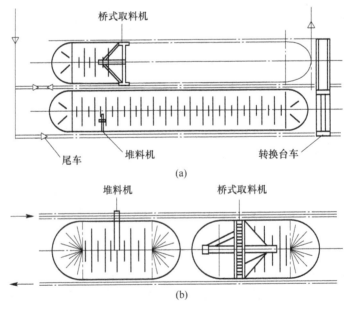

图 3-15　矩形预均化堆场的料堆布置

（a）平行布置；（b）直线布置

　　此外，也有采用长条形预均化库来储存石灰石的，其底部为缝形仓，用叶轮取料机卸料（图 3-16）。适用于储存黏性物料的长条形预均化库则用链斗取料机由库上部取料（图 3-17）。

　　圆形预均化堆场的进料由天桥皮带机送来，经由堆场中心卸到一台径向的回转式堆料皮带机上，形成的料堆为圆环形。圆形预均化堆场的平剖面图分别如图 3-18 和图 3-19 所示。取料则采用桥式刮板取料机，其桥架的一端固定在堆场中心的立柱上，另一端则支承在料堆外围的圆形轨道上。整个桥架以主柱为圆心，按垂直于料层方向的截面进行端面取料，刮板将物料送到堆场底部中心的卸料斗，由地沟皮带机运出。

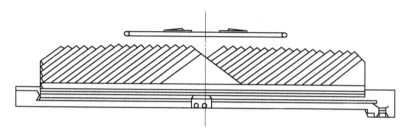

图 3-16　带有叶轮取料机的石灰石预均化库

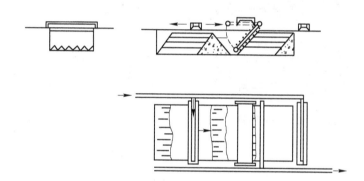

图 3-17　带有桥式链斗取料机的黏土预均化卧库

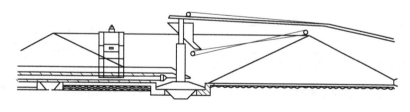

图 3-18　圆形预均化堆场的剖面图

二、各种堆取料方式和堆取料机

　　堆料方式、取料方式和均化效果，三者有着相互联系和互为因果的关系。但是堆料方式作为其中一个先决条件，将首先发挥其影响。根据具体情况选择适宜的堆料方式是预均化堆场设计中的一项主要内容。现今采用的堆料方式主要有人字形、波浪形、水平层、倾斜层和圆锥形五种类型，分别如图 3-20 ～图 3-24 所示。圆形预均化堆场的人字形连续堆料法如图 3-25 所示。

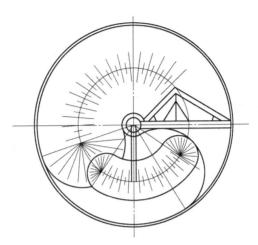

图 3-19　圆形预均化堆场的平面图（2/3 容量用于取料，1/3 容量用于堆料）

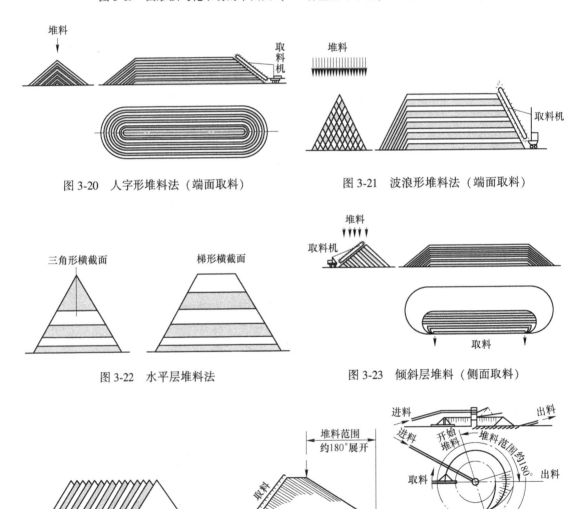

图 3-20　人字形堆料法（端面取料）　　　　图 3-21　波浪形堆料法（端面取料）

图 3-22　水平层堆料法　　　　图 3-23　倾斜层堆料（侧面取料）

图 3-24　圆锥形堆料法　　　　图 3-25　圆形堆场人字形连续堆料法

取料方式有端面、侧面和底部三种类型。端面取料方式的示意，见图 3-20 和图 3-21。端面取料宜与人字形、波浪形或水平层堆料方式相配合，可以获得较满意的均化效果。侧面取料方式见图 3-23。它适合与倾斜层堆料法相配合。总而言之，侧面取料的均化效果较端面取料的差，仅适用于要求不高的预均化作业。底部取料的叶轮式取料机的工作示意见图 3-26。它在结构上仅适用于带有缝形仓的长条形预均化库，而且只有与圆锥形堆料法相配合时，才有一定的预均化作用。

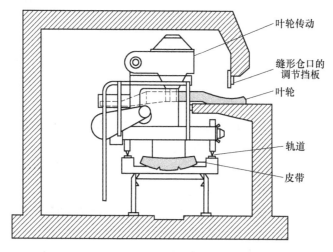

图 3-26　底部取料——缝形仓和叶轮式取料机

为了完成各种堆料方式，出现了各种形式的堆料机，常用的有悬臂皮带堆料机、天桥皮带堆料机、桥式皮带堆料机、回转式皮带堆料机和耙式堆料机。取料机则有桥式、耙式和叶轮式三大类型。桥式取料机为端面取料，耙式为侧面取料，叶轮式为底部取料。常用的桥式取料机又有桥式斗轮、桥式圆筒、桥式刮板、桥式圆盘和桥式链斗 5 种形式。各种取料机的比较见表 3-9。

表 3-9　各种取料机的比较与适用情况

比较内容	桥　式					叶轮式	耙式
	刮板	圆盘	斗轮	圆筒	链斗		
均化效果	√	√	△	√	△	×	×
设备价格（低廉）	△	△	△	×	×	√	△
动力消耗（少）	×	△	△	△	×	√	√
处理黏性物料	△	△	△	△	√	×	√
室内外均可作业	△	△	△	△	×	×	△
设备磨损（少）	×	△	△	△	△	△	△
土建工程（少）	△	△	△	△	×	×	△
取料能力可设计很大	△	△	√	√	×	×	△
占地面积（少）	△	△	△	△	△	△	△

注：√表示最佳或最适应；△表示较佳或较适应；×表示不行、不佳或不适应。

学习任务六　干粉煤灰的均化库均化

一、均化库的操作方式

在生产过程中对均化库的要求是在满足储存需要的条件下，充分利用恰当的进出料方式，采用各种充气搅拌措施，使物料达到高度均化的目的。也就是说，在储存过程中同时完成均化作业。追求的目标是均化用压缩空气量最少，单位电耗最小，库内充气装置简单，库的土建结构合理、造价低，操作维护简便，故障少，安全可靠，还要均化效果好。

均化库的操作方式有间歇式与连续式两种。间歇式是按批量操作方法，将一个库基本装满以后，再充入压缩空气，透过库底充气箱上面的陶瓷多孔板或织物透气层，使空气吸附于物料颗粒表面，库内物料呈流态化状态，实现均化作业。间歇式操作方法的三个步骤是进料—充气搅拌—卸料，是逐步单独进行的，完成一项后再进行下面一项，是一库一库进行的。这就意味着其库容利用率较低，需要较多的空载容量，均化搅拌的单位耗气量大，单位电耗较高。但是，其均化效果有保证，可以用较长时间实现充分搅拌。值得注意的是，并非充气搅拌时间越长，库内生料成分就越均匀。因为当生料充分流态化后，随着时间的延长，物料颗粒按其大小、形状、容重或密度的差异而发生离析的现象将逐渐明显，其效果将是适得其反，破坏了均化进程。

所谓连续式操作，就是在同一个均化库内进料和出料是同时进行的，而且在出料的过程中同时完成均化作业。其优点是：均化与卸料合二为一，单位气耗和电耗很低，库容利用率高，甚至可以采用单库方案（一条生产线选用一个库）节省投资。

二、各种形式的均化库

充气搅拌生料库的发展与应用已有近 80 年的历史，形式繁多，不赘述。现今国内外著名公司开发的几种最常用的均化库有以下几种。

（一）八分法均化库

美国 Fuller 公司的八分法均化库是在总结了该公司首创的 1/4 充气搅拌法经验的基础上发展而来的，如图 3-27 所示。库底呈平面，分为 8 个扇形区，一个区通入较多的压缩空气，压力约 200kPa，另 7 个区则通入少量的空气，使物料"活化"。前者是搅拌风或强风，后者则是活化风或弱风，形成库内各部位物料容重差而形成轴向和径向的混合，达到均化目的。

这种库可以间歇或连续操作。要求均化效果高达 15 时，则需用双层库，其上部为间歇式搅拌库，下部为储存库——只有充气卸料，没有均化作用。反之，均化效果要求较低时，搅拌库也可以连续操作，通过溢流或重力向储存库供料。所以采用 Fuller 八分法均化库时，无论它是间歇式或连续式操作，都必须配备储存库。因为这种均化库内的充气搅拌比较激烈，耗气量也较大，对于一个大容量的库，这样做显然是不经济的。确切地讲，这种搅拌库主要适宜于间歇式操作。Fuller 八分法均化库的底部形状及其充气箱的布置都很简单，便于施工，投资较省。应该指出，随着近年来技术的发展，Fuller 八分法均化库的采用正日趋减少。但是作为充气均化技术的先驱之一，这里还是应该提及它的。

（二）多股流式库（MF 库）

德国 Polysius 公司开发的多股流式库是一种连续式均化库，可以单库操作，也可以双库并联操作，如图 3-28 所示。这种库底基本布满了充气斜槽，根据库径大小共设有 16~

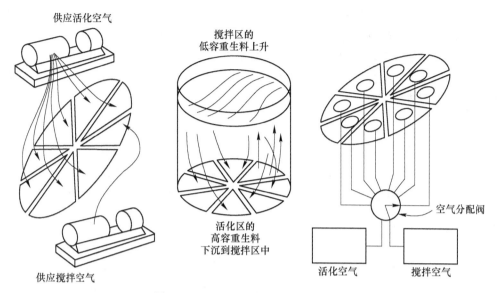

图 3-27　Fuller 1/8 充气法均化库示意

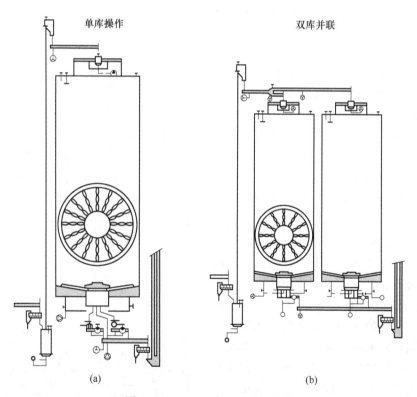

图 3-28　Polysius 多股流式均化库

32 条，都向库中心倾斜（图 3-29）。库底分成 10~16 个区，每相对的两个区联成一组，用 50kPa 压缩空气，以 3~6min 时间，按顺序向每组斜槽充气。这样在相对的两个区的上部物料中形成许多小漏斗，借助重力进行轴向混合，同时依靠相邻两区生料的容重差实现部分的径向混合。卸出的物料集中于库底的一个中心室内。该室容积较小，始终不断地充气，使库内各处汇集到这里的物料得到充分搅拌。这种库的卸料与均化是基本合一的，均化的单位电耗很低。正常情况下，单库操作的均化效果为 5～7，双库并联时可达 7～10。这种库的结构除中心室顶盖的进料口以外，其他部分都较简单，有关的充气程序与管路也不复杂，便于调节控制。

图 3-29　MF 库的库底卸料斜槽布置

（三）控制流均化库（CF 库）

丹麦 FLS 公司的控制流均化库（CF 库）是一种连续式均化库。其进料方式较简单，在库中心单点进料，库底分为 7 个充气卸料区。每个区由 6 个三角形充气箱组成，共有42 个三角形充气区。每个卸料区中心有一个卸料孔，由常用的卸料锥覆盖着，避免物料由此短路，如图 3-30 所示。每个卸料孔下部都有卸料阀和空气输送斜槽，将各个孔卸出的物料送到库底中央的一个小混合室内。物料在 CF 库内依靠充气和重力卸料，实现轴向和径向混合，物料到了库外的混合室后，再用空气连续搅拌使之充分均化。库底 42个三角形充气区的气流量和充气时间的控制是由微机按预定的程序来进行的。通常保持有 3 个卸料区同时出料。42 个平行的漏斗料柱在不同流量的条件下卸料，以求得每个漏斗在进行各料层轴向重力混合的同时，实现最佳的径向混合。这就是所谓控制流的设计构思，亦即设法控制各区的不同卸料速度，利用该速度差实现更有效的均化（图 3-31）。CF 库库底的分区是块状而非扇形，又同时

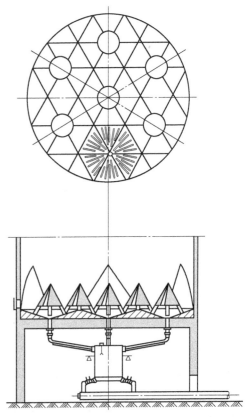

图 3-30　FLS 控制流（CF）均化库及其库底布置

有 3/7 的区域按不同的速度向下卸料，其总的充气搅拌程度比 MF 库强烈，均化的单位电耗略高，单库的均化效果可达 9~10。但其库底结构和充气箱形式与布置较复杂，库外的斜槽、小混合室设备较多，占空间也较多，加之管路与充气控制装置也较繁，操作维护不当时往往难以达到预期效果。

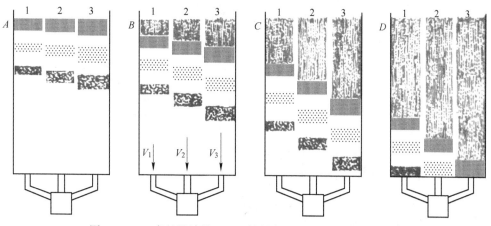

图 3-31　CF 库的设计构思——控制各区生料具有不同的流速

（四）混合室均化库

德国 Claudius Peters 公司的均化库统称为混合室均化库，有锥形混合室均化库和圆柱形混合室均化库两种（图 3-32、图 3-33），均为连续式操作。这种库在 20 世纪 70 年代比较盛行，其设计思想是在大库里面建一个混合室，将大库内各处的生料卸到混合室内进行充分搅拌后再出库。混合室是连续充气的，库底的圆环带也分成若干区，卸料时轮流向每一个区充气，使这部分的物料流向混合室。在自上而下的流动过程中，切割水平料层产生轴向重力混合作用，进入混合室后再得到进一步均化。库顶进料是 6~8 点的均布式，使库内料层大致呈水平。锥形混合室均化库，其单、双库运行时的均化效果分别为 5 和 8。

圆柱形混合室均化库的混合室容积比圆锥形的大一倍，其中充气搅拌更易加强，均化效果可提高到 10，同时单位电耗也有所增加。

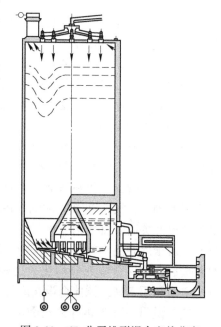

图 3-32　CP 公司锥形混合室均化库

这种库的混合室配有较强的充气设备与装置，以适应较差的工作条件，例如进料的波动频率低、振幅大时，可以加强混合室的充气搅拌来补救。相反，如果进料条件较好时，则可减少混合室内的充气，单位电耗也会相应下降。以上是对圆柱形混合室而言的，锥形混合室因其容积太小，物料停留时间有限，尽管加大搅拌风量也难以补救。

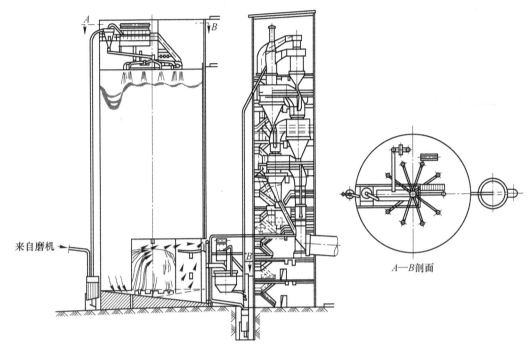

图 3-33　CP 公司圆柱形混合室均化库

　　这种库的土建结构比较复杂，大库里面套一混合室，施工难度较大。混合室内的设施如有故障，无法及时处理，只有等到一年一度的清库时才能修理，而且混合室中往往残留很多物料难以清除干净，维修困难。然而混合室均化作业的好坏却在较大程度上决定了这种库的均化效果，这种库随着使用时间的延长其均化功能也随之下降。当然，这种情况在其他形式的均化库上也有发生，但是远不像混合室均化库这样明显和严重。

　　（五）中心锥形均化库

　　德国 Ibau 公司的中心锥均化库（图 3-34）是近 10 年来最新开发的一种连续式物料均化库。在库底中心建有一个用混凝土预制板组成的大圆锥，通过该锥体将库内物料的重量均匀地传给库壁，再传到基础。库的力学结构合理，造价较省。库底内部的空间则形成一个环形的倒锥，故这种库俗称倒锥库。库内环形底部分成 6~8 区，每区有一个卸料口，通过快速开关阀、流量调节阀和空气斜槽将各区生料汇集于一个搅拌仓中。各区轮流吹气卸料，由于库底倒锥的形状，特别有利于漏斗流的形成以及生料的轴向与径向混合。各区物料最后在搅拌仓中充分均化。这种库均化单位电耗最低，均化效果可达 8，相对造价低，空间利用率高，搅拌仓设在库外，便于检修，环形倒锥的均化特征显著。

　　应该说明，虽然 Ibau 公司倒锥库的土建造价较省，但其库底外部的设备较多，其总投资除可能低于 CF 库以外，将略高于 MF 库和混合室库。

　　学习任务七　在产"利用高铝粉煤灰预脱硅+碱石灰烧结法生产氧化铝"生料浆制备生产情况简述

　　一、工艺原理

　　首先，依据脱硅粉煤灰和碳母硅渣浆液的成分，按照脱硅粉煤灰浆液的指标要求，生

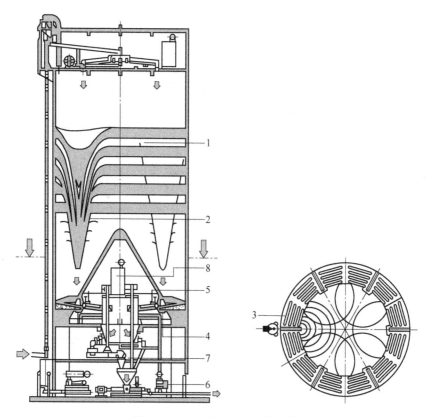

图 3-34　Ibau 公司中心锥均化库

1—料层；2—漏斗流；3—充气区；4—阀门；5—流量阀；6—回转空压机；7—搅拌仓；8—收尘器

产出满足要求的脱硅粉煤灰浆液；其次，依据脱硅粉煤灰浆液、石灰石、无烟煤（或焦炭、兰炭）等原料的成分，按照出磨生料浆的指标要求，生产出满足要求的生料浆；最后，按照合格生料浆的指标要求，将不同成分的生料浆调配为合格生料浆。

二、工艺流程及描述

（一）原料输送工艺描述

石灰石、无烟煤（或焦炭、兰炭）等原料通过胶带输送机（或其他可输送块状物料的输送设备）送至生料浆磨制原料仓内。

（二）生料浆磨制工艺描述

如图 3-35 所示，蒸发（或经一二段脱硅）工序将碳分蒸发循环母液（碳母硅渣浆液）输送至生料浆制备工序碳分母液槽（碳母硅渣液槽），再经碳分母液调配泵（碳母硅渣浆液泵）送至脱硅粉煤灰分离洗涤工序，用于预脱硅粉煤灰浆液的制备。

来自脱硅粉煤灰分离洗涤工序的脱硅粉煤灰和碳分蒸发循环母液（碳母硅渣浆液）按照一定比例混合后，进入脱硅粉煤灰化浆槽，用泵送至脱硅粉煤灰浆液槽，再经脱硅粉煤灰浆液泵将混合浆液输送至生料浆磨制管磨机进行配料。

生料浆磨制原料仓内的石灰石、无烟煤（或焦炭、兰炭）等原料经电子配料皮带秤计量后送入管磨机，各种物料在管磨机内经粉碎、细磨，制备成生料浆，经磨机出口回转筛过滤后进入缓冲槽，再用缓冲泵输送至生料浆调配槽进行合格料浆制备。

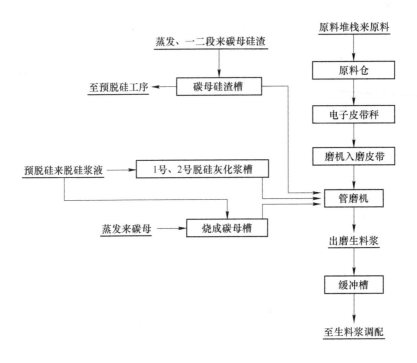

图 3-35　生料浆磨制工艺流程图

（三）生料浆调配工艺描述

经管磨机磨制的生料浆通过缓冲泵输送至 A 槽调配槽，对 A 槽调配槽的料浆做全分析，根据料浆的化验分析数据，进行计算，由 A 槽调配槽经调配泵输送至 B 槽调配槽混合，再对 B 槽调配槽的料浆做全分析，根据化验分析的数据，再进行计算、调配后倒入合格料浆槽，调配出的合格料浆送至回转窑进入熟料烧成工序。

三、各物料技术指标控制要求

（一）脱硅粉煤灰技术指标要求

铝硅比（A/S）：1.90~2.05；

附碱：≤5.4%；

附水：≤48%。

（二）碳母硅渣浆液技术指标要求

全碱（N_T）：≥230g/L；

有效碱：≥190g/L。

（三）脱硅粉煤灰浆液技术指标要求

碱比（[N]/（[A]+[F]））：0.95~1.10；

水分：≤56%。

（四）石灰石技术指标要求

粒度：≤25mm；

氧化钙（CaO）含量：≥50%；

二氧化硅（SiO_2）含量：≤2.0%；

氧化镁（MgO）含量：≤2.0%；

粉末杂质含量：≤1.0%。

（五）合格生料浆技术指标要求

细度：+120号≤18%；

熟料碱比（$[N]/([A]+[F])$）：0.96±0.03；

熟料钙比（$[C]/[S]$）：1.95±0.03；

水分：≤43%；

固定碳含量：1.5%～2.0%；

铝硅比（A/S）：≥1.70。

四、配料指标

（一）碱比（$[N]/([A]+[F])$）

碱比是指生料浆中氧化钠的物质的量与氧化铝的物质的量和氧化铁的物质的量之和的比值。

$$碱比 = [N]/([A]+[F]) + K_1 = [N]/[R] + K_1$$

式中　　$[N]$——生料浆中 Na_2O 的物质的量，mol；

　　　　$[A]$——生料浆中 Al_2O_3 的物质的量，mol；

　　　　$[F]$——生料浆中 Fe_2O_3 的物质的量，mol；

　　　　$[R]$——生料浆中 Al_2O_3 和 Fe_2O_3 的物质的量之和，mol；

　　　　K_1——煤的灰分中氧化铝、氧化铁及其他因素对碱比的校正值。

（二）钙比（$[C]/[S]$）

钙比是指生料浆中氧化钙的物质的量与氧化硅的物质的量之比。

$$钙比 = [C]/[S] + K_2$$

式中　　$[C]$——生料浆中 CaO 的物质的量，mol；

　　　　$[S]$——生料浆中 SiO_2 的物质的量，mol；

　　　　K_2——煤的灰分中氧化硅及其他因素对碱比的校正值。

（三）铝硅比（A/S）

铝硅比是指生料浆中氧化铝与氧化硅的质量比。

$$铝硅比 = A/S$$

式中　　A——生料浆中 Al_2O_3 的质量分数，%；

　　　　S——生料浆中 SiO_2 的质量分数，%。

（四）固定碳含量

固定碳含量是指生料浆中干料含有固定碳的百分数，是由配料过程所加入的无烟煤（或焦炭、兰炭）所得到的。

生产上把按化学反应所需理论量计算出的碱比和钙比进行配料的配方，习惯地称为饱和配方或正碱正钙配方。此时，碱比等于1.0；钙比等于2.0。

生产上把不饱和配方进行配料的配方统称为非饱和配方。非饱和配方中，$[N]/([A]+[F]) < 1.0$ 的配方叫作低碱配方；$[C]/[S] > 2.0$ 的配方叫作高钙配方；$[C]/[S] < 2.0$ 的配方叫作低钙配方。

五、主要设备介绍及工作原理

（一）胶带输送机

胶带输送机主要用于无烟煤、石灰石等物料的输送。

（1）设备介绍。由驱动装置、拉紧装置、输送带中部构架和托辊组成的牵引和承载构件，用于连续输送散碎物料。

（2）工作原理。由表面光滑并且有一定强度的橡胶带黏结成封闭状，装在主动轮和被动轮、若干个上下托辊和挡轮组成的机架上，电机启动后经减速机齿箱带动主动轮回转，主动轮和橡胶带之间产生摩擦使胶带在支架上转动，将物料从进料端运送到出料端。

（二）配料电子皮带秤

配料电子皮带秤主要用于无烟煤、石灰石等物料的称重计量。

（1）设备介绍。配料电子皮带秤系统主要包括秤架（包括安装支架）、称重传感器、速度传感器、手动挂码校验装置、防跑偏措施、头部刮板、内清扫、拉紧装置、配料秤的密封罩、支撑架、胶带、托辊、滚筒、结构件（卸料端带有衬板的卸料漏斗、拖料端带拖料漏斗及手动调节门等）、变频调速电机、接线盒及连接电缆（称重传感器之间）、通信连接设施（称重给料机系统）、数字显示表、标定及调校设施、成套仪表盘等。

（2）工作原理。定量给料机将经过皮带上的物料，通过称重秤架下的称重传感器进行检测重量，以确定皮带上的物料重量；装在尾部滚筒或旋转设备上的数字式测速传感器，连续测量给料速度，该速度传感器的脉冲输出正比于皮带速度；速度信号与重量信号一起送入皮带给料机控制器，产生并显示累计量/瞬时流量。给料控制器将该流量与设定流量进行比较，由控制器输出信号控制变频器调速，实现定量给料的要求。

（三）管磨机

管磨机用于生料浆的磨制。

（1）设备介绍。管磨机主要由进料装置、支承装置、回转部分、出料装置、传动装置、研磨体等组成。

（2）工作原理。磨机转动时使研磨体随之转动，研磨体一方面由于磨机带动顺磨机筒壁向上移动，同时研磨体自己也顺磨机运转方向自转。当研磨体转到磨机筒体上半部时，如果研磨体的惯性离心力小于研磨体的重力，研磨体以抛物线轨迹下落撞击物料使之粉碎，并且研磨体在向上转动时也研磨物料。物料在受到冲击和研磨作用下达到粉磨目的。

（四）回转筛

回转筛用于出磨料浆中颗粒物的筛除。

（1）设备介绍。主要由筛网、轴、电机等组成。

（2）工作原理。带螺旋叶片的筛网在电机的带动下以一定转速转动，料浆从回转筛低端进入，小于 $\phi 8mm$ 的物料通过筛网进入溜槽，大于 $\phi 8mm$ 杂质等随着螺旋叶片到达回转筛高端，随之从排渣口排出到废料箱。

（五）离心浆液（溶液）泵

离心泵主要用于碳分蒸发母液、碳母硅渣浆液、脱硅粉煤灰浆液、生料浆等物料的输送。

（1）设备介绍。主要由叶轮、轴、泵壳、轴封等组成。

（2）工作原理。当电动机带动泵轴和叶轮旋转时，液体一方面随叶轮做圆周运动，一方面在离心力的作用下自叶轮中心向外圆抛出，液体从叶轮获得了压力能和速度能。当液体流经蜗壳到排液口时，部分速度能将转变为静压力能，在液体自叶轮抛出时，压力中心部分造成低压区，与吸入液面的压力形成压力差，于是液体不断地吸入，且以一定的压力排出。

六、设备操作规程

（1）胶带输送机操作规程：

1）开车前的检查：

①各润滑点油质、油量正常；

②各安全设施齐全牢固，符合安全要求；

③地脚螺栓及各零件齐全牢固；

④仪器、仪表齐全完好；

⑤排除影响设备运转的障碍物，并通知设备周围的工作人员离开设备；

⑥若设备检修，检修后的设备一定要将工作票收回后才能启动；

⑦开车按照《电气绝缘规定》执行；

⑧若设备已停电，填送电联系单送电；

⑨电机空载试车转动方向正确；

⑩检查皮带拉线开关、急停开关是否复位；

⑪检查皮带周围是否有人或障碍物；

⑫启动必须一人现场监护。

2）开车：

①检查完毕后，启动胶带输送机；

②胶带输送机开始下料后，观测胶带输送机运行是否平稳。

3）运行中的检查：

①观测皮带布料是否均匀；

②检查皮带机头、机尾是否漏料；

③皮带有无跑偏现象；

④检查托辊转动情况；

⑤检查电机温度是否正常。

4）停车：

①待确认停运设备后，方可进行停车操作；

②停车时必须一人现场监护；

③停止下料；

④清理胶带输送机周围洒落的物料；

⑤检查完毕后，停止胶带输送机运行；

⑥清扫皮带及其设备卫生；

⑦需断开电源，填停电联系单，断开设备电源。

（2）配料电子皮带秤操作规程：

1）开车前的准备：

①若设备检修，确认工作票收回或押回；

②开车按照《电气绝缘规定》执行;

③检查驱动滚筒、导向滚筒、驱动装置的防护栏是否安全可靠;

④检查电子皮带秤周围有无杂物,并及时清理,保持设备清洁;

⑤检查各下料口是否正常,各紧固件是否齐全紧固,检查各润滑点并确认油质、油量正常。

2) 开车:

①当管磨机入磨皮带正常启动后方可启动;

②启动配料电子皮带秤;

③配料电子皮带秤空试正常后,打开棒条闸阀下料;

④按照生产要求调整下料量。

3) 运行中的检查:

①检查电子皮带秤运行情况,电机、减速器、滚筒轴承温度变化等各部运转情况,发现电机及减速箱被物料掩埋、机械有异声、电机温度超过80℃,立即停机处理;

②运行中出现胶带跑偏现象时,应及时调整,以免磨损胶带边缘和增加电机负荷;

③检查皮带两侧漏料情况,漏料严重时应停下处理;

④检查皮带秤上是否有大块物料或杂物。

4) 停车:

①接到停机通知后,关闭料仓下部下料棒条闸阀;

②待输送带上无料时方可停配料电子皮带秤;

③停止配料电子皮带秤运行。

(3) 离心浆液(溶液)泵操作规程:

1) 开车前的准备工作:

①接到值班员开车通知,确认工艺、设备检修完成,检修人员撤离现场,工作票是否收回或押票(检修后的设备有此项,未检修的设备无此项);

②停车24h的电机需检测绝缘一次,绝缘合格;

③检查流程并确认流程正确;

④检查出料槽液位情况;

⑤泵盘车两周以上无卡塞现象;

⑥检查泵机封冷却水水量、水质正常;

⑦检查各润滑点并确认油质、油量正常;

⑧检查落实安全防护罩完好;

⑨检查各连接部位螺栓,松的要紧固,缺的要补上;

⑩检查急停开关情况并落实复位;

⑪空车试机确认泵的运转正常、转向正确后,停机,汇报主控值班员执行开车程序。

2) 开车:

①关闭泵的放料阀,打开机械密封冷却水阀(冬季无此项操作);

②微开泵进料阀,缓慢打开放料阀确认进口管来料正常后关闭放料阀;打开进料阀向泵腔供料;

③现场人员汇报主控值班员申请启泵;

④主控值班员接到现场开车申请后开始启泵，变频泵变频器调节至 12～16Hz；非变频泵直接启泵；

⑤变频泵用变频器将流量调整至生产需要值；非变频泵用出口阀门将流量调整至生产需要值；

⑥检查确认设备启动时地脚螺栓、电流、振动、声音是否正常；

⑦如有异常，立即汇报值班员，采取相关措施进行解决；

⑧如无异常，操作结束，汇报值班员，做好记录。

3）运行中的检查：

①检查是否有滴漏现象；

②检查各润滑点润滑情况；

③检查泵的运行声音是否正常；

④检查地脚螺栓是否松动；

⑤检查轴承温度，夏季不大于70℃，冬季不大于60℃；

⑥检查机械密封泵冷却水回水是否带料；

⑦检查电机温度不高于80℃；

⑧检查电机运行电流，不得超过额定值；

⑨检查放料阀放料是否正常；

⑩检查出料槽槽位是否正常；

⑪确认泵出口流量是否正常。

4）停车：

①接到值班员命令后，方可进行停车操作；

②将变频泵变频器转速缓慢调到 12～16Hz 后停电机；非变频泵直接停电机；

③待管道内浆液压回槽内、泵静止后，关闭泵的入口阀；非变频泵同时要将出口阀门关闭；

④有冲洗水流程的，打开冲洗水阀门，重新启泵，冲洗管道 5～10min 后关闭冲洗水阀门，停泵；

⑤打开泵的放料阀进行放料；

⑥管道物料放完后，反盘泵几周倒回泵腔余料；

⑦关闭机械密封冷却水阀（冬季无此项操作）；

⑧操作结束，汇报值班员，做好记录。

（4）管磨机操作规程：

1）开车前的准备工作：

①确认工作票收回或押回；

②开车按照《电气绝缘规定》执行；

③检查管磨机润滑油站、减速机的油质、油位是否良好，冷却水是否畅通，联轴器连接是否完好，防护罩是否齐全，地脚螺栓及各部螺钉紧固无松动现象；

④检查仪器、仪表齐全可靠，各阀门灵活好用；

⑤润滑油站油温低于20℃时，送电加热，保持油温 20～30℃；

⑥进出料口有无堵塞现象；

⑦检查磨机衬板紧固螺栓有无松动或脱落；

⑧检查磨机各仓磨门，确保磨门螺栓紧固；

⑨检查磨机周围，确保无障碍物或人；

⑩磨机前后流程具备启动条件。

2）启动：

①检查完毕后，现场有人监护启动；

②启动磨头、磨尾油站，就地启动减速机油泵，并观察油压是否正常；

③待发出允许启动主机信号，连接辅传电机传动装置，进行盘磨；

④辅助电机盘磨 2~3 圈，无异常后停止辅传电机，启动主电机。

3）运行中的巡查：

①目测细度、水分是否符合要求；

②油站、减速机润滑油压力、温度是否正常；

③检查磨机前、后轴瓦温度，电机三相绕组温度是否正常；

④检查管磨机前、后轴瓦油膜是否良好；

⑤检查各冷却水水质、水量是否正常；

⑥检查磨机电流是否波动，不得超过额定电流；

⑦各连接螺栓、衬板螺栓有无松动及脱落；

⑧检查下料口不得有积料；

⑨检查轴承润滑是否良好、是否振动以及主轴承、电机、减速机的温升情况；

⑩检查磨机大小齿轮齿面润滑情况、啮合情况是否良好。

4）停车：

①接到停车指令后，停止下料；

②停送脱硅灰浆液，送热水，打开热水阀门冲洗磨机，观察磨机出口；

③联系主控室停管磨机；

④主控点动预停磨，待允许停止信号发出后，停管磨机主电机；

⑤待磨机完全停下后 15min，停磨头、尾油站润滑油站；

⑥停冷却水系统（冬天需要吹干或者是保持常开）；

⑦下列情况可紧急停磨机：

a. 空心轴轴瓦的润滑或冷却水系统发生故障，使轴瓦温度超过 65℃并继续上升时；

b. 磨机内机件脱落或破裂时；

c. 隔仓板、出料算筛孔堵塞严重而影响生产时；

d. 减速机发生异常振动或噪声时；

e. 主电机轴承温度超过 65℃时；

f. 磨机筒体螺栓脱落，漏料严重影响生产时；

g. 主轴承振动振幅超过 0.1mm；

h. 润滑油站油温超过 55℃时；

i. 减速机油压低于 $0.8×10^5$ Pa 时；

j. 减速机油温超过 55℃时。

5）慢转磨机。如管磨机因检修、清理等各种原因需要慢转时执行如下操作：

①首先向主控室汇报因何原因需启动磨机，在得到主控室许可后方可启动；

②按照1）做启动前检查工作；

③检查完毕后，将控制柜打到【中控】，现场有人监护启动；

④通知主控室，远方启动磨头、磨尾油站，就地启动减速机油泵，并观察油压是否正常；

⑤岗位就地点动满转按钮，转到位后再次点动转按钮停车；

⑥待磨机完全停下后15min，停磨头、尾油站润滑油站。

（5）生料浆磨制系统操作规程：

1）开车前的准备工作：

①按照各单体设备启动前检查要求，对系统各设备进行检查，确认各设备具备启动条件；

②检查系统流程是否符合生产要求；

③回转筛润滑是否良好，筛面有无积料卡塞，进、出料口是否畅通；

④做好上下岗位之间联系工作。

2）启动：

①启动相对应的配料收尘系统；

②启动磨机出口回转筛；

③按照管磨机操作规程，启动管磨机；

④启动脱硅浆液泵、入磨皮带、石灰石皮带秤、无烟煤皮带秤送脱硅灰浆液、石灰石、烟煤；

⑤当缓冲槽达到规定液位后启动搅拌，且有一定液位后联系下工序启动缓冲泵送料；

⑥视情况启动污水系统；

⑦视各料仓情况，启胶带输送机运物料入仓。

3）运行中的巡查：

①按照系统各设备运行中检查要求，对系统各设备进行巡检；

②当料浆磨制系统正常后，按照规定时间检测料浆水分、细度，若超标及时调整；

③及时了解料浆调配系统的指标信息（[N/R]、[C/S]、A/S、水分、细度），调整管磨机下料量确保生料浆各项指标在正常范围内。

4）停车：

①接到停车指令后，关掉各物料仓出料阀；

②待余料走完后停配料电子皮带秤、入磨皮带及除尘系统；

③停脱硅浆液泵；

④打开热水冲洗入磨管道1~2min；如果计划长期停磨或入磨检修，则需用水涮磨10min，之后通知停热水；

⑤停管磨机；

⑥停磨机润滑油站；

⑦停冷却水系统（冬季需要吹干或者是保持长流水）；

⑧停磨5min后停回转筛；

⑨待缓冲槽料浆送完后停缓冲泵系统，视情况停污水系统。

（6）调配槽操作规程：

1）开车前的准备工作：

①倒好流程，确保各阀门灵活、好用；

②开车按照《电气绝缘规定》执行；

③检查调配槽搅拌机减速箱内的油质、油量是否符合要求；

④检查仪器、仪表齐全可靠；

⑤检查料浆槽各阀门是否关闭；

⑥检查各连接部位螺栓是否齐全、紧固；

⑦若设备检修，检修后的设备一定要将工作票收回后才能启动。

2）开车：

①接进料通知后，按要求确认进料流程，观察液位上升情况；

②待液位上升至 1.5m 时，启动搅拌，待运转正常方能离开；

③当液位上升至 18m 时，汇报值班员准备倒槽；

④接到出料通知，按指令检查出料流程；

⑤确认无问题后，打开料浆槽出料阀门。

3）运行中的检查：

①开车后检查搅拌运行情况有无杂音和振动等异常现象；

②检查搅拌电流情况。

4）停车：

①接到停运调配槽搅拌的命令；

②待确认停运设备后，方可进行停车操作；

③根据情况，进行倒槽；

④主控室根据液位，及时通知停搅拌；

⑤停车时必须一人现场监护，主控室操作停车；

⑥设备处于远程控制，远程停调配槽搅拌。

七、管磨机常见工艺事故及处理方法

管磨机常见工艺事故及处理方法见表 3-10。

表 3-10　管磨机工艺事故及处理方法

故障现象	故障原因	处理方法
磨机筒体响声过小	磨内液固比过小	增大母液量或减少物料量
	石灰添加量过多	调整石灰量
研磨体窜仓	隔仓板破损或脱落	更换隔仓板
	中间圆筛破损	停机后更换圆筛
磨机筒体响声过大	缺物料	检查下料是否正常
	磨内衬板脱落	停机后检修
生料浆细度过粗	液固比过大	调整液固比
	研磨体磨损过多	停机添加研磨体
	研磨体添加不合理	调整级配
	产量过大	调整产量

故障现象	故障原因	处理方法
电流突然降低	进料口堵塞，没有进矿	物料仓下料口堵塞或者仓内没有物料
	仪表问题	联系仪表处理相关部门处理
进料端"吐料"严重	隔仓板堵塞	停机清理

八、常见设备故障及处理方法

（1）胶带输送机常见设备故障及处理方法见表 3-11。

表 3-11　胶带输送机常见设备故障及处理方法

故障现象	故障原因	处理方法
皮带打滑	驱动滚筒和胶带间摩擦系数小或包角过小	提高摩擦系数、加大包角
	过紧装置拉力过大	校对调整拉紧力
	承载量大于设计能力	减轻承载量，使之不超过设计量
皮带跑偏	滚筒位置跑偏	调整滚筒方位
	输送带接头缝不垂直于中心线	重新接头
	托辊与机架纵向中心线不垂直	调整托辊斜度
	装料位置不在输送中心	调整装料位置
皮带边部磨损过大	托辊和滚筒黏附物太多	装有效的清扫器
	托辊或导向滚筒调整不好	重新调整
	托架不平	重新调整
	自动调整托辊和导辊不良	调整或更换
	块状物料进入胶带与托架之间	清扫干净
	卸料器不正	检修、调整卸料器
托辊轴承异声	轴承使用时间过长	检查更换轴承
	润滑不良	清洗后加润滑油

（2）离心浆液泵常见故障及处理方法见表 3-12。

表 3-12　离心浆液泵常见故障及处理方法

故障现象	故障原因	处理方法
泵打不上料	电机反转	电机换向
	叶轮堵塞	清理叶轮
	进出口管道堵塞	清理进出口管道
	扬程不够	重新选型
	进料管漏气	检查处理漏气点
泵振动	地脚螺栓松动	紧固地脚螺栓
	靠背轮连接件磨损严重	更换靠背轮连接件
	电机与泵不同心	调整电机与泵的同心度
	泵严重缺料	停泵检查处理后开泵
	轴承损坏	更换轴承

（3）搅拌设备常见故障及处理方法见表 3-13。

表 3-13　搅拌设备常见故障及处理方法

故障现象	故障原因	处理方法
搅拌响声异常	润滑油变质	更换润滑油
	缺润滑油，油位不够	加润滑油
	搅拌桨叶变形或脱落	停机联系处理
	周围有杂物	清除杂物
	设备自身问题等	停机联系设备部处理
搅拌异常跳停	槽内底部积砂过多	停机清槽，控制细度
	物料固含过高	停机清槽，控制进料固含
	电机问题等	停机清槽，联系电工处理
搅拌减速机振幅大	两轴连接处相对位移量过大或过小	调整
	连接部件松动	紧固处理
	轴承或其他部件损坏	更换轴承或其他零部件
	超负荷使用	降负荷
减速机温度高	油量过多或不足	调整油量
	油变质	更换
	轴承损坏	更换
	轴两端不同心	检修调整
齿轮或轴承振动及噪声过大	轴承盖或底座螺栓松动	紧固
	轴承磨损过大	停机检修
	齿轮啮合不当	停机调整或修理
	设备其他问题	停机后联系设备部处理

（4）管磨机常见故障及处理方法见表 3-14。

表 3-14　管磨机常见故障及处理方法

故障现象	故障原因	处理方法
润滑油站油温高	冷却水量小	调节水量
	冷却水上水温度高	通知相关岗位调节
	油量不足	补油
	油牌号不合	停机后更换
	磨机设备问题	停机处理

续表 3-14

故障现象	故障原因	处理方法
润滑油站供不上油	油泵电机反转	调整
	油路阀门关闭	开启阀门
	油泵损坏	更换油泵
	油泵压力不足	加压
润滑油站回油管无油	油泵进口管道堵塞	停机后清理
	回油管道堵塞	停机后清理
	回油管道漏油	停机后处理
	油泵跳停	启动油泵
主轴承缺油	油泵发生故障	立即停磨检修
	油路发生堵塞	立即停磨，检查堵塞原因
	油的型号不对黏度过大	立即停磨，更换油的型号
主轴承温度过高	润滑油中断或油量不足	检查中断原因或增加油量
	润滑油温度高	检查油站冷却系统
	润滑油变质	停机更换润滑油
	轴瓦刮研不符合要求	停机检修
	冷却水水量不足或温度高	检查冷却水系统
主轴承冒烟、跳动或负荷重	安装位置不对	停机检修
	筒体或中空轴颈变形	停机检修
	润滑油进水或者黏度不符合要求	停机更换润滑油
主轴承发生点蚀或者熔化现象	润滑油中进水	停机更换润滑油
	有杂物进入	停机清除杂物
电流负荷明显增大	研磨体添加过多	重新对研磨体进行调整
	产量过大	减少下料量
	齿轮磨损过大	停机后检修
	部分衬板脱落	停机后检修
	矿浆浓度过高	调整
	轴承润滑不良	调整润滑油
筒体甩漏矿浆	衬板螺栓松动或折断，密封垫损坏	停机拧紧或者更换
	衬板磨损严重	停机更换
	筒体连接部位不严密	停机检查处理
	磨门密封不好	停机紧固
减速机温度高	油量过多或不足	调整油量
	油变质	更换
	轴承损坏	更换
	轴两端不同心	调整

九、安全规程

（1）安全注意事项：

1）凡新分配员工、外单位实习人员，都必须接受厂、车间、班组（或岗位）三级安全教育，经考试合格后方可进入岗位工作。

2）凡转岗及重新上岗人员按转岗范围和离岗期限接受厂、车间、班组（或岗位）相应的安全教育，经考试合格后方可上岗。

3）严格遵守劳动纪律和各项规章制度，禁止酒后和精神失常者进入岗位工作，工作时要集中精力操作，不准在岗位上干私活、打闹、睡觉等与工作无关的违纪行为。

4）认真执行交接班制度，禁止岗位人员连班和非本岗位人员顶岗，不准擅自脱离工作岗位。

5）工作前必须穿戴好本岗位规定的劳动防护用品（工作服、安全帽、工作鞋、防护眼镜等），女工的长发必须系在帽内。

6）非本单位人员未经车间同意，不得触摸任何按钮，不准进入生产岗位逗留参观。

7）一切防护设施、安全标志、警示牌不得擅自挪动，需要挪动的必须经车间同意后方可挪动，工作完后必须立即恢复。

8）各处地沟盖板、流槽盖板要盖好，不准随意挪动。

9）禁止依附楼梯、操作平台及吊装孔等处的栏杆休息。

10）各种设备在开车前，操作人员都要做认真检查。开车前需要人工盘车的，先用人工盘车，等盘车人及盘车工具撤离现场，安全措施到位后再开车。

11）禁止跨越运转中的设备，必须跨越时，应走跨梯。

12）不准在皮带上行走、坐和躺睡。

13）打锤时严禁戴手套，二人以上同时打锤时，不得对面站立。

14）楼板、走台、槽顶不准任意开洞，必要时应设围栏并有鲜明标志，用完及时补上。

15）在雨雪、冰冻、碱液和油垢处行走和工作时，要谨慎小心，以防滑倒伤人。

16）上下楼梯要手扶栏杆，负重不得超过20kg。

17）楼上禁止往楼下扔东西，确需时经车间同意后设专人看守，危险区要用杆子或绳子围起来，并挂上警示牌。

18）不准用湿手触摸带电设备。检查电机温度时，要用手背，不能用手掌。

19）禁止擦洗运转设备的转动部件。

20）电气设备发生故障，一律由电工处理，其他人不准私自处理。

21）严禁在电线和电气设备上搭晾衣服、鞋和存放杂物，不准用铁丝捆挂电线，发生触电事故应迅速切断电源或用绝缘体使触电者脱离电源，必要时进行人工呼吸并及时送医院抢救。

22）电气设备停用48h以上者，再次开启时必须找电工测绝缘，未经电工许可不准随便启动。

23）电气设备和装置，必须经常检查保护性接地或接零措施是否完好。

24）使用电钻、砂轮等手持电动工具时，在使用前必须采取保护性接地或接零措施，要戴好绝缘手套或站在绝缘板上工作。遇雨天露天作业时必须采取防雨措施。

25）凡基准面在2m以上（含2m）的高空作业时，必须戴好安全帽，系好安全带。安全带要采用高挂低用的办法，挂在坚固的构件上，并做好检查，谨防移位和下沉。

26）高血压、心脏病、精神病患者，禁止从事高空作业。

27）高空作业时，工器具必须放在袋内，上下传递物体时禁止抛掷。

28）六级以上大风，禁止高空作业和露天作业。

29）起重机械，在使用前详细检查挂钩、链条、钢丝绳、齿轮、制动器设施和电气设备等部位，经检查合格，试车无问题后方可使用。使用时应有专人统一指挥，严格执行"十不吊规定"，不准任何人站在吊运物件上或在吊物下面行走、停留。

30）设备或槽子清扫检修时，必须切断电源、料源、风源、汽源等，切断电源的开关、刀闸，在刀闸把和控制开关上必须悬挂"有人工作、禁止合闸"标示牌。所有的有关阀门、考克必须关严，必须加上插板。

31）所有湿法岗位，必须佩戴防护眼镜，配备充足的硼酸水，以防碱烧伤后，能及时冲洗。

32）工作中如果料浆、碱液溅到皮肤或眼睛内，要及时用清水或硼酸水冲洗，严重时迅速送到医院治疗。

33）在一般情况下，不准双层同时作业，必要时应设防护网隔离措施，否则不准在同一垂直线的下方工作。

34）清扫检修需搭架子的，跳板要绑牢，不准有空头跳板。

35）进入料仓或槽内清扫检修时，应先和岗位人员联系好，按以下的清扫顺序进行：①仓或槽顶；②仓或槽进口；③仓或槽壁；④仓或槽底；⑤出料口。

36）不准一人单独在仓、槽、磨、炉等容器内工作，外边必须有专人监护。

37）拆卸管道法兰、阀门、考克时，应先切断料源、汽源，待放完料后再进行工作。工作时必须戴好眼镜，不准面对法兰，先卸下部螺钉，防止溶液喷出伤人。

38）在拆卸管道或设备时，严禁用手指插入连接面去探摸螺钉。

39）进入仓、磨、槽、炉等容器内检修、清扫时，要保证通风良好，其温度不得超过45℃。

40）进入仓、磨、槽、炉等容器内工作时，照明灯电压不得超过36V。

41）风动工具在使用中不准更换零部件，接头要绑牢固，在仓、槽、磨内工作时不准仰视，外面要有人监护。

42）传动带、明齿轮、砂轮接近地面的联轴节、动轴、皮带轮等危险部位都应有防护装置，损坏或缺少的不准开车。

43）受压容器设备，严禁超压、超温运行，所属设备、管道的压力表、安全阀等附件必须灵敏好用，如发现裂缝、渗漏等情况立即汇报有关领导，紧急时可以先处理后汇报。

44）受压的设备、管道及铸铁法兰，禁止用锤敲打。

45）在电缆和仪表附近工作时，要小心防止硬物碰撞，以免造成破裂而误操作或停车事故。

46）发生事故后，严格按"四不放过"原则进行事故处理，即：事故原因没查清不放过，事故责任者和群众未受到教育不放过，没有防范措施不放过，事故责任人员未受到处理不放过。

（2）危险点分析。危险点分析见表 3-15。

表 3-15　危险点分析

序号	危险点	控　制　措　施
1	料浆槽冒槽	严格执行巡查制度，杜绝冒槽事故发生
		正确穿戴劳保用品
		各岗配备好硼酸
2	管道法兰刺料	加强落实检修质量
		正确穿戴劳保用品（防护镜）
3	人身触电	严禁用湿手触摸带电设备
		检查电气设备温度时使用右手手背触摸
		严禁触摸现场裸露电缆
		高压电气设备出现异常时严禁触摸
4	碱灼伤	正确穿戴劳保用品
		平稳缓慢进行操作
		岗位备好硼酸
5	皮带系统人身伤害	严禁跨越皮带，必须按要求走安全通道
		保证停机作业打扫皮带
		巡查时注意保持一定距离防止衣服袖口被卷住
		设备停机后配专人看管设备启动按钮，待清理完毕后再启动设备
6	起重伤害	严格执行起重机械作业规定规程和起重机的操作规程
		作业人员必须持证上岗
		吊装口设置安全警示标识
		吊装物下方严禁站人并设置警戒线
7	尘肺、吸入性损伤、窒息	按要求穿戴劳保用品，尤其戴上防尘口罩
		在清理打扫时，注意周围的环境，避免被困在物料中
8	有限空间	作业前必须将槽罐进料源全部隔离
		办理有限空间作业许可证，涉及一级有限空间办理高风险安全许可证及"三措两案"
		清理槽罐时必须采用 12V 安全照明电压
		穿戴好防护用品，准备好硼酸水及清水
9	槽内顶部落物	进入槽罐作业前确认槽内上方积料结疤情况，排除坠落隐患后方可进入
		处理槽内顶部结疤应选择安全可靠的方法（例如使用液碱浸泡、爆破等），减少人员内部处理频次
10	物料垮塌	内部积料清理前，确认内部积料情况，及时处理松散物料，防止物料垮塌掩埋
		槽内积料清理遵循自上而下的原则，严禁使用打洞的方式挖掘清理

学习情境三 熟 料 烧 结

学习任务一 熟料烧结的意义

一、熟料烧结的目的

熟料烧结是粉煤灰预脱硅-碱石灰烧结法提取氧化铝的主要工序之一，该过程是为了下一道工序——熟料溶出得到铝酸钠溶液而进行的。熟料烧结过程是指各成分在高温下相互之间发生一系列复杂的物理、化学变化，生成一种致密度较大的具有一定机械强度的粒状物料的过程。烧结的过程中，各成分间的相互反应基本上是在固体状态下完成的。

二、熟料烧结的目的

熟料烧结的目的是将调配合格后的生料浆在回转窑中（生产中称熟料窑、大窑）进行高温烧结，一定配比和粒度的生料浆在高温下烧结使生料各成分互相反应，其中 Al_2O_3 和 Fe_2O_3 转变成易溶于水或稀碱溶液的化合物 $Na_2O \cdot Al_2O_3$ 和 $Na_2O \cdot Fe_2O_3$，而 SiO_2 转变成基本不溶于水或稀碱溶液的 $2CaO \cdot SiO_2$，并使粉状物料黏结成具有一定容重和空隙率的粒状物料。

我们把熟料烧结的产物称为烧结熟料，其特点就是致密度较大、具有一定的机械强度、容重和孔隙度，其含有铝酸钠、含水铝硅酸钙、铁酸钠和钛酸钠等物质。在稀碱溶液下铝酸钠溶于水，得到铝酸钠溶液，其他物质以沉淀的形式存在，即为赤泥。

铝酸钠溶液的溶出率的高低与以下因素有关：粉煤灰与 Na_2CO_3 配比、粉煤灰与 $CaCO_3$ 的配比、焙烧温度、保温时间、焙烧熟料与水的质量比、溶出温度以及溶出时间。

三、熟料质量标准以及对生产的影响

熟料质量的好坏是会直接影响下道工序的，如物料的可磨性、赤泥沉降性能、Al_2O_3 和 Na_2O 的溶出率。因此，保证熟料烧结过程中的烧成用煤质量和熟料烧结质量是必不可少的。而用以衡量熟料质量的指标为 A/S、Al_2O_3 含量、Al_2O_3 标准溶出率和 Na_2O 标准溶出率、S^{2-} 的含量及容重。

熟料的化学成分、物相成分和组织结构上都需要符合要求。熟料的成分，主要是 Al_2O_3 的含量，氧化铝含量越高，每生产 1t 氧化铝所需要的熟料量越低，即熟料折合比越低，赤泥的量相应减少，氧化铝产量越高。

生料掺煤脱硫效果的重要指标是熟料中 S^{2-} 的含量，S^{2-} 的含量越高，说明脱硫效果越好。衡量熟料烧结度的重要指标是熟料的容重，正烧结熟料的容重在 $1.15 \sim 1.35kg/L$ 范围内变化，是生产中需要得到的熟料，正烧结料粒度均匀、疏松多孔，外观呈灰褐色，不仅溶出率高，可磨性良好，而且溶出后的赤泥也具有较好的沉降性能。欠烧结熟料的容重小于 $1.0kg/L$，过烧结熟料的容重大于 $1.4kg/L$。

标准溶出率是指熟料中有用成分 Al_2O_3 和 Na_2O 在标准条件下溶出即溶出后不再损失时的溶出率。它实际上表示熟料中 Al_2O_3 和 Na_2O 可能达到的最高溶出率。这种最好的溶出条件和工业溶出条件比较，差别在于溶出液浓度低得多，苛性比值和溶出温度较高，以及迅速分离和彻底洗涤赤泥等。

学习任务二　熟料烧结的原理、工艺和参数

一、原理

粉煤灰预脱硅-碱石灰烧结炉料的矿物组成很复杂，粉煤灰相当于一水硬铝石的成分，还有氧化钠、碳酸钙、碳酸钠、水合铝硅酸钠水化石榴石和铝酸钙等物质。在高温条件下，这些物质朝着反应条件下的平衡物相转化，所以反应的平衡产物与同条件下由铝土矿反应得到的平衡物相是一样的。因此，在烧结反应充分进行的前提下，我们把炉料看成是由 Na_2O、CaO、Al_2O_3、Fe_2O_3、SiO_2、TiO_2 等单体氧化物组成的体系，两两反应生成二元化合物再逐步形成最终产物。

（一）熟料烧结的主要反应及副反应

1. 熟料烧结的主要反应

（1）碳酸钠与氧化铝之间的反应：

$$Al_2O_3 + Na_2CO_3 =\!=\!= Na_2O \cdot Al_2O_3 + CO_2 \uparrow \tag{3-27}$$

此反应在 500~700℃ 便可进行，但在此温度范围内，反应速度非常缓慢，并且反应是局部的，不能进行到底；当温度达到 800℃ 时，反应虽可进行到底但速度仍然很慢，需 25~35h 才能完成；继续提高温度，反应的速度显著加快，到 1100℃ 时，反应才可以在 1h 内完成。

（2）碳酸钠与杂质之间的反应：

不加石灰，1000℃：

$$2Al_2O_3 + Na_2CO_3 + 2SiO_2 =\!=\!= Na_2O \cdot Al_2O_3 \cdot 2SiO_2 + Na_2O \cdot Al_2O_3 + 2CO_2 \uparrow$$
$$\tag{3-28}$$

加入石灰，1100℃：

$$Na_2O \cdot Al_2O_3 \cdot 2SiO_2 + 2CaO =\!=\!= Na_2O \cdot Al_2O_3 + 2CaO \cdot SiO_2 \tag{3-29}$$

SiO_2 与 CaO 生成基本上不溶解于水和稀碱溶液的 $2CaO \cdot SiO_2$，在溶出时以达到分离主要杂质 SiO_2 的目的，SiO_2 与 CaO 的反应，于 1100℃ 便开始反应生成 $2CaO \cdot SiO_2$，但反应速度较慢，提高温度至 1200℃ 时生成 $2CaO \cdot SiO_2$ 的反应急剧进行。

（3）碳酸钠与氧化铁之间的反应（1000℃，1h 完成）：

$$Fe_2O_3 + Na_2CO_3 =\!=\!= Na_2O \cdot Fe_2O_3 + CO_2 \uparrow \tag{3-30}$$

在碱-石灰-粉煤灰炉料烧结时，Na_2CO_3 与 Fe_2O_3 发生反应生成铁酸钠，其熔点为 1345℃。反应生成的铁酸钠具有降低烧结温度的作用，可以通过调节铁铝比来降低烧结温度。反应生成物铁酸钠在熟料溶出过程中，发生水解生成苛性钠和 $Fe(OH)_3$，苛性碱进入到母液中，$Fe(OH)_3$ 进入赤泥。氧化铁与碳酸钠的反应规律基本和氧化铝的相似，该反应当温度达到 700℃ 时进行得较快，达到 1100℃ 时，反应才可以在 1h 内完成。

2. 熟料烧结的副反应

（1）脱去结晶水的反应。145~600℃ 时，炉料进行的主要反应是各种化合物脱去结晶水以及碳酸钠分解的反应。

（2）$N/A < 1$，氧化钠不足时：

$$Al_2O_3 + CaO =\!=\!= CaO \cdot Al_2O_3 \tag{3-31}$$
$$Fe_2O_3 + 2CaO =\!=\!= 2CaO \cdot Fe_2O_3 \tag{3-32}$$

生成物铝酸钙为不溶性物质，会造成氧化铝的损失。

（3）$N/A>1$，$N/R<1$ 时，炉料中的氧化铝会全部生成铝酸钠，但炉料中的氧化铁只有部分生成铁酸钠，其余游离的氧化铁会生成铁酸钙。

（4）$N/R>1$：

$$2CaO \cdot SiO_2 + Na_2CO_3 === Na_2O \cdot CaO \cdot SiO_2 + CaO + 2CO_2 \quad (3-33)$$

氧化钛的反应：

$$TiO_2 + CaO === CaO \cdot TiO_2 \quad (3-34)$$

（二）熟料烧结过程的机理

1. 熟料烧结过程的反应顺序

在炉料加热到 200℃ 以前，主要是烘干物料。

在炉料加热到 400~600℃ 时，氧化铝、氧化铁和高岭石脱除结晶水：

$$Al_2O_3 \cdot 2SiO_2 \cdot H_2O === Al_2O_3 \cdot 2SiO_2 + H_2O \quad (3-35)$$

在炉料加热到 500~700℃ 时，氧化铝和氧化铁开始与碳酸钠反应生成铝酸钠和铁酸钠。

在炉料加热到 750~900℃ 时：

$$2CaO \cdot SiO_2 + Na_2CO_3 === Na_2O \cdot CaO \cdot SiO_2 + CaO + 2CO_2 \quad (3-36)$$

在炉料加热到 1000~1250℃ 时：

$$Na_2O \cdot Al_2O_3 \cdot 2SiO_2 + 2CaO === Na_2O \cdot Al_2O_3 + 2CaO \cdot SiO_2 \quad (3-37)$$

2. 烧结温度和烧结温度范围

（1）正烧结温度。生产上把烧结过程中液相量为 20%~30% 时所得到的熟料称作正烧结熟料。该熟料的标准溶出率高，可磨性好，溶出快，赤泥性能稳定。生产上把得到这种熟料的烧结称作正烧结，把得到这种熟料的烧结温度称作正烧结温度。正烧结温度为正烧结的下限温度（液相为 20%）与正烧结的上限温度（液相为 30% 或接近 30%）的平均值。

（2）过烧结温度。生产上把烧结过程中液相量多于 30% 时所得到的熟料称作过烧结熟料。该熟料的块度大，强度大，孔隙度小，溶出率低。生产上把得到这种熟料的烧结称作过烧结，把得到这种熟料的烧结温度称作过烧结温度。

（3）近烧结温度。生产上把烧结过程中液相量少于 20% 时所得到的熟料称作近烧结熟料。该熟料的块度小，可磨性好，标准溶出率高，但是赤泥沉降性能不稳定。生产上把得到这种熟料的烧结称作近烧结，把得到这种熟料的烧结温度称作近烧结温度。

（4）欠烧结温度。生产上把烧结过程中液相量少于 5% 时所得到的熟料称作黄料。该料为粉状物料，标准溶出率非常低，为正常反应没有进行完毕所得到的物料。生产上把得到这种熟料的烧结称作欠烧结，把得到这种熟料的烧结温度称作欠烧结温度。

（5）烧结温度范围。正烧结的上限温度与正烧结的下限温度之差称作熟料的烧结温度范围。生产上为得到合格熟料和操作容易，要尽量使烧结温度范围变宽，一般在 70℃ 以上。

（三）熟料质量的标准

熟料质量用氧化钠和氧化铝的标准溶出率、熟料的容重和块度以及熟料中负二价硫（S^{2-}）含量等指标来衡量。

1. 氧化钠和氧化铝的标准溶出率

标准溶出率是指标准溶出条件下的熟料中的氧化铝和氧化钠溶出率。

标准溶出条件：熟料中可溶出的氧化铝和氧化钠全部溶出，不再随杂质进入到赤泥里。

2. 熟料的容重和块度

熟料的容重和块度反映着熟料的硬度、孔隙率等物理性质，也反映着熟料的烧结程度。容重和块度大的熟料，其硬度大，孔隙率小，难溶难磨，表明烧结温度过高；容重和块度过小的熟料，溶出后赤泥不稳定，沉降性能也不好，表明烧结温度过低。

3. 熟料的负二价硫（S^{2-}）含量

熟料中负二价硫（S^{2-}）含量的高低标志着熟料烧结过程中的脱硫效果。熟料中负二价硫含量高表明脱硫效果好，生产经验证明，此时烧结出的熟料为多孔黑心，具有性脆、易磨、赤泥稳定、沉降性良好、Na_2O 和 Al_2O_3 的净溶出率高等优点。生产上熟料中负二价硫（S^{2-}）含量要求大于 0.3%。

熟料质量高，可以使烧结法生产的大多数技术经济指标得到提高，为溶出过程的顺利进行和赤泥的综合利用创造有利条件。另外，烧结法流程是根据熟料的产量来组织平衡生产的，所以，熟料烧结过程的优质、高产、低耗对整个流程起着非常重要的作用。

（四）熟料质量的影响因素

氧化钠和氧化铝的标准溶出率、熟料的容重和块度以及熟料中负二价硫（S^{2-}）作为熟料质量的指标，其中评判熟料质量好坏的主要指标是熟料中氧化铝和氧化钠的标准溶出率以及它的容重。影响熟料质量的主要因素是生料成分与配比以及烧成温度，燃料的质量、生料粒度、物料在烧成带停留时间等对熟料质量也有一定的影响。

1. 生料浆的成分及配比的影响

生料成分对熟料的烧成温度及烧成温度范围具有决定性的作用，进而直接影响熟料的质量。熟料成分中，A/S 高，要求的熟料烧结的温度就高，而 F/A 高，要求的熟料烧结的温度低。配料过程中，生料的碱比低时，熟料的烧结温度低，烧结温度范围却相对变窄；而钙比高，烧结温度范围相对变宽。熟料烧结温度低，可以有利于熟料窑的稳定运行，熟料烧结温度范围宽，有利于保证熟料质量。

2. 烧结温度的影响

烧结温度是熟料质量的主要影响因素，良好地控制烧结温度，可以得到高质量的烧结熟料。当烧结温度过高时，物料出现过烧的现象，形成过烧熟料，过烧熟料的特点是容重大、可磨性差，会降低溶出率，同时可能会造成窑内结圈、"滚大蛋"等生产故障。当烧成温度低时，物料出现欠烧结的现象，此时形成的熟料为欠烧熟料，即黄料，黄料由于反应不完全，其中存在着游离的 CaO，不仅溶出率降低，而且易造成赤泥分离沉降槽跑浑、赤泥膨胀和赤泥黏结等现象，造成赤泥分离困难。

3. 煤粉质量对熟料质量的影响

在熟料烧结过程中，如果用煤粉作燃料，煤粉的灰分和硫几乎全部进入熟料之中，对熟料质量影响较大。生产中使用的煤粉一般灰分含量约 10%~13%，灰分的主要成分有 SiO_2（50%~55%）、Al_2O_3（5%~15%）、Fe_2O_3（5%~15%）、CaO（6%~10%），煤粉的灰分中带入的成分一定程度上改变了物料的配比进而影响了熟料的烧结温度范围。一般情况下，煤粉的灰分使物料的铝硅比降低 0.2~0.3，碱比降低 0.02~0.05。而煤粉中的硫经过燃烧后，与生料中的碱作用生成硫酸钠，为了减少硫酸钠的危害，煤粉中含硫量要求小于 1%。

4. 生料粒度对熟料质量的影响

生料烧结过程的物理化学反应多是固相与固相间的反应，液相的出现只是在烧成段即烧结接近结束时才会少量出现，所以物料间的接触面积直接影响烧结完成程度，而生料粒度越细小，比表面积越大，则反应速度越快，烧结反应越完全。生料粒度越大，比表面积越小，反应速度慢，烧结反应越易不完全，最终影响氧化铝和氧化钠的溶出率。因此，生料必须经过细磨，并且细度指标达到相应的质量标准。

5. 物料在烧成带的停留时间对熟料质量的影响

烧结过程需要一定的反应时间。在生产实践中，由于熟料窑的长度和斜度一定，物料在烧成带停留时间的长短是由回转窑的转速来控制的。如果回转窑的转速太快，使物料在烧成带的停留时间少于物料反应的必要时间，就会造成熟料"欠烧"而影响质量；如果转速太慢，将降低回转窑的产能。一般来说回转窑的转速控制在 2.5~3.4r/min。

（五）硫在烧结过程中的危害及脱硫措施

1. 硫在烧结过程中的危害

在铝土矿、石灰、烧结燃料煤以及生产用水中都或多或少地含有硫化物和硫酸盐，这些硫化物在烧结过程中几乎都能与炉料中的碱作用生成 Na_2SO_4 而进入熟料。Na_2SO_4 中的 Na_2O 已不能与炉料中的 Al_2O_3 或 Fe_2O_3 作用而生成 $Na_2O \cdot Al_2O_3$ 或者 $Na_2O \cdot Fe_2O_3$，熟料中的 Na_2SO_4 在溶出过程中几乎全部都能进入溶液，并随母液循环返回配料系统，这样就导致 Na_2SO_4 在生产过程中逐渐富集积累，容易使回转窑的烧成带后部形成结圈，使窑不能正常运转。另外，Na_2SO_4 会使烧结温度范围变窄，影响烧结过程的可控性。

2. 脱硫措施

生产上脱硫的方法是生料加煤。

在烧结过程中，有碳存在时，在 750~800℃ 会有下列反应发生：

$$Na_2SO_4 + 2C \overline{} Na_2S + 2CO_2 \tag{3-38}$$

$$Fe_2O_3 + C \overline{} 2FeO + CO \tag{3-39}$$

$$2FeS_2 + Fe_2O_3 + 3C \overline{} 4FeS + 3CO \tag{3-40}$$

$$Al_2O_3 + Na_2S + FeO + C \overline{} FeS + Na_2O \cdot Al_2O_3 + CO \tag{3-41}$$

$$Na_2S + CaO \overline{} CaS + Na_2O \tag{3-42}$$

3. 生料中加煤的优点

（1）由于加煤后，部分 Fe_2O_3 被还原为 FeO，以 Na_2SO_4 形态存在的硫因被还原为 S^{2+} 而减少，因此可以减少碱的损失，烧结配料时可以少配碱，从而节约用碱；如果不降低配碱量，则相应地提高了碱比，从而相应地提高了 Al_2O_3 的溶出率，加入还原剂以后，熟料中 Al_2O_3 溶出率提高 0.5%~1.0%。

（2）生料加煤后烧成的熟料中 S^{2+} 大于 0.32%，Na_2SO_4 含量小于 2%，烧结熟料呈现黑心多孔、性脆、可磨性好，在配磨过程中熟料易磨，提高熟料溶出磨的产能。

（3）因不易产生过磨现象，溶出后赤泥为黑绿色，细度均匀适中，改善赤泥沉降性能，从而可提高沉降槽的产能，降低溶出过程二次反应损失。

生料加煤的除硫效果会受到一定程度的限制。熟料窑中 Na_2SO_3 在分解带上基本就全部还原成二价 S^{2+}，随后，物料进入烧成带、冷却带后，处于氧化气氛中，物料特别是暴露在表面的物料，就不可避免地发生部分 S^{2+} 重新氧化成 Na_2SO_3。为此，可从以下四个方面提高熟料 S^{2+} 的含量：

（1）采用含硫较低的烧成燃料和生料用煤，或对燃料进行预脱硫处理。

（2）FeO 的含量对 FeS 的生成量有一定的影响，而且 FeO 含量高，熟料烧结的过程易控制，生料易结粒、粉末少，可减少物料表面氧化，FeO 含量应不低于 4%。

（3）找到最佳的生料加煤量（固定碳含量），并稳定均匀地加到生料内。加煤量太少，则还原效果差；加煤量太多也会使 S^{2+} 含量下降。因为生料中煤是利用燃烧带的过剩氧燃烧成 CO 的还原作用，加煤过多时，由于燃烧带过剩氧多使 S^{2+} 重新氧化，而且燃料消耗量也大。

（4）在操作上注意风、煤、料三者的配合，在保证燃料完全燃烧的前提下，降低过剩空气系数（即降低 O_2 含量），以利于保持一定的还原气氛，从而提高还原效果。最有效的燃烧是发生在废气中既不存在 CO 也不存在 O_2 的时候。这种理想条件是不容易实现的，因此必须控制一定的过剩空气量。废气 O_2 含量愈高，过剩空气量就愈大。生产上把废气中 O_2 含量作为窑前看火工的控制参数，规定废气中 O_2 含量不大于 0.3%。

（六）影响熟料烧结质量产量的因素

生料的烧结温度取决于生料成分与配比，烧结带的温度是由人工控制燃料（煤粉或重油）量的多少和其他条件决定的。如果烧结带的温度与生料要求的烧结温度不一致，熟料质量就达不到要求。

生料成分与配比、烧结带的温度、燃料的质量、生料粒度、物料在烧结带停留时间等，对熟料质量均有影响。

1. 生料成分及配比的影响

生料成分对熟料质量起着决定性作用。铝土矿中氧化铝、氧化硅、氧化铁的含量对烧成温度及其温度范围有明显的影响。生产实践证明，当生料中 A/S 增大时，氧化铁的相对的含量减少，因此熟料中相应的铁酸钠和原硅酸钙也减少，导致烧成温度升高。在已定的生产条件下，易出黄料；反之，当生料中 A/S 降低时，物料虽然易烧，但烧成温度范围缩小，熟料窑操作不好控制，还会造成熟料窑烧结带结圈、下料口堵塞等生产故障。因此，熟料烧结时希望铝硅比高一点好。

（1）铁铝比的影响。氧化铁在熟料烧结时是主要的矿化剂，可以起到降低熟料烧结和熔融温度的作用，生料浆烧结温度随着铁铝比的提高而下降，但却使烧结温度范围变窄，熟料窑操作困难。

（2）碱比。碱比的降低可以降低烧结温度和缩小温度范围。

（3）铝硅比。铝硅比可以增大烧结温度范围。

所以，在烧结时要良好控制入窑物料。

2. 烧结带温度的影响

烧结带的温度是燃料燃烧的结果。燃油或喷入的煤粉量由操作者随时调整。如果燃料量控制不当，烧结带的温度比生料要求的烧结温度高，就形成"过烧"熟料。过烧熟料容重大，可磨性差，溶出率降低，同时还可能引起窑内生成结圈、"滚大蛋"等生产故障；反之，烧结带温度比生料要求的烧结温度低，就形成"欠烧结"熟料，即黄料。由于烧结反应不完全，黄料中存在游离石灰时，不仅使溶出率降低，而且造成赤泥分离沉降槽跑浑和赤泥膨胀或黏结，使赤泥分离作业遇到困难。

3. 煤粉质量对熟料质量的影响

在熟料烧结过程中，如果用煤粉作燃料，煤粉的灰分和硫几乎全部进入熟料之中，对熟料质量有较大的影响。

4. 生料粒度对熟料质量的影响

因生料烧结过程的物理化学反应多是固相反应，仅在烧结接近结束时才出现少量的液相，所以物料粒度对反应速度及完全程度影响很大。物料粒度小，比表面积大，反应速度快；反之，反应速度慢且不完全，影响氧化铝和氧化钠的溶出率，因此生料必须经过细磨。

5. 物料在烧结带的停留时间对熟料质量的影响

烧结过程需要一定的反应时间，在生产实践中，由于熟料窑的长度和斜度一定，物料在烧结带停留时间的长短是由熟料窑的转速来控制的。如果熟料窑的转速太快，使物料在烧结带的停留时间少于物料反应的必要时间，就会造成熟料"欠烧"而影响质量；如果转速太慢，则将降低窑的产能。

（七）熟料窑的台时产能计算方法

熟料烧结工序对熟料窑的产量要求：一是熟料窑台时产能高；二是熟料窑运转率高。

熟料窑的台时产能是指在保证熟料质量的前提下，单位时间内 1 台熟料窑所产出的熟料量。

$$G = K \cdot V \tag{3-43}$$

式中　G——熟料窑的台时产能，$t/(台 \cdot h)$；

　　　K——生熟料折合比（每 $1m^3$ 生料浆生成熟料量的折合比），t/m^3；

　　　V——单位时间内生料浆的下料量，m^3/h。

（八）提高熟料窑产量

1. 影响熟料质量的主要因素

（1）熟料窑内平均直径。由于熟料窑耐火砖厚度不同或窑本身不是同一直径，要表示熟料窑直轻大小，必须采用熟料窑的平均直径。平均直径是各段内径乘以各段长度的百分数之和。熟料窑的产能是随平均直径的增加而增加的。

（2）熟料窑长度。通常用熟料窑的长度 L 与其平均直径 D 之比值大小表示窑的长和短，即长径比（L/D）。长径比的大小要根据物料的反应速度及喂料方式来确定。长径比较小，物料在熟料窑内停留时间相应就短，熟料窑单位面积上的产值就高一些，但长径比过小，生料预热不好，直接影响熟料烧成质量。

（3）熟料窑的斜度。熟料窑的斜度决定熟料在窑中的前进速度，斜度越大，熟料的前进速度越快，可以提高熟料窑的产量，但料度过高，会影响熟料窑在拖轮上的稳定性。

2. 提高熟料窑产能

（1）稳定配料成分。配料成分稳定，物料烧结制度就稳定，熟料窑就可以稳定操作，产能就可以适当提高。

（2）降低生料浆水分。在下料量一定的情况下，生料浆含水率高，进入烘干带的水量多，增加了烘干带负荷，当超过烘干带的烘干能力时，则要求减少下料量，也就是降低了熟料窑的产能。生料浆含水率低，当下料量相同时，由于水分降低使生熟料折合比增加，则产值增加，同时生料浆水分低时，下料量可以相应提高，熟料窑的产能也就增加。

（3）稳定熟料窑的热工制度。熟料窑的生产能力受到产能最低的作业带的限制，其中，烘干带的产能低，便限制了其他各带的能力发挥，成为限制熟料窑增产的薄弱环节。合理的热工制度就是要通过火焰长度及位置的调节使各个作业带长度适当，彼此协调，保证回转窑达到最高的产能。窑尾温度稳定是发热能力和热利用率之间平衡的标志。实践证明，窑尾温度过低，物料预热不好，烘干能力差，产能降低。当排风机抽力过大时，窑尾温度高，虽然物料预热良好，但热耗大，窑皮不易维护，影响产量。因此，窑尾温度必须控制在要求的范围内。

（4）提高熟料窑的转速。加快窑的转速，对一定料层厚度来说，可改善物料受热的均匀程度。在保证熟料质量的前提下，加快窑的转速，就可以增加下料量，因而可以提高窑的产能。在生产中要以产量高、质量好、各项单耗小、操作稳定、窑的运转周期长等作为综合选择窑的转速的依据。一般情况下，斜度为 4% 的回转窑的转速在 2.5 ~ 3.5r/min 时比较适宜。当窑的转速增加到 4r/min 时，因物料在窑内停留时间太短，烧结不好而影响熟料质量。

（5）稳定喂料。稳定喂料是稳定窑操作的基础，当窑嘴直径一定时，喂料量与喂料压力的平方根成正比，因此稳定喂料就必须稳定喂料泵的压力。

（6）在窑内的预热带安装扬料板。熟料窑在预热带安装扬料板，增加传热面积，强化了预热带的传热过程。

（7）提高熟料窑的安全运转率。熟料窑的安全运转率是指熟料窑的窑皮、耐火内衬厚度都符合操作要求和设备完好情况下的运转率。它是熟料窑稳定、高产的首要条件。熟料窑的安全运转率表示其安全运转时间与日历时间的百分率。

$$安全运转率(\eta) = \frac{安全运转时间(h)}{日历时间(h)} \times 100\%$$

二、工艺

熟料烧结窑的生产设备图如图 3-36 所示。

（一）熟料烧结的生产工艺流程

熟料烧结的生产工艺流程可分为以下三个系统：

（1）饲料系统。制备好的生料浆用泥浆泵经喷枪在窑尾雾化喷入窑内，烧成的熟料由窑头下料口流入冷却机，冷却后，由裙式输送机输送到颚式破碎机破碎后，由斜斗式提升机送入熟料仓。

（2）燃烧系统。熟料窑可用煤粉、重油或天然气等各种燃料。常见的是用煤粉作燃料，原煤经煤粉磨细磨后进入煤粉仓，然后煤粉进入喷煤管被一次风喷入窑内燃烧。

（3）收尘系统。废气从窑尾进入立式烟道经旋风收尘，分离出的尘粒由流管直接入窑，排风机再将废气送至电收尘再次收尘净化，使废气的烟尘含量降低，然后由烟囱排空，电收尘收下的窑灰经螺旋输送机、提升机返回窑内。

（二）烧结回转窑的作业特点

通常根据炉料沿窑尾到窑头的温度变化将窑划分为五个作业带：

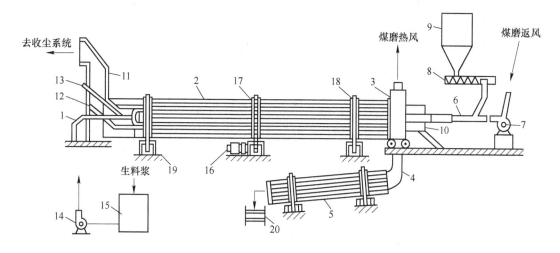

图 3-36 熟料烧结窑的生产设备图

1—饲料喷枪；2—回转窑筒体；3—窑头罩；4—熟料流槽；5—单筒冷却机；

6—喷煤管；7—鼓风机；8—双管螺旋给煤机；9—粉煤仓；

10—窑头操作室；11—窑尾罩；12—刮料器；13—返灰管；

14—油隔泥浆泵；15—生料浆槽；16—电机；17—大齿轮；

18—领圈；19—拖轮；20—裙式输送机

（1）烘干带。烘干生料浆的附着水，生料浆中通常含有 36%~40% 的附着水。生料浆是由喷枪喷入回转窑内，呈现雾化状态，在窑中与热烟气发生热交换，将附着水大量地蒸发出来，并与窑灰混合结成料团向窑头方向移动，直至进入到下一阶段。物料烘干带的温度一般为 120℃ 左右，烘干带料团中的水分含量低于 10%~12% 时不会产生泥浆圈。

此过程中回转窑窑气温度则降低至 250℃ 左右，排出回转窑。回转窑内其他阶段产生的粉尘（细熟料面）随着窑气进入到烘干带，其中一小部分粉尘与窑尾喷入的生料浆相撞，与生料浆混合在一起。由于窑气流速很大（烘干带产生大量的水蒸气汇入），且料浆处于雾化状态，所以，大部分的粉尘在此处会随同窑气出窑，通过收尘系统收集窑灰并返回送入窑内使用。

（2）预热带。其又称脱水带，继续烘干炉料残余的附着水外，主要是脱除炉料中的结晶水，物料温度由 120℃ 升高到 600℃。另外，生料加煤时，硫酸钠开始被还原为硫化物，物料出现膨胀。

（3）分解带。此带主要是炉料中的碳酸钠和氧化铝、氧化铁生成霞石和铁酸钠。生料加煤时，硫酸根离子在此带被还原成负二价硫离子，还原率可达到 93% 以上。主要化学反应如下：

$$CaCO_3 \Longrightarrow CaO + CO_2 \uparrow \tag{3-44}$$

$$Al_2O_3 + 2SiO_2 \Longrightarrow Al_2O_3 \cdot 2SiO_2 \tag{3-45}$$

$$Na_2CO_3 + Fe_2O_3 \Longrightarrow Na_2O \cdot Fe_2O_3 + CO_2 \uparrow \tag{3-46}$$

$$Al_2O_3 + Na_2CO_3 \Longrightarrow Na_2O \cdot Al_2O_3 + CO_2 \uparrow \tag{3-47}$$

发生上述反应产出大量的 CO_2 气体（窑气中 CO_2 含量在 10% 以上），物料温度由 600℃ 升高到 1000℃ 左右，窑气温度由 1500℃ 以上降至 800℃ 左右。此时，物料处于悬浮流动状态，移动速度较快。此阶段物料继续膨胀，在 900℃ 左右时体积膨胀到最大程度，随后，由于 Na_2SO_4 熔化和中间化合物熔化出现低温共晶熔体，物料体积反而收缩。

（4）烧成带。此带为火焰燃烧区，主要作用是使氧化钙含水铝硅酸钠生成铝酸钠和原硅酸钙，物料由 1000℃ 左右加热到最高温度（1200～1350℃）的一段称为烧成带。在此带，在高温作用下部分物料熔化形成液相，反应速度加快，炉料呈具有一定塑性的料团状，在此之前出现的中间产物都急剧地转变为烧结最终产物，形成熟料。烧成带的长度为火焰的长度，所以火焰的长度决定烧成带的长度。

$$Na_2O \cdot Al_2O_3 \cdot 2SiO_2 + 4CaO = Na_2O \cdot Al_2O_3 + 2(2CaO \cdot SiO_2) \tag{3-48}$$

$$2CaO + SiO_2 = 2CaO \cdot SiO_2 \tag{3-49}$$

$$CaO + TiO_2 = CaO \cdot TiO_2 \tag{3-50}$$

（5）冷却带。其是指从火焰后部至窑头的一段。烧成带物料形成熟料后要进入冷却带。高温熟料由冷却机进入的二次风逐渐冷却到 1000℃ 左右，经下料口排入冷却机。

窑内各带的长度反映窑的工作状况，是随着窑的规格、作业制度、窑内的燃烧装置和热交换设备而改变的。

（三）烧结温度范围和烧结过程中液相量的控制

生料由低温加热到高温的过程中，生料的成分及其配比决定了液相出现的温度和该温度下的液相组成、生料中液相量及增加的速度。液相的主要成分是 $Na_2O \cdot Fe_2O_3$-$2CaO$-SiO_2 的固溶体。

烧结过程中，液相量对烧结产物的物理性质影响较大。当液相量很少时，冷凝过程中物料体积收缩较小，不能把粉状物料黏结成粒状，我们把这种产物称黄料，属于未烧结状态；当液相较少时，在冷凝过程中粉状物料可以黏结成粒状，但熟料的孔隙度较大，机械强度很小，未能达到生产需要的产物，称其为近烧结熟料；只有当液相量达到适当量时，才能产生粒度均匀、孔隙较大、具有一定机械强度的正烧结熟料；当液相较多时，产生坚硬无孔的所谓熔融熟料，熟料致密而少孔隙、机械强度很大，称之为过烧结熟料。

我们把近烧结熟料、正烧结熟料、过烧结熟料所对应的温度分别称为近烧结温度、正烧结温度和过烧结温度；把得到正烧结熟料的温度范围，即从近烧结至过烧结所经的温度区间，称为烧结温度范围，最大温度与最小温度的平均值称为烧结温度。烧结温度范围的宽窄，主要应该取决于液相量随温度升高而增长的速度，液相量增长的速度快，烧结温度范围窄，液相量增长的速度慢，烧结温度范围宽。生产中，较高的烧结温度和较宽的烧结温度范围是我们所追求的，耗能低、易控制，进而需要选择烧结温度较低、烧结温度范围较宽的熟料配方。熟料的气孔率密度、强度和比表面积等物理性质都受其烧成时液相量的影响，进而取决于烧成温度。

（四）窑皮产生的机理

窑皮是物料烧结后黏结在回转窑烧成带耐火砖表面上形成的一层熟料，对回转窑起到保护作用。其即可以防止高温区物料对耐火砖的化学侵蚀及物料磨蚀，延长耐火砖使用寿命，提高回转窑运转周期，又可以增强传热效率，有利于检修和稳定窑的热工制度，减少热损失。

物料在回转窑中由窑尾向窑头运动，当进入到分解带边缘时，达到分解温度开始出现液相，当物料继续向窑头前进，温度进而升高，液相量也随之相应增加，当增加到一定量时，物料有黏结性开始黏结成团，当物料和耐火砖接触时，由于耐火砖向外散热温度较低，液相和部分物料就黏结在耐火砖表面上，形成第一层窑皮，第一层窑皮温度下降凝固后，由于物料不断推进，又形成第二层窑皮。第二层窑皮黏结后，温度又会下降，这个过程继续下去，窑皮愈结愈厚，当窑皮厚到一定程度时，由于窑皮的热负荷增加，窑内表面温度升高，液相黏结逐渐减小，由内向外冷却困难，液相黏性不足，此时窑皮就停止生成。

（五）降低熟料烧结热耗的途径

熟料烧结的能耗是影响氧化铝生产能耗和生产成本的关键。熟料的热耗是以每千克熟料所消耗的热量来表示的。生产 1t 氧化铝，烧结法系统的能耗远远大于拜耳法系统的能耗，烧结法系统的能耗主要是在烧结过程中消耗，烧结过程的能耗就基本相当于拜耳法系统的能耗总和，因此，降低烧结过程热耗是降低烧结法生产氧化铝成本的主要途径。

烧结过程中化学反应所需的热量只占燃料燃烧释放热量的 12%～17%，其余热量主要消耗于生料浆水分的蒸发（占总热耗的 30% 以上）、废气和熟料带走（占总热耗的 25% 以上）以及窑体的散热情况等。熟料烧结的热耗不但取决于生料的组成和含水量的多少，同时也取决于熟料窑的结构特点、操作条件、废热的利用以及窑的产能的高低。

可以通过以下几个方面来降低烧结法生产氧化铝的热耗：

（1）提高窑产能。在窑的热工制度保持不变的条件下，熟料窑产能越高，则单位熟料的热耗越低，因此要尽量提高窑的产能。

（2）降低蒸发生料浆水分的热耗。熟料烧结时，蒸发生料浆的水分要消耗大量的热能，通常情况下，如果生料浆含水率能够降低 1%，就能降低热耗 1%～1.5%。同时生料浆水分越少，窑尾废气量也越少，带走的热量也越少。因此，考虑生料浆在生产中的输送性能和协调整个生产过程中水的平衡外，要尽量降低生料浆的水分。

（3）减少窑尾废气带走的热量。降低热耗必须降低窑尾废气的温度。降低窑尾废气温度，合理地利用废气余热，可在熟料窑内预热带安装扬料板，强化物料与窑气间的热交换过程，起到降低废气温度的作用。与此同时，做好窑头密封，堵塞漏风，做好烟道的保温，控制适当的一次进风量和二次进风量，使过剩空气系数达到于接近最佳值，以提高熟料窑的热效率。

（4）减少熟料带走的热量。熟料带走的热量占 15% 左右，虽然通过二次风回一部分热量，熟料出冷却机的温度仍在 200～250℃，有的烧结厂高达 300℃ 以上。因此需要在冷却机内安装持料板提高熟料与二次风的换热效率，提高二次风的预热温度，降低熟料温度，从而提高热的利用率。适当减少一次用风量，减少窑头漏风，热耗可进一步降低。冷却机的进风量取决于窑头负压和冷却机进料口处的阻力，最大限度地扩大进料口通风面积是增加二次风量的关键。

（5）减少系统表面散失的热量。为减少窑体表面的散热损失，就应使熟料窑内衬始终保持良好的状态，而且应选择保温性能好的耐火材料。同时也要加强熟料窑的操作，维护好窑皮，因为窑皮不仅起保护内衬的作用，也起防止烧成带向外散热和强化烧成带传热使烧成带温度保持稳定的作用。另外，要做好旋风、烟道等系统的保温工作，减少散热损失。

（6）稳定熟料窑的运行，降低无功热耗。熟料窑的开、停过程中，预热、冷窑均会造成热能的无功消耗,因此要做好熟料窑的系统检修、日常维护和操作,减少和杜绝事故停车,稳定熟料窑的运行。

(六) 煤粉的制备

1. 燃料燃烧

(1) 基本概念:

1) 燃料。凡燃烧时能放出大量的热,该热量能经济而有效地用于现代工农业生产或日常生活的所有物质,统称为燃料。常见的木柴、煤焦油、天然气、煤气等物质都是燃料。

2) 燃烧。燃烧实质上是一种快速氧化反应过程。要使燃烧稳定进行,必须连续不断地供给足够的空气,使其中的氧与燃料充分接触;必须达到一定温度,氧化反应才能自动加速进行。

燃料中的可燃物全部与氧发生充分的化学反应,生成不可燃的产物 CO_2、H_2O 等称为完全燃烧。燃料的不完全燃烧,是指燃烧时,燃料中的可燃物质没有得到足够的氧,或者与氧接触不良,因而,燃烧产物中还有一部分能燃烧的可燃物 CO、H_2 等被排走,这种现象称为不完全燃烧。

燃料中可燃物燃烧时根据化学反应计算出来的空气量称为理论空气需要量,以 L_0 表示,为了保证燃料燃烧完全,实际供给燃烧的空气量均大于理论空气需要量,实际供给空气量以 L_n 表示,实际空气量与理论空气需要量的比值称为空气过剩系数,以 n 表示,即:

$$n = \frac{L_n}{L_0}$$

当 $n>1$ 时,说明燃烧所供给的空气量比化学反应需要的多,多余的这部分空气,燃烧后进入燃烧产物,增大了燃烧产物的体积数量,降低了炉温。n 值过大不好,原则上应当是在保证燃料完全燃烧的基础上使空气过剩系数越小越好。

空气过剩系数的大小与燃料种类、燃烧方法以及燃烧装置的结构特点有关。气体燃料 $n=1.05 \sim 1.15$,液体燃料 $n=1.1 \sim 1.25$。实际生产中常通过 O_2 含量来判断过剩空气的多少。

3) 发热量。发热量是指单位重量或单位体积的燃料在完全燃烧的情况下所能放出的热量。固体、液体燃烧的发热量国际单位为 MJ/kg,气体燃料的发热量国际单位为 MJ/m^3,代表符号以 Q 表示。

(2) 煤粉燃烧。氧化铝生产过程中热料窑可以使用煤粉、重油和天然气等各种燃料,一般使用煤粉作为燃料。

煤可分为 4 类:泥煤、褐煤、烟煤及无烟煤。工业上应用最多的是烟煤,生料加煤应用的是无烟煤。煤是很复杂的有机化合物,要进行元素分析比较困难。工业上考核燃煤质量的主要指标有煤粉发热量、挥发分、硫分、灰分、水分、附着水等。

1) 挥发分。煤是复杂的有机化合物,加热到一定温度就会发生分解,放出气体,这些加热分解出来的气体,称为挥发分或挥发物。根据煤的工业分析国家标准,煤在隔离空气的条件下,加热到850℃时分解出来的气体为挥发分含量。

2) 固定碳。固定碳是指煤分解出挥发分以后残留下来的固体可燃物(不包括灰分)。固定碳的主要成分是 C,但不是纯 C,含有少量 H、O、N 等元素。固定碳是可以燃烧的,它在煤里的含量一般超过挥发分的含量。所以它是煤中的重要发热成分，也是衡量煤使用特性的指标之一。

3）灰分。灰分是指煤完全燃烧以后，残留下来的固定矿物灰渣。灰分多，燃烧过程不易控制，影响熟料的正常配比。

4）水分。水分含量高，相对降低了其他可燃物的含量，即降低燃料的发热能力。

煤粉，就是将块煤磨至 0.05~0.07mm 粒度的煤面。粉煤因表面积极大，吸附空气的能力很强，流动性好，煤粉能在较小的空气过剩系数下完全燃烧，而且使用了预热空气，所以燃烧时就能得到较高的温度。一般使用空气输送，空气中悬浮一定浓度的煤粉时极易发生爆炸，故使用煤粉应注意安全。

2. 煤粉燃烧工艺

煤粉由给煤机送入喷煤管（喷煤管是煤粉燃烧装置中的主要部件），再与由鼓风机鼓入的一次风混合、吹送到窑内燃烧。喷煤管在窑内的位置可由电动装置来调节，以达到调整火焰位置的目的。

煤粉的燃烧过程可分为混合、预热、燃烧三个阶段。煤粉与空气的混合程度和空气的预热程度决定燃烧过程，即火焰的形状和位置。燃料在窑内的燃烧主要靠窑头的鼓风和窑尾的排风来调节，从窑头鼓风机鼓入的空气称一次风，所谓二次风，则是由于窑尾排风在窑内造成的负压，通过冷却机所吸入的空气，这部分空气在冷却机内与出窑熟料换热得到预热。煤粉与空气的混合物进入窑内后，煤粉颗粒的周围被热空气包围，并受加热作用而首先蒸发出水分和挥发物。挥发物着火点较低能迅速在煤粉表面附近燃烧，挥发物燃烧放出的热量提高了煤粉的温度，加速了燃烧反应的进行，最后碳粒进行燃烧。

煤粉的燃烧过程受扩散作用的影响。正在燃烧的煤粉颗粒表面，总是被较浓的 CO_2 惰性气膜所包围，燃烧时氧要通过扩散作用穿过该薄膜进行反应，燃烧后的产物也要向外扩散。为了提高燃烧速度，即缩短燃烧时间，必须消除此气膜。此外，灰分多的煤，也妨碍氧的扩散，因而增加燃烧时间，灰分越多形成的灰膜越厚，扩散越困难，越不容易完全燃烧。煤粉的燃烧速度还取决于煤粉的粒度、挥发分的含量。含挥发分越多、粒度越小的煤粉，燃烧时间越少，燃烧速度越快。

3. 煤粉制备

煤粉制备就是通过磨煤系统将原煤烘干、研磨成粉，为熟料窑提供合格燃料的过程。煤粉制备系统的主要设备有煤粉磨、输送分选设备。原煤经原煤仓、电振器或圆盘给料机进入煤粉磨。热风由排粉机从窑头抽出后入磨。含煤的气体从煤粉磨出口出来后进入粗粉分离器，粗煤粒返回煤粉磨，含细粒煤粉的气体进入细粉分离器将煤粉分离出来。分离煤粉后的气体进入排粉机，一部分经风门进入窑头鼓风机，一部分作为循环风再入煤粉磨。由细粉分离器分离出来的煤粉，经回转下料器、煤旋输送机进入煤粉仓。煤粉制备工艺流程图如图 3-37 所示。

煤粉质量对火焰长短的影响主要是挥发分、灰分、水分和细度等。煤粉挥发分高，着火速度快，火焰黑段缩短使有效火焰增长；灰分高，火焰相对较长；水分高，煤粉预热时间长，火焰就长；煤粉粒度大，在空气中燃烧的时间长，火焰也长。

影响煤粉细度的因素主要有：（1）钢球的加入量；（2）原煤的质量；（3）粗粉器、细粉器的调整；（4）磨进口原煤下料量的大小。

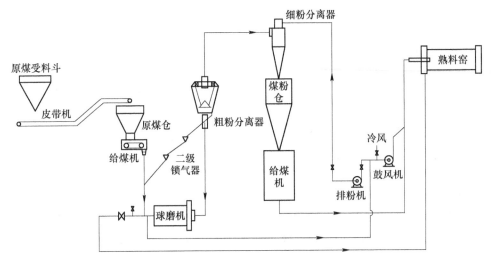

图 3-37　煤粉制备工艺流程图

影响煤粉水分的因素主要有：（1）原煤的水分大小；（2）煤磨进口温度的控制；（3）磨进口原煤下料量的大小。

球磨机内装 $\phi 40 \sim 50mm$ 的钢球，由于筒体不断旋转而将钢球带到一定高度，钢球由于自重而下落产生了破碎物料的冲击力，同时钢球在磨体内沿磨体轴心进行公转和自转，钢球与钢球之间、钢球与衬板之间产生摩擦力，从而将物料研细。

风扫式煤粉磨的特点是将煤的干燥和研磨在一个设备内同时完成。原煤和热风一起进入磨内，热风把煤烘干，在排粉机的作用下，把已经磨碎的细粉带出磨外，经过风力分级和分离，获得合格煤粉供熟料窑使用。

学习任务三　实验室烧结熟料

一、实验原理

由于本节实验涉及焙烧和水溶出两大部分，实验因素多达以下 7 项：粉煤灰与 Na_2CO_3 的配比、粉煤灰与 $CaCO_3$ 的配比、焙烧温度、保温时间、焙烧熟料与水的质量比、溶出温度以及溶出时间。按常规方法来摸索最佳实验条件，工作量将相当庞大和繁杂。为了在不影响实验效果的前提下对实验量进行简化，本实验研究按以下思路和方法进行：

（1）首先根据脱硅高铝粉煤灰具有的高 Al/Si 比以及高化学反应活性的特点，确定了将其与 $CaCO_3$、Na_2CO_3 进行混合焙烧的基本技术路线，由于脱硅高铝粉煤灰的物相以莫来石为主，而铝土矿脱水后的物相以刚玉为主，前者的化学活性相比更强，因此该路线的焙烧温度应低于铝土矿的碱石灰焙烧法，这样可缩小温度范围，减少实验次数；

（2）根据脱硅高铝粉煤灰主量元素的化学组成、主要的物相组成，按照 B. A. 马泽里关于硅酸盐矿物的碱石灰烧结理论确定脱硅粉煤灰与 $CaCO_3$ 和 Na_2CO_3 的配比关系；

（3）按照上述配比关系分别向脱硅粉煤灰加入 $CaCO_3$ 和 Na_2CO_3，将配好的生料混合均匀之后在适当温度下进行焙烧，然后通过 X 射线衍射研究该体系不同保温时间下的物相演化规律，再结合待烧生料的 TGA-DTA 分析结果，进一步缩小焙烧温度范围；

（4）以充分反应的焙烧熟料作为水溶对象，固定水与熟料的液/固比（使 $NaAlO_2$ 溶液中 Al_2O_3 的浓度介于 $80\sim120g/L$ 之间），采用正交实验法确定水溶出的最佳条件；

（5）按最佳水溶出条件对不同配比、不同焙烧温度和保温时间下获得的熟料进行水溶出，根据 Al_2O_3 溶出率及对应硅钙渣中 Na_2O 的含量确定最佳配比和焙烧条件；

（6）在上述研究的基础上分析相关因素对焙烧效果的影响。

二、主要仪器及设备

最高工作温度为 1300℃ 的马弗炉一台，最高工作温度为 100℃ 的恒温水浴槽一台，水循环真空抽滤泵及辅助过滤设备一台，普通的鼓风式烘干箱一台，精度可达 0.01g 的电子天平一台。

三、实验步骤

（1）称取脱硅高铝粉煤灰 9.05g，分析纯的 $CaCO_3$ 粉末 6.69g，Na_2CO_3 粉末 4.98g，然后采用湿法混料：先加水将其配制成含水率为 35% 左右的料浆，将其充分搅拌之后置于鼓风式干燥箱中进行干燥，待水分烘干之后取出放于刚玉坩埚之中；之后重复上述步骤制成若干个相同的待烧样；

（2）取上述配比的待烧生料少许进行 TGA-DTA 分析，根据 TGA-DTA 曲线确定可行的焙烧温度范围；

（3）将第（1）步制备的待烧样放入马弗炉，从室温开始升温，升温速度约为 15℃/min，升至 1000℃ 后，分别保温 30min、60min、90min、120min、150min 和 180min 后让其自然冷却；然后重复上述工作，分别在 1050℃、1100℃、1150℃ 及 1200℃ 下进行不同时间的保温；

（4）在到达保温时间后关掉马弗炉，在自然降温至 500℃ 左右时，将熟料从马弗炉取出，待其骤冷至室温后放入干燥器中保存，随后从每种熟料中取样少许进行 X 衍射分析。熟料从马弗炉取出后应在干燥器或密封样品袋中保存，以避免其从空气中吸收水分而影响 X 衍射分析结果；

（5）以 1050℃ 下保温 180min 的熟料为原料，按正交实验表（表 3-4）中的条件对水溶出条件进行优化，具体操作如下：

1）称取焙烧熟料 14.5g（10g 原高铝粉煤灰按照本技术路线所产生的熟料质量），量取 50mL 的蒸馏水倒入塑料烧杯，将烧杯放入恒温水浴槽，用水银温度计测量烧杯中蒸馏水的温度，当其升高到表 3-4 的既定温度时，将焙烧熟料缓慢倒入塑料烧杯并用玻璃棒搅拌，搅拌速度约为 120r/min；

2）当搅拌到表 3-4 既定时间后，将烧杯从水浴槽中取出，对水-料混合体进行过滤，将滤饼用热蒸馏水进行少量多次清洗，到滤液体积为 45mL 时为止；

3）滤液即为 $NaAlO_2$ 粗液，将不同溶出条件的 $NaAlO_2$ 粗液取样进行化学分析，测试其中的 Al_2O_3 含量。然后根据公式 $R_A = 0.045 \cdot C_A/M_A$，可计算出不同溶出条件下的 Al_2O_3 溶出率，式中 R_A、C_A 及 M_A 分别表示 Al_2O_3 溶出率、$NaAlO_2$ 粗液中的 Al_2O_3 含量及脱硅粉煤灰中的 Al_2O_3 总质量；

4）根据不同条件下 Al_2O_3 溶出率的大小确定最佳的溶出条件。

（6）对水溶出条件优化之后，按最佳条件对第（3）步所获的熟料进行溶出，然后根据 Al_2O_3 溶出率及对应硅钙渣中 Na_2O 的含量对焙烧条件进行优化。

四、相关因素对焙烧效果的影响

影响焙烧效果的主要因素有高铝粉煤灰是否有效脱硅、配比、焙烧温度与保温时间以及混料方式。

由脱硅粉煤灰所获熟料的颗粒孔隙和裂纹非常发育，且随着反应时间的延长，裂纹或孔隙有逐渐变大增多的趋势。而未脱硅粉煤灰熟料颗粒外表面致密，孔隙和裂纹较为少见。在高铝粉煤灰脱硅之后，覆盖于粉煤灰颗粒表面的致密玻璃相被清除，颗粒中各种类型的空隙暴露出来，这些裂纹空隙能增加高铝粉煤灰颗粒与 $CaCO_3$ 和 Na_2CO_3 等添加剂的接触面积，因而可以显著提高高铝粉煤灰的化学活性，明显提高焙烧反应速率。

学习任务四　熟料烧结的设备与操作

一、熟料烧结的目的

熟料烧结是通过回转窑将生料浆进行烧结得到烧结熟料，为熟料溶出生成铝酸钠溶液做准备。

二、工艺

生料浆由窑头进入，依靠重力作用向窑尾运动，经过烘干带、预热带、分解带、烧成带、冷却带得到合格熟料，烟尘经过旋风收尘器、静电除尘器后排入空气。熟料烧结的生产流程图如图 3-38 所示。

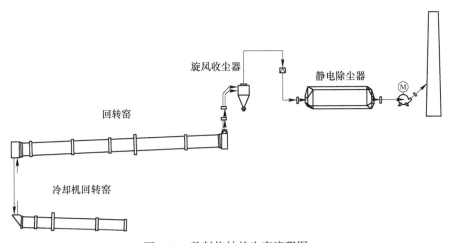

图 3-38　熟料烧结的生产流程图

三、设备简介

1. 回转窑

回转窑主要由筒体、窑衬、滚圈、挡轮、支撑装置、传动装置、窑头与窑尾罩、密封装置、换热装置、喂料设备等组成，用于烧制熟料。

生料浆通过高压泵加压经喷枪雾化喷入窑内后，当料浆以雾状形式喷入窑内后不断与热窑气进行热交换，被烘干成半干状的物料；当窑以一定的转速旋转时，窑内的物料也随之不断翻动，并沿轴向方向呈螺旋状地向前移动；在移动过程中，温度不断升高并发生一系列的物理、化学变化，最后在烧成带烧结成熟料，经冷却带冷却后从窑头排出窑外。

2. 冷却机

单筒冷却机有筒体、衬砖、滚圈、托轮、挡轮、支承装置和齿圈式传动装置，机头配有进料、密封装置及和机尾焊接出料罩，各处有必要的密封装置，通过循环水间接换热及二次风直接换热冷却熟料。

从回转窑出来的高温熟料落入用耐火砖砌的集料槽和分料器上面，与从冷却机尾部进入的冷空气对流换热，为加强换热在筒体内部铺设扬料板和筒体外部淋冷却水，逐渐冷却高温物料。在筒体内部焊接导料板，由于冷却机具有一定斜度，在旋转过程中通过自身重力作用，使物料向前移动，从而达到冷却、输送要求的温度熟料。

3. 旋风除尘器

旋风除尘器是一个上端圆柱体和下端锥体焊接而成的罐体设备，通过离心力的作用降低含尘气体中的含尘量。

旋风除尘器是利用离心力的作用，从气流中分离出灰尘的设备；含尘气体由圆筒上部的进气管切向进入，受器壁约束而旋转向下做螺旋形运动，在离心力的作用下悬浮在气体中的颗粒被甩向器壁与气流分离，而沿壁面向下汇集于锥形底部的集灰斗中；经净化后的气流在中心轴附近范围内由下向上做旋转运动，最后由顶部排气管排出。

4. 静电除尘器

静电除尘器是板卧式除尘器，它由阳极板、阴极（芒刺线）、阴阳极振打及振打电机、电加热器、灰斗加热器、硅整流器、变压器组成，当含尘气体通过高压直流电场时，灰尘被吸附到极板上，经振打进入灰斗，达到收尘目的。

使含尘气体通过高压直流电场，由于电晕放电而使气体电离，气体离子向电极运动过程中与尘粒接触，使尘粒带电最后到达收尘电极沉积其上，从而与气流主体分离。

四、设备操作

（一）回转窑操作

将合格的生料浆用柱塞泵、喷枪喷入熟料窑，经过烘干、预热、分解、烧结、冷却，烧制成具有一定粒度的熟料，熟料经过下料室进入冷却机，在冷却机内冷却后，送入熟料仓；煤粉从煤粉制备工序煤粉大仓进入转子秤被罗茨风机吹入窑内燃烧，废气通过旋风收尘后进入电收尘，旋风收尘收集的窑灰直接入窑，电收尘收集的窑灰通过螺旋、罗茨风机入窑。

1. 启动前的检查

（1）检查窑内火砖厚薄，有无松动或调砖、爆砖等；

（2）检查扬料板等是否连接牢固，有无断裂；

（3）检查四通道煤管入窑端有无变形和破漏，并按要求校正位置；

（4）油枪管路应无堵塞，调节系统灵敏好用，油枪安装符合要求；

（5）窑尾下灰管、簸箕、刮料器等应完整、牢固、畅通，窑尾托管位置是否符合要求；

（6）检查窑尾喷枪、胶管与料包出口管道是否连接紧固；

（7）检查操作室热工仪表、电气仪表，油和煤及风门调节器、挡轮、电收尘急停开关、煤风开关等灵敏好用；检查各挡托轮是否加润滑油及循环冷却水是否畅通，检查液压油站及液压挡轮；

（8）校正光纤测温计检测位置；

（9）检查窑头火焰摄像头与下料口摄像头位置对准火焰与物料，开通压缩冷却风，监视器及控制器调节好用，图像清楚；

（10）电气绝缘：200kW以下电机，一个月测一次绝缘；200kW以上的电机，7d测一次绝缘；

（11）检查静电除尘系统相关设备是否符合要求并试车；

（12）下料口通畅、无杂物，盖板、人孔门紧固；

（13）检查鼓风机、罗茨风机、排风机、拉链输送机、卸料螺旋泵等相关设备各个部位是否正常；

（14）检查回转窑传动系统是否符合要求；

（15）检查比色测温仪探头是否对准烧成带熟料的位置。

2. 启动程序

（1）煤粉仓内的料位要高于3m，各个系统检查完毕合格、无缺陷后，把燃烧器内的油枪推进燃烧器内；

（2）用火把或自动点火设备点燃窑内燃烧器，启动供油泵，开始时其流量 $1.0\sim1.5kL/h$ 并调整油量，使其逐渐形成火焰，完全燃烧，退回点火枪；

（3）启动一次风机并使风管阀门完全关闭，调节内旋流阀门开度到30%，使其风速为 $60\sim80m/s$，而且外直流风管阀门完全关闭；

（4）当耐火砖表面已开始发亮，窑头温度达到380℃时启动供煤风机喷煤，此时送入窑内的一次风和煤粉应为正常的40%~50%左右；

（5）待煤粉完全燃烧后逐渐加减煤；此时停止供油，退回喷油枪；随着温度的升高每隔 $10\sim20min$ 翻窑一次（$1/4\sim1/2r$）；

（6）当烧成带温度提起后，可用辅助传动电机连续转窑；

（7）关闭引风机风门启动引风机，然后将引风机风门逐渐打开（缓慢）；

（8）尾温达到450℃时联系柱塞泵下料；

（9）开冷却机（冷却水的水质和水量要控制好）；

（10）开启回转窑（制动器和辅助电机要求同时接通和断电，主电机和辅助电机要联锁，一个工作一个必须断开）；

（11）启动电收尘（电流、电压要稳），开启螺旋泵和密集型罗茨风机（要联锁），拉链输送机（相互要有联锁），开始返灰；

（12）窑尾温保持在 $200\sim220℃$ 之间；

（13）启动槽式链斗输送机。

3. 停车程序

（1）通知煤粉制备系统（计划停窑，尽可能在停窑灭火时将煤粉仓拉空）；

（2）停进料（停窑前逐渐减料，停前30min留1~2支喷枪喷料，窑内物料尽量烧好，如窑皮厚或结圈高堵料多应早处理，把窑皮压薄，如需要换砖，则可将窑皮由前向后尽可能地烧出，停火后继续转窑1~2h，将料转出便于检修）后视窑内物料多少，最后停止煤粉输送；

（3）在停电收尘之前尽量将灰斗及拉链输送机等相关设备内窑灰输送干净，然后停静电除尘器、拉链输送机、垂直卸料螺旋泵、密集型罗茨鼓风机，停窑灰，关小排风机机风阀；

（4）停窑后，通知煤粉制备工序并关闭窑头废气通向煤磨的管道阀门，最后停冷却机并通知停冷却水；

（5）紧急停车可先停故障设备和危险设备，再依次联系其他设备紧急停车；5.6 短期停窑：停窑后在 1h 内每隔 10~20min 翻窑一次（1/4~1/2r），2~4h 每 30min 翻窑 1/4r，4h 以后每小时翻窑 1/2r，如遇到下雨要适当增加翻窑次数，雨大时则连续转动冷却机与窑体，防止筒体突然遇冷弯曲。

（二）冷却机操作

1. 开机前的准备

（1）检查提料板、扬料板、挡风圈是否焊接牢固和齐全；

（2）检查火砖厚度和砌砖质量，火砖厚度不足 60mm 应更换；

（3）检查机体磨损，筒体厚度不足 8mm 时，必须补焊或更换；

（4）清除机内杂物，防止废铁等进入槽式输送机；

（5）检查进料口与机头挡料板间隙不小于 40mm，下料口砌砖牢固不挡料，下料衬板是否磨损、开裂，若有磨损、开裂严重必须焊补；

（6）密封圈弹簧灵活好用，摩擦片间隙不大于 5mm；

（7）各部安全罩、隔热罩、安全挡板、操作台均牢固齐全；

（8）检查齿箱、大牙轮、托轮轴瓦、传动轴瓦等是否加足油量，液压挡轮、液压站的仪表及设备试车，各润滑点油质油量正常，检查托轮循环冷却水是否畅通，有无漏水；

（9）检查喷淋系统管道及喷淋装置，淋水眼不堵，流水畅通；喷水均匀，水压充足；

（10）电气绝缘：200kW 以下电机，一个月测一次绝缘；200kW 以上的电机，7d 测一次绝缘。

2. 启动

（1）接到开机通知后启动冷却系统；

（2）检查机内外，确实无人时，再启动冷却机。

3. 运行中的检查

（1）合理调节机身淋水量及保持水管畅通，检查托轮循环冷却水是否畅通；

（2）检查托轮润滑情况，及时润滑，防止热瓦；

（3）检查液压挡轮受力情况，及时调整机身，加强对液压油站仪表与设备巡检；

（4）冷却机每天上、下行，上行 6~8h，下行 16~18h。

4. 停车

（1）停车前应将机内存料全部转出；

（2）当冷却机内料子全部转出时，可关闭机身冷却水，停车后在 1h 内每隔 10~20min 翻车一次（1/4~1/2r），2~4h 每 30min 翻车 1/4r，4h 以后每小时翻车 1/2r，如遇到下雨要适当增加翻车次数，雨大用事故电机连续转动冷却机；

（3）停车机身位置靠上，停车后通知中碎系统。

（三）静电除尘器操作规程

1. 启动前的准备工作

（1）收尘器内部：极线有无结灰，极线扣是否牢固，极距是否合格，阳极板是否变形，石英管是否完整清洁，振打锤是否好用，气流分布板是否整齐；检查完毕关好人孔门；

（2）收尘器外部：胶木板上好，石英管密封好并关闭保护网门；

（3）振打设备：振打力量是否合适；齿箱、轴瓦、牙轮、拉杆、滚轮、小轴完整好用，吃力相当，并加足油量，各润滑点油质油量正常；

（4）操作盘：各开关、电位器均在原始位置，盘内保险和元件要完整齐全；各接点螺钉要紧固；

（5）整流器室：用干细布擦好绝缘子，整流变压器油量是否适当，各接点螺钉是否紧固，高压刀闸由接地转换为联接负载（双刀平接），并关好门；

（6）送电检查：一切电气设备在检修后，开车前必须用考表（兆欧表）检查其绝缘程度（低压大于或等于 0.35MΩ，高压大于 100MΩ）；待测量绝缘电阻合格后，收尘器进行常温空载送电试验，同时开振打；电压大于 55kV，二次电流大于 180mA；如有问题要及时处理；

（7）检查灰斗积灰情况，及时清理。

2. 启动

（1）微机自动控制状态；

（2）高压柜"手动"工作状态；

（3）高压柜"本地"工作状态。

3. 正常操作

（1）随时注意微机运行状态，每一小时检查一次操作盘电压、电流及各部件工作情况，并及时调整；

（2）每两小时检查一次收尘器、振打电机、齿箱的温度和声音，振打机械灵活好用；

（3）每两小时检查一次绝缘子、石英管、胶木板是否放电，盖子、小门密封良好；

（4）每八小时检查一次冷、热风机和电机声音、温度、传动系统是否正常；

（5）每周检查一次变压器和电抗器、硅箱的温度、油标是否正常，刀闸、接线螺钉等是否牢固。

4. 停机

（1）短时停机：将升压电位器退至零，按动停止按钮，开灯灭，停灯亮，严禁高压停车、拉闸；

（2）将门锁扭向关，指示灯灭，停车超过 1h 可通知电工断开空气开关；

（3）长时间停车，按上述方法停车后，通知值班室电工将低压盘空气开关断开后，停车 8h 后停阴、阳极振打；

（4）将电盘及收尘本体指针打到"接地"。

5. 运行中的检查

（1）任何人不准进入运行中的硅整流室和带高压电的地方；

（2）保持绝缘地板的干燥、清洁，停车时检查其绝缘程度；

（3）消防设施完整好用，整流机室温度在10~35℃之间；

（4）加强本岗位与有关岗位的联系，密切配合，以免误操作；

（5）改变高低线路及危险作业时，必须经有关人员批准后，方可进行，作业时不得少于2人，保证至少一人操作，一人监护；

（6）检查收尘设备或处理故障时，必须有两人以上人员工作，专人监护，并挂警告牌；

（7）到收尘器本体外部检查时，必须先和窑前主操联系，确认窑况是否正常，以免跑煤爆炸。

五、常见故障及处理

常见故障及处理见表3-16。

表3-16 熟料烧结的常见故障及处理

事故	故障现象	故障原因	处理方法
1. 回转窑			
跑煤	指煤粉不完全燃烧，而是以煤粉和一氧化碳形态随同废气一起排出熟料窑的现象	1. 前风不足，下煤不均，风煤配合不好，火焰软弱无力； 2. 通风不良，窑内气体量大； 3. 低温操作时间长，造成全窑温度下降，加煤太多，燃烧不完全	1. 应适当增加前后风； 2. 应适当增加排风； 3. 应减少用煤量或采取慢车处理，稳定火焰位置，尽快提起温度，恢复正常生产
跑黄料	烧成带温度低，发浑，物料发散粒小，流度速度快	1. 生料烘干不好或放灰不均，引起来大料，使窑内各带前移，操作未及时跟上； 2. 烧结温度控制不稳，波动大或长时间偏低	1. 加强喂料均匀性和控制放灰速度，保证烘干带水分； 2 加强风煤混合，稳定热工制度；窑内温度低，加煤提不起来，应采取停车或掩车处理
窑皮过厚	窑内积料增多，电流增大，烧成带的有效空间缩小，窑灰输送量增加；烧成带窑壳温度低于180℃	1. 生料浆成分波动大，窑灰循环不正常； 2. 煤粉成分和细度改变； 3. 操作上控制温度不当，长时间偏低	1. 稳定调配，检查窑灰原因； 2. 加强原煤质量的管理，细度要符合要求； 3. 加强操作，提高烧结温度
窑皮过薄	烧成带窑壳温度高于280℃以上时，一般是窑皮过薄	1. 烧结前后结圈及形成"大蛋"；火焰位置和控制温度不当； 2. 火焰过于集中，烧成带热力强度过高； 3. 生料成分变化大，操作条件配合不当； 4. 火焰窜动或温度忽高忽低	1. 及时进行偏低温度控制，火焰要软，以免损坏耐火砖； 2. 根据窑内料层情况，可适当减料，减低料层厚度； 3. 严禁高温和跑黄料

事故	故障现象	故障原因	处理方法
前结圈	从看火孔可以看到烧结带与冷却带分界处有高于窑皮的粘料凝固圈	1. 物料中初熔物多； 2. 火焰黑把子长，而且窜动，结圈处温差大； 3. 操持不稳，温度波动大	1. 当前结圈超过 500mm 高度，已影响正常生产时，应减少排风，压缩火焰，提高结圈温度，烘烤软化，然后提高温度使粘料在结圈上滚动；要防止滑动，更不要烧流，以免结圈前延和堵下料口； 2. 高温区必须控制在前结圈上，如高温区扩展到窑皮中心时，应适当降低温度放料，然后再局部提温；这样往返处理，直到结圈烧矮为止； 3. 为防止窑尾温度过低和燃料不完全燃烧，可适当减料，避免提温困难影响处理效果
后结圈	1. 窑内通风不良，窑尾负压升高，燃料燃烧不完全； 2. 窑灰量增大且窑灰粗，尾温下降，来料不均，火焰短，窑头温度高，烘干带取样水分大； 3. 窑负荷大，电流高	1. 物料中熔融物多； 2. 烧结带温度波动大； 3. 生料浆与燃料成分波动大； 4. 喷煤管位置不合适或喷煤管形状不合适	1. 当后结圈位置距窑皮前沿不超过 6m，结圈高度不超过 800mm 时，可将火焰置于后结圈处以偏高的温度掌握 4~6h 即可烧除，烧除后以正常火焰位置操作，防止上长； 2. 如后结圈较为严重，采取上述方法无效时，可减少下料量放料，拉大排风烧除；在放料期间排风要适当关小，否则因负压高，料不易放出，应采取"烧一阵，放一阵;"的方法；直至后圈烧除； 3. 烧除后应及时拉回喷煤管，关小排风，保持短火焰操作
窑前产生"大蛋"	1. 火焰不正常，忽长忽短，火焰尖端打旋，并发出响声； 2. 窑尾负压和大窑电流跳动大； 3. 窑壳外面有时可听到震动响声	1. 物料易熔物多，附窑皮脱落，后结圈高； 2. 不能及时排出和熟料黏结滚动而成	1. 观察"大蛋"位置，如在烧成带后面可将后结圈烧矮放出至烧成带处理；如"大蛋"较大，应将其烧小后放出； 2. 处理过程中应注意对前、后结圈的要求； 3. 及时修整窑皮，防止短厚窑皮和后结圈长高，是预防"大蛋"生成的有效措施
红窑	烧成带红窑	烧高温料、周期长、耐火砖薄、掉砖	应及时减料，尽快停火，继续转窑，将物料转空，停车
	大牙轮以前掉砖红窑	周期长，耐火砖薄，掉砖	可按上条方法执行
	大牙轮后部掉砖红窑	周期长，耐火砖薄，掉砖	小于 1m² 必要时可按短火焰维持操作，如果面积过大较快，应及时联系停车修补或换砖

续表 3-16

事故	故障现象	故障原因	处理方法
		2. 引风机	
引风机事故	排风机震动	1. 叶片结疤，不平衡； 2. 底座螺栓松动； 3. 温度过高，机壳变形； 4. 拉筋、叶片磨损严重	1. 停车打掉结疤，检查拉筋、叶轮； 2. 紧固螺栓； 3. 通知看火工关风； 4. 停车检修
	废气温度大于300℃	1. 窑前拉风大； 2. 窑前烧后结圈； 3. 喷枪堵枪、倒泵或缺料	1. 通知窑前关风； 2. 如因温度高造成磨机壳震动，或威胁安全生产时，可先关后风，后通知窑前； 3. 联系喷枪检查有无堵枪情况
	负压过大	窑内有结圈或窑尾至排风机结料，阻力增大	通知窑前并查明原因处理
	轴承温度高	1. 缺油； 2. 环境温度高； 3. 油脏或变质	1. 加足油； 2. 联系窑前降低废气温度； 3. 换油
	自动停车	1. 电网事故或电压降； 2. 电机过载跳闸； 3. 开关故障	1. 查明原因，并通知电工； 2. 将风门拉大，通知窑前，减料或停窑； 3. 详细检查设备后再试车
	电机温度过高	1. 电流过载； 2. 环境温度高； 3. 电机内部有毛病	1. 通知电工，汇报领导； 2. 降低转数关小风门； 3. 联系窑前降低废气温度
		3. 电收尘	
电收尘事故	1. 窑上操作被动，跑煤严重； 2. 窑气分析CO大于0.3%； 3. 电收尘入口温度大于270℃	燃料燃烧不完全是造成电收尘爆炸的主要原因；由于可燃物或可燃气体在收尘器中积存，电晕放电或温度过高而引起爆炸	1. 会同收尘工详细检查设备有无损坏，严防爆盖子，当窑正常后送电检查确无问题，方可正常运行； 2. 如发现收尘器内着火应立即停窑，停排风机、鼓风机，然后再详细检查； 3. 着火严重时，立即报警，切断电源并撤离
	开窑后初开车电流大、电压低、跳闸	1. 废气温度低，石英管结露； 2. 胶木板受潮击穿	1. 升高温度再送电； 2. 初开车电压要低
	正常生产时，一台收尘几个盘电流都降低，电压高时闪络、冒烟大，但窑前操作正常	1. 窑前料少，火焰长； 2. 拉风大，温度高，过剩空气系数大（废气含O₂高）	1. 联系窑前加料或关后风； 2. 把废气含氧量降到3.0%以下
	大窑操作正常，电收尘送电电压不低，但电流较小，烟囱冒烟大，螺旋窑灰大	1. 旋风收尘堵，造成电收尘含尘浓度大，有电晕闭锁现象； 2. 喷枪靠外	1. 联系料浆槽岗位操作工，检查旋风收尘下灰管是否堵塞； 2. 联系喷枪工，调整喷枪位置

事故	故障现象	故障原因	处理方法
电收尘事故	大窑和电收尘都正常，但某一个组阴极架摆动，电压不高，停电半小时再送电正常，但没过多久又出现问题	1. 由于排风量的变化或烟气分布不均，造成收尘器局部电流不稳（作用于阴极架上的风力吹、吸交替），使阴极架摆动； 2. 由于阴极架不稳，产生放电现象，周期性循环摆动（似钟摆一样）	1. 联系窑前关风； 2. 调整进口风门； 3. 把电位其"上升率"降低，"下降率"提高，"电流极限"降低，破坏其共振周期； 4. 调整变压器抽头或串联电阻，使变压器输出电压降低，避免闪络； 5. 如果温度高可错开一点盖子，改变收尘气流方向（但温度低时不可这样做，避免结灰）
	送电正常，电流大，收尘效率不高（冒烟大）	1. 温度低，跑煤冒黑烟，粉尘比电阻变小，有再次飞扬尘现象； 2. 墙角极框有积灰，造成短路； 3. 风速大，打灰时有二次扬尘，或有旁路气流	1. 提高温度； 2. 消除积灰； 3. 降低风速，降低第三级振打频率
	电压送不高，拉弧跳闸，经调整仍无好转（用其他盘代送仍不好），收尘器伴有放电声	1. 断极线； 2. 阴极架不稳； 3. 有金属杂物	1. 停电降温进入接极线； 2. 停电降温进入固定阴极架； 3. 停电降温进入取出金属杂物
	电流大（200mA），V_1 低、V_2 近似零，并延时跳闸（用其他盘代送情况不变）	1. 漏斗积灰满； 2. 断极线或短路； 3. 石英管坏或温度低放电； 4. 胶木板击穿	送电观察放电部位，判明原因，停电降温进入收尘器内处理
	其他送电正常，其中一个组电压不低，电流小，闪络	1. 振打失效，极线结灰； 2. 极距发生变化	修理振打，待停窑检修调极距
	初次开车，电压、电流达不到额定值，闪络，拉弧	1. 可控硅导角小，峰值高，造成收尘器放电； 2. 电抗器匹配不好，L 值小（波形不连续）； 3. "上升率""下降率"调整不合适（拉弧多是灵敏度高）	1. 调整变压器抽头，降低电压比； 2. 把电抗器加大； 3. 把"上升率"和"下降率"降低
	接通主令开关（门锁），两个指示灯均发暗光，开关不吸，盘内有电，小保险不断	总保险断一相	检查换保险
	接通主令开关（门锁），指示灯亮，按启动按钮，J2 不吸	1. 开关接触不好； 2. 小保险熔断； 3. 插件后插座接触不好； 4. 门锁开关接触不好	1. 用验电表检查各点是否有电，以判断故障点； 2. 用万能表或考表测各点接点是否接通； 3. 用导线短接各点作启动试验
	主回路开关正常，指示灯亮，但各仪表无指示，只有导通角表指示正常	1. 可控硅保险熔断； 2. 接触器→变压器线断	1. 用万用表测电盘输出端子，如无电压则电盘内断路； 2. 换可控硅快熔，如开车再次熔断，勿再启动，则另有故障，请专人处理

事故	故障现象	故障原因	处理方法
电收尘事故	连续启动两次（或拉弧两次），仍然跳闸	"上升率"低，"下降率"大，延时太短	适当调整电位器，更换4号插件板
	多次拉弧不跳闸，位于低电压，仍然不跳闸	1. BG17漏电； 2. C15接地； 3. BG25、SCR3坏； 4. 灵敏继电器坏	更换4号板
	开车或运行中"A"值太大，"mA"值都较小，电抗器和交流接触器声音大，两只可控硅温差大	偏励磁（即一只可控硅导通，变压器为半波交流电）	1. 检查可控硅的控制线路是否接触良好； 2. 更换控制器2号插件板
	开车后，电压、电流立即升至最大	1. 可控硅坏； 2. 可控硅阻容保护元件短路	更换SCR和电容器
	电压、电流都很低，连续拉弧（用别的盘试送收尘器无问题）	1. 高压硅堆（接地臂）击穿，反馈信号为很强的交流信号； 2. 5号板坏（R16、L2、C13坏），造成反馈信号太强； 3. 电流反馈信号取样电阻（R_5）接地不好，取样信号太强	降低取样信号，更换5号板，更换硅堆
	电压、电流都较大，电流极限失控	1. 5号插板有毛病； 2. 电流避雷器击穿（负反馈信号接地）； 3. 电流反馈线接地（负反馈信号接地）	1. 更换5号插件； 2. 更换避雷器； 3. 排除接地处
	在正常运行中，变压器温度突然升高，冒油，"A"值大，"mA""kV""V"值都很小	1. 变压器烧坏； 2. 硅堆击穿； 3. 变压器内电容击穿	停车检修
	在正常运行中，电压很低，电流很大，跳闸。拆掉收尘器引线仍然不好	1. 电缆坏； 2. 高压套关断线接地	修整电缆，更换套管内导线
	在运行中，整流室内绝缘子放电。不放电时，电流为零	高压线断造成开路过电压而放电	收尘器接地再次试送，如电流很大，则不是开路。仍无电流，则是高压线断，停车检修

学习情境四　熟料溶出

学习任务一　熟料溶出的意义

将熟料中碎细磨后，在稀碱溶液中溶出，得到铝酸钠溶液和赤泥沉淀。

学习任务二　熟料烧结的原理、工艺

一、衡量熟料溶出效果的指标

熟料溶出作业的效果通常是用熟料的氧化铝净溶出率和氧化钠净溶出率两个指标来衡量的。

氧化铝净溶出率的公式：

$$\eta_{A净} = \frac{A_{熟} - A_{赤} \cdot \dfrac{C_{熟}}{C_{赤}}}{A_{熟}} \times 100\% \qquad (3\text{-}51)$$

氧化钠净溶出率的公式：

$$\eta_{N净} = \frac{N_{熟} - N_{赤} \cdot \dfrac{C_{熟}}{C_{赤}}}{N_{熟}} \times 100\% \qquad (3\text{-}52)$$

二、熟料溶出过程的反应

生产中把熟料中的氧化铝和氧化钠进入溶液的反应称作主反应，也叫一次反应。把原硅酸钙与铝酸钠溶液的反应称作副反应，也叫二次反应。

三、熟料溶出工艺

熟料溶出工艺如图 3-39 所示。

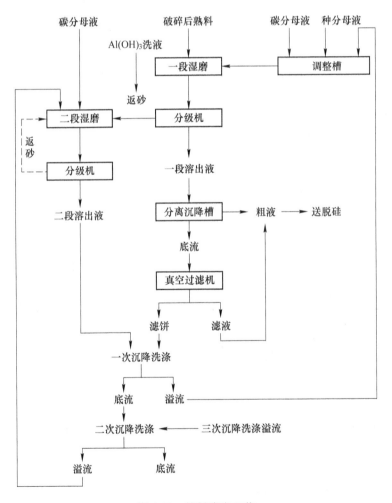

图 3-39　熟料溶出工艺

学习任务三 实验室溶出铝酸钠溶液

从高铝粉煤灰中溶出的 $NaAlO_2$ 溶液含有一定量的 SiO_2，因此又称铝酸钠粗液。铝酸钠粗液中的 SiO_2 会引起氧化钠和氧化铝的损失、在生产设备和管道及热交换器表面形成结疤、增加能耗和设备维护量、造成氧化铝产品质量下降，因此 $NaAlO_2$ 粗液中的 SiO_2 是碱法生产氧化铝工艺中最有害的杂质，所以需要对其做进一步的除杂处理才能制备出冶金级的 Al_2O_3。工业上对 $NaAlO_2$ 粗液进一步处理的相关研究已经十分深入，技术也十分成熟，鉴于此，本书不再对该过程进行详细阐述，只是对目前国内外处理 $NaAlO_2$ 粗液普遍所采取的工艺及本次实验过程和结果作一个简单的介绍。本次实验按照工业上的有关方法和工艺对由高铝粉煤灰所制备的铝酸钠粗液进行处理，最终在实验室中获得了纯度达99.97% 的 Al_2O_3。

$NaAlO_2$ 溶液按照提取方式的不同有拜耳法和烧结法之分，其中拜耳法获得的 $NaAlO_2$ 溶液浓度较大，苛性比（以 NaOH 形式存在的 Na_2O 与 Al_2O_3 的摩尔比）较高，一般只需一次深度脱硅，将 $NaAlO_2$ 溶液的硅量指数（Al_2O_3 与 SiO_2 的质量比）提高到 300~350 后，再通过晶种分解法沉淀出 $Al(OH)_3$；而烧结法所制备的 $NaAlO_2$ 粗液溶液浓度相对较稀，一般先采用两段脱硅法，将硅量指数升高到 1000 以上，然后采用碳分法沉淀 $Al(OH)_3$。

本次实验在不同条件下用高铝粉煤灰制备的 $NaAlO_2$ 溶液，Al_2O_3 质量浓度为 80~120g/L，苛性比约为 1.1~1.3，硅量指数为 62~88，与铝土矿烧结法所制备的 $NaAlO_2$ 溶液特点比较类似，因此，本次实验采用两段脱硅法对 $NaAlO_2$ 溶液进行深度脱硅，脱硅之后采用碳酸分解法制备 $Al(OH)_3$ 乃至 Al_2O_3，取得了较好的效果。

一、铝酸钠粗液的深度脱硅

对于烧法所制备的 $NaAlO_2$ 粗液，工业上一般采用二段脱硅法，第一次在 150~170℃ 及 $5.05×10^5Pa$ 下向粗液中加入少量赤泥，在高温高压下脱硅，使其中的部分 SiO_2 结渣沉淀；第二次则加入一定量的石灰乳在 100℃ 下进行压煮脱硅。一般经过这两次脱硅之后，$NaAlO_2$ 中 SiO_2 的浓度就可达到要求。但两次脱硅法程序复杂，物耗和能耗较大。目前有人在实验室采用一次脱硅法，就能达到很好的除硅效果，所采用的脱硅剂之一就是六水合铝酸钙（$3CaO \cdot Al_2O_3 \cdot 6H_2O$），方法大致如下：把一定量的生石灰（CaO 与 Al_2O_3 的摩尔比为 1:3）加水搅拌制成石灰乳后加入低硅（SiO_2 含量小于 0.02%）的偏铝酸钠溶液中，制成六水合铝酸钙，将其磨细后加入待处理的偏铝酸钠溶液中，在 120℃ 下搅拌 4h，就能把溶液中的硅量指数提高到 1000 以上。主要的反应如下：

$$3CaO + 2NaAlO_2 + 7H_2O \Longrightarrow 3CaO \cdot Al_2O_3 \cdot 6H_2O + 2NaOH \tag{3-53}$$

$$3CaO \cdot Al_2O_3 \cdot 6H_2O + xSiO_2(OH)_2^{2-} \Longrightarrow 3CaO \cdot Al_2O_3 \cdot xSiO_2 \cdot (6-2x)H_2O + 2xOH^- + 2xH_2O \tag{3-54}$$

此外，已有的研究结果表明，碳酸钙、水合碳铝酸钙、水合硫铝酸钙等作脱硅剂也具有很好的脱硅效果。铝酸钠粗液经深度脱硅之后就变为 SiO_2 含量符合碳分要求的铝酸钠精化液了。

二、铝酸钠精化液的二氧化碳分解

铝酸钠精化液的碳酸化分解是一个气、液、固三相参加的复杂的多相反应，碳酸化分

解的目的是通过向 $NaAlO_2$ 溶液中通入 CO_2，与 $NaAlO_2$ 溶液发生化学反应，促使 $NaAlO_2$ 分解为 $Al(OH)_3$ 和 Na_2CO_3，过滤后得到 $Al(OH)_3$ 沉淀和 Na_2CO_3 溶液，达到 Al、Na 分离的目的，这方面的研究已经非常成熟。碳酸化分解的工艺过程简介如下：70～90℃下，向深度脱硅后的 $NaAlO_2$ 精化液以一定的气流量通入 CO_2，并以一定的速度进行搅拌，在通气的过程中，气流量、搅拌速度均随溶液的 pH 值进行调整。在碳分过程中 CO_2 和 $NaAlO_2$ 精化液的反应过程如下：

CO_2 首先和 $NaAlO_2$ 溶液中游离态的 NaOH 发生快速反应：

$$CO_2 + 2NaOH = Na_2CO_3 + H_2O \tag{3-55}$$

溶液中 OH^- 离子浓度的降低促使 $NaAlO_2$ 发生水解反应：

$$2NaAlO_2 + 3H_2O = 2NaOH + 2Al(OH)_3\downarrow \tag{3-56}$$

总的反应可描述为：

$$2NaAlO_2 + CO_2 + 3H_2O = 2Al(OH)_3\downarrow + Na_2CO_3 \tag{3-57}$$

工业上一般采用连续进料和分段通气法来提高 CO_2 的利用效率，并降低 $Al(OH)_3$ 中的 Na_2O 含量。

学习任务四　熟料溶出的设备与操作

一、熟料溶出操作

（1）开车：

1）检查各个设备是否完好；检查电气系统、润滑系统；

2）开启油泵；

3）开磨运转；

4）加入调整液；

5）液量正常后开分级机；

6）返砂流槽畅通后，通知板式机下料。

（2）停车：

1）接到通知后，停止下料；

2）继续用调整液刷磨；

3）当分级机无返砂后停止加调整液；

4）同时，依次停分级机、磨机、油泵。

（3）正常操作：

1）保证磨机满负荷运转；

2）经常倾听磨内钢球声音，及时调整下料量，不得跑大块及无过磨现象，使赤泥颗粒保持良好的沉降性能（磨内发出钢球撞击声或钢球撞打衬板声，则表明熟料粒度硬度变小，此时要增加下料量；磨内发出闷声甚至倒料声，则表明熟料粒度硬度大，此时要减少下料量）；

3）与沉降槽联系进料液固比，及时调整进磨液量；

4）定时补充钢球。

二、常见故障及处理

（1）磨机排大块（跑粗）。故障发生原因：1）熟料温度低，溶出不畅；2）熟料硬度大；3）熟料加得过多。故障处理方法：1）熟料温度低，则停止下料；2）熟料硬度大或加得过多，则通知减小下料量。

（2）返砂流槽堵。故障发生原因：磨机排大块。故障处理方法：1）用铁棍捅开；2）开大入磨液量进行冲刷。

（3）堵给矿机。故障发生原因：入磨物料有杂物或大块。故障处理方法：先停料停液再进行处理。

学习情境五　分　级　分　解

学习任务一　分级分解的意义

氧化铝生产过程中的分级分解是氧化铝生产的重要工序之一，为了生产出优质的 $Al(OH)_3$，要求铝酸钠溶液具有较高的硅量指数（A/S）和适宜的分解浓度。$Al(OH)_3$ 的质量是由杂质的含量和 $Al(OH)_3$ 的粒度决定的。如果分解的工艺条件掌握得不好，就会得到结构恶劣、杂质含量高的 $Al(OH)_3$。如果分解条件控制适宜，含量较高的铝酸钠溶液也可以得到优质的 $Al(OH)_3$。分解过程是保证产品质量的一个重要工序。

铝酸钠溶液结晶析出氢氧化铝悬浮溶液经沉降、洗涤、过滤过程得到固体氢氧化铝，这个工序产出的氢氧化铝质量指标，如二氧化硅含量、氢氧化铝颗粒强度和砂状率主要是由分解工艺过程决定的，分解过程直接影响着氢氧化铝和氧化铝的质量，研究分解工艺过程和影响因素，对提高生产氧化铝最终产品质量和生产效率具有重要的意义。

学习任务二　分级分解的原理、工艺

一、种分分解

晶种分解就是将铝酸钠溶液降温并加入氢氧化铝作为晶种并进行搅拌，使其析出氢氧化铝的过程，简称种分。分解后得到氢氧化铝晶种和氢氧化铝晶体，晶种送入铝酸钠溶液进行晶种分解，氢氧化铝晶体经过洗涤后进行焙烧得到氧化铝。

（一）种分分解的技术指标

1. 种分分解率

种分分解率（η）是指铝酸钠溶液中分解析出的氢氧化铝中所含氧化铝数量占精液中所含氧化铝数量的百分数。

$$\eta = \left(1 - \frac{\alpha_{K精2}}{\alpha_{K精1}}\right) \times 100\% \tag{3-58}$$

式中　$\alpha_{K精2}$——分解后精液的苛性比；

　　　$\alpha_{K精1}$——分解前精液的苛性比。

2. 分解槽的单位产能

分解槽的单位产能是指每昼夜从每 $1m^3$ 铝酸钠溶液中分解出来的氧化铝数量。

$$P = \frac{A_原 \cdot \eta}{T} = \frac{A_原 \cdot (\alpha_母 - \alpha_原)}{T \cdot \alpha_母} \tag{3-59}$$

式中　P——分解槽单位产能，$kg/(m^3 \cdot h)$；

T —— 分解时间，d。

分解槽单位产能与分解原液的浓度成正比，与分解母液和分解原液的苛性比值差成正比，而与分解时间、分解母液的苛性比值成反比。提高原液浓度，则分解槽单位产能可提高，但溶液的稳定性会增大，分解时间延长；反之，提高母液浓度时，分解速度和分解率可以增加，但单位体积稀释液中析出的氢氧化铝会减少，实际生产中必须兼顾。

3. 氢氧化铝的品质

氧化铝的纯度和一些物理性质（如粒度）主要取决于氢氧化铝的纯度和粒度。

（1）氢氧化铝的纯度。氢氧化铝产品中氧化硅、氧化铁、氧化钠等杂质含量不能超过一定的限度。氧化铁的来源主要是浮游物。氧化硅的来源则有两个途径：一个途径是浮游物黏附在氢氧化铝产品中；另一个途径是分解过程的脱硅反应。氧化钠在氢氧化铝产品中的存在有四种形式：

1）附着碱：析出氢氧化铝颗粒所挟带母液中的碱和附着于氢氧化铝颗粒表面的碱。

2）晶间碱：氢氧化铝结晶集合体空隙中包裹的母液所带的碱。

3）化合碱：以含水铝硅酸钠形式存在于氢氧化铝晶体中的碱。

4）晶格碱：取代氢氧化铝中的氢离子而进入氢氧化铝晶格中的碱。

（2）氢氧化铝的粒度。氢氧化铝的粒度控制是晶种分解过程中的主要任务。

（二）晶种分解的机理

1. 晶种分解的化学过程

$$NaAl(OH)_4 \rightleftharpoons Al(OH)_3 + NaOH \tag{3-60}$$

反应向左进行：反应条件控制在高温、高苛性比值和高碱浓度条件下，就是铝土矿的溶出过程，制得铝酸钠溶液；

反应向右进行：控制在低温、低苛性比值和低碱浓度条件下，就是过饱和的铝酸钠溶液结晶析出氢氧化铝的化学过程。

2. 晶种分解的物理过程

四个步骤：氢氧化铝晶核的形成、氢氧化铝晶体的长大、氢氧化铝晶体的破裂和氢氧化铝晶体的附聚。

（1）氢氧化铝晶核的形成（一次成核、二次成核）。成核是指由于溶液中其他物质的质点或者过饱和溶液本身析出的新固相质点。成核过程在理论上又可分为两类：一类是溶液过饱和以后自发形成的，称为"一次成核"；另一类是受外界影响而产生的晶核，称为"二次成核"。在铝酸钠溶液分解过程中，由于它的过饱和度总是低于产生自然成核的最低值，且在分解过程又总是添加晶种，故一次成核作用在此可以不予考虑。

分解原液过饱和度越大，晶种表面积越小，温度越低，生成的次生晶核就越多。控制好二次成核的数量对种分过程获得符合粒度要求的氢氧化铝是十分重要的。

（2）氢氧化铝晶体的长大。氢氧化铝晶体的长大是指从铝酸钠溶液中析晶出来的氢氧化铝均直接沉积于晶种表面并使晶种长大的过程。氢氧化铝晶体长大的速度取决于分解条件，溶液的过饱和度大，有利于晶种长大，但过大将会使晶体的质点排列不规整，产生枝晶，导致次生成核，使细颗粒增多。

提高分解温度和保持分解精液过饱和度适宜的方法是结晶的长大缓慢均匀，减少枝晶的生成，使晶体颗粒粗、强度高。

（3）氢氧化铝晶体的破裂。氢氧化铝晶粒破裂和磨蚀称为机械成核。氢氧化铝晶体颗粒之间的碰撞以及颗粒与槽壁、搅拌器之间的碰撞，使结晶体破裂。氢氧化铝的破裂越多，氢氧化铝晶体的粒度越细小。当搅拌强烈时，颗粒易发生破损；当搅拌强度较小时，只出现颗粒的磨损，这时晶粒大小并无太大的变化。另外，在管道输送及与泵的叶轮碰撞过程中都有晶粒破裂和磨蚀在发生。

（4）氢氧化铝晶体的附聚。氢氧化铝的附聚是指一些细小的晶粒相互依附并黏结成为一个较大的晶体的过程，氢氧化铝的附聚包括两个步骤：一是细小的氢氧化铝由于互相碰撞，有些附聚在一起形成联系松弛、机械强度很低的絮团，由于强度低，可能重新分裂；二是附聚在一起的絮团，由于从铝酸钠溶液中析出的氢氧化铝在其表面的不断沉积，起到"黏合剂"的作用，其表面的缝隙被黏结弥合，形成结实的附聚物。研究表明，晶粒越小，越易附聚，由小晶粒构成的附聚体进而还可以附聚成较大的附聚体，但大的附聚体强度较差，易破损。

在分解的过程中，附聚作用、二次成核和结晶长大是同时发生的，但程度因条件不同而有差异。

（三）影响晶种分解的主要因素

1. 分解精液苛性比值的影响

任何铝酸钠溶液的苛性比值较其在一定温度下平衡的苛性比值小，则其过饱和的程度越大，自发分解的倾向也就越大。苛性比低时，过饱和度大，分解速度较快，如果温度较低，将会产生大量的次生晶核，使氢氧化铝的粒度变细；如果在较高的温度下分解，则有利于晶种的附聚和长大。

2. 分解精液氧化铝浓度的影响

在一定温度制度下，当分解精液的苛性比值不变时，增加分解精液的氧化铝浓度会使铝酸钠溶液的过饱和度降低，分解速度和在一定时间内的分解率会下降，但设备的单位产能却上升。当温度低时，分解精液对粒度的影响更加显著。

3. 分解温度的影响

分解温度特别是初温是影响氢氧化铝粒度的主要因素。分解温度高有利于避免次生核晶的生成，得到结晶完整、强度较大的氢氧化铝。

随着温度的升高使溶液的黏度降低，从而使溶液内部颗粒移动速度变大，促使已生成的晶体长大。相反，在较低温度下分解，溶液的黏度较大，晶核较多，虽然溶液的分解率较高，但所得的氢氧化铝颗粒较细。

4. 晶种的影响

晶种的添加量通常用晶种系数（也称种子比）来表示。晶种系数是指作为晶种的氢氧化铝中的氧化铝数量与用以分解的精液中的氧化铝数量的比值。当其他条件及晶种粒度和活度相同时，提高晶种系数，晶种表面积随之增加，因而分解速度加快。但是，过高的晶种系数，一方面使氢氧化铝在生产流程中的循环量增大，带来设备及动力费用的增加；另一方面，由于种子不经洗涤，会导致种子附液进入分解精液的数量增多，从而使分解精液的苛性比值升高，分解速度于是不再提高。

晶种的质量是指晶种的活性及强度的大小，它取决于晶种制备的方法、条件、保存的时间及结构和粒度等。研究表明，采用高强度的晶种才能制得强度大的产品，晶种的强度是通过合适的分解制度来达到的。

5. 分解时间的影响

在其他条件不变的情况下，分解时间的延长可使氢氧化铝的分解率提高，母液的苛性比值增加。

研究表明不论分解条件如何，分解前期析出的氢氧化铝最多，随着分解时间的延长，分解速度越来越小，母液的苛性比值增加越来越小，分解槽的单位产能也越来越低，过分的延长分解时间是不可取的。

延长分解时间还会造成细颗粒增多，原因是溶液过饱和度减小，温度降低，黏度增大，结晶长大的速度减小，而长时间的搅拌，使晶体破裂和磨蚀的程度在增大，产生了细小颗粒。

6. 搅拌的影响

机械搅拌和空气搅拌可以使氢氧化铝晶种能在铝酸钠溶液中保持悬浮状态，以保证晶种与溶液有良好的接触；还可以使溶液的扩散速度加快，保持溶液浓度均匀，破坏溶液的稳定性，加速铝酸钠溶液的分解，并能使氢氧化铝晶体均匀长大。

搅拌速度过慢过快都是不利的。过慢不但起不到搅拌的作用，甚至还有可能造成氢氧化铝沉淀；过快则有可能把生成的氢氧化铝晶体打碎，造成氢氧化铝晶体变细。

7. 杂质的影响

铝酸钠溶液中的杂质通常有氧化硅、有机物、硫酸钠和碳酸钠以及其他微量元素等。

氧化硅的存在使铝酸钠溶液的稳定性增加，阻碍分解过程的进行。

有机物在溶液中的存在，使铝酸钠溶液的黏度增大，因而铝酸钠溶液的稳定性增加，分解速度减慢。

碳酸钠和硫酸钠的浓度增加时，溶液黏度增加，分解率下降。

杂质对分解的影响是非常有害的，生产中应尽量降低杂质的含量。

（四）种分分解的生产工艺

连续分解是由上一工序来的分解精液，首先进板式热交换器内用分解母液冷却降温或用真空降温进行冷却，然后用泵送入进料分解槽，与此同时，向槽内加入晶种，溶液的分解在一组串联的连续分解的分解槽内进行。分解浆液通过位差自流，利用具有一定坡度的流槽从一个分解槽流到另一个分解槽，直到最后一个出料分解槽，如图 3-40 所示。

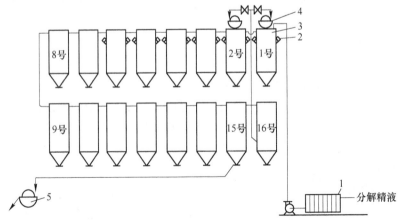

图 3-40　晶种分解的工艺流程图

1—板式换热器；2—冷却水管；3—1 号分解槽（进料分解槽）；4—晶种过滤机；5—成品过滤机

二、碳分分解

碳酸化分解是往铝酸钠溶液中通入 CO_2 气体，使其分解析出氢氧化铝的过程，它是决定氧化铝产量和质量的重要工序。

(一) 碳分分解率

碳分分解率与种分分解率的意义是一样的，公式如下：

$$\eta_{碳} = \frac{A_{精} - A_{母} \times \dfrac{N_{精}}{N_{母}}}{A_{精}} \times 100\%$$

式中 $\eta_{碳}$ ——碳酸化分解率，%；

$A_{精}$，$A_{母}$ ——精液和碳酸化分解母液的 Al_2O_3 浓度，g/L；

$N_{精}$，$N_{母}$ ——精液和碳酸化分解母液的总 Na_2O 浓度，g/L。

(二) 碳分分解原理

碳酸化分解过程是包含液-固-气反应的多相复杂过程。

分解过程开始时，通入溶液中的 CO_2 与部分游离苛性碱发生中和反应：

$$2NaOH + CO_2 + aq \Longrightarrow Na_2CO_3 + H_2O + aq \qquad (3-61)$$

反应的结果使溶液苛性比值下降，使铝酸钠溶液的过饱和度增大，稳定性降低，于是产生铝酸钠溶液自发分解的析出反应：

$$NaAlO_2 + 2H_2O \Longrightarrow Al(OH)_3 + NaOH \qquad (3-62)$$

由于连续不断地通入 CO_2 气体，游离苛性碱不断被中和，从而使溶液的苛性比值始终很低，铝酸钠溶液一直呈不稳定的状态，析出反应会持续进行。因此，在碳酸化分解时，即使不加晶种，也具有较大的分解速度。

(三) 碳分分解速率的影响因素

1. 分解原液的分子比

在分解过程中，分解液的分子比是影响分解速度的最重要的因素之一。因为分子比降低，引起溶液的过饱和度增大。对一定分子比的溶液来说，分子比越低，其适宜的溶液浓度越高。在碳酸化分解过程中，随着二氧化碳的连续通入，溶液始终保持较高的过饱和度。

2. 二氧化碳气体的纯度、浓度和通气时间

CO_2 气体的纯度主要是指它的含尘量。因为粉尘的主要成分 CaO、SiO_2 和 Fe_2O_3 等都是氧化铝中的有害杂质。碳酸化分解的用气量很大，气体中的粉尘全部进入氢氧化铝中。为了保证氢氧化铝的质量，气体必须经过净化洗涤。

二氧化碳气体的浓度和通入的速度决定分解速度。生产实践证明，采用高浓度的石灰炉炉气，分解速度快。在均匀通气时，分解时间缩短，溶液分解速度降低。

3. 碳分温度

碳分温度高有利于氢氧化铝晶体的长大。工业生产上采用高浓度的石灰炉炉气，无需另外保温，碳分温度就可保持在85℃以上。

分解温度是影响氢氧化铝粒度的主要因素。一般来说，提高温度使晶体长大的速度大大增加，降低温度使溶液的过饱和度增加，但是温度太低，又会提高二次成核的速度，使产品细化，再加上低温下溶液的黏度增大，影响分解过程的进行。

4. 晶种

许多生产实践证明，添加一定量的晶种，能改善碳分时氢氧化铝的晶体结构和粒度组成，对产品中的含量有影响。

在精液中预先添加一定数量的晶种，在碳酸化初期不致生成分散度大，吸附能力强的氢氧化铝，减少它对 SiO_2 的吸附，所得氢氧化铝的杂质含量减少而结晶体结构和粒度组成也有所改善。添加晶种还能改善氢氧化铝的结晶结构，使氢氧化铝粒度均匀，降低碱含量。添加晶种的不足之处是使部分氢氧化铝循环积压在碳分流程中并且增加了分离设备的负担。

5. 搅拌

铝酸钠溶液的碳酸化分解过程是一个扩散控制过程。加强搅拌可使各部分溶液成分均匀并使氢氧化铝处于悬浮状态，可加速碳酸化分解过程，防止局部过碳酸化的现象。加强搅拌还能改善氢氧化铝的结晶结构和粒度，减少碱的含量，提高 CO_2 的吸收率，减轻槽内结疤程度以及沉淀的产生。单靠通入 CO_2 气体的鼓泡作用所产生的搅拌强度是不够的，还必须装置机械搅拌或空气搅拌才能将氢氧化铝搅起。

（四）碳分分解工艺

目前氧化铝生产过程中大多采用碳酸化连续分解工艺，如图 3-41 所示。碳分精液首

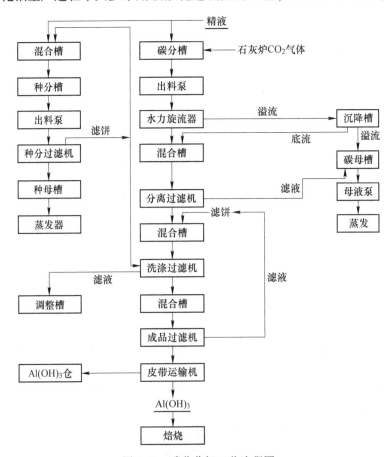

图 3-41　碳分分解工艺流程图

先进入连续碳分槽,在分解槽中不断通入 CO_2 气体,进行碳酸化分解。根据各槽碳分分解梯度的不同要求,调整各槽通气量,使碳分分解达到工艺要求的分解率。碳分出料由出料泵送入旋流器分级,旋流器底流进入底流混合槽后送往成品过滤机,溢流进入沉降槽,沉降槽的溢流与底流过滤机的母液一起送蒸发,沉降槽的底流除大部分做自身种子外,其余部分送底流混合槽。

学习任务三　实验室制氢氧化铝

一、种分分解的目的

种分分解的目的是得到高纯度的氢氧化铝。

$$NaAlO_2 + 2H_2O \Longrightarrow Al(OH)_3 + NaOH$$

二、主要仪器及设备

可调温度加热套、搅拌器。

三、实验步骤

(1)将铝酸钠溶液保持 100℃ 蒸发,得到较高浓度。

(2)加入少量的氢氧化铝固体。

(3)保持室温,以一定速度进行搅拌至不再有大量氢氧化铝析出。

(4)将氢氧化铝与氢氧化钠混合物进行过滤、分析、洗涤,得到氢氧化铝。

学习任务四　分级分解的设备与操作

一、种分分解

(一)种分分解的生产流程

种分分解生产流程图如图 3-42 所示。

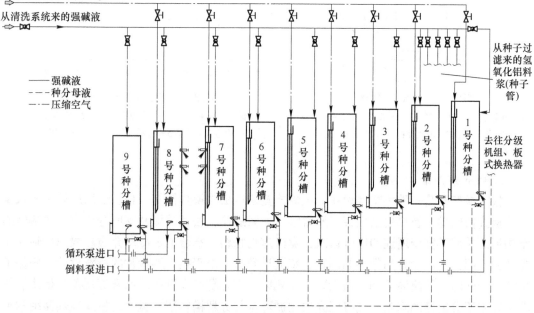

图 3-42　种分分解生产流程图

(二) 相关设备简介

1. 种分分解槽

种分分解槽为铝酸钠溶液晶种分解的主要设备，主要有空气搅拌槽和机械搅拌槽两种形式。

空气搅拌多为锥底槽，结构如图 3-43 所示。压缩空气从主风管进去，在中央循环管下部形成料浆与空气的混合物。因其密度小于外料浆密度而上升促使料浆循环而达到搅拌的目的。其主要缺点是用压缩空气搅拌，需要大量的动力消耗；种分液混合不均匀，槽体上下浓度差可达 30% 以上。

机械搅拌槽多为平底槽，采用桨式搅拌，结构如图 3-44 所示。螺旋桨叶具有特殊形状，槽壁上装设有挡板，可以造成很强烈的搅拌强度而动力消耗并不增加。由于采用了机械搅拌，种分槽的容量较空气搅拌槽要大得多，单位产品的动力消耗低，种分液混合较均匀，上下浓度差可控制在 5% 以内。

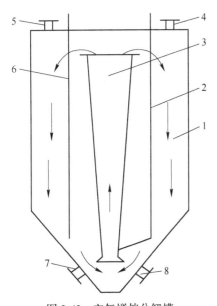 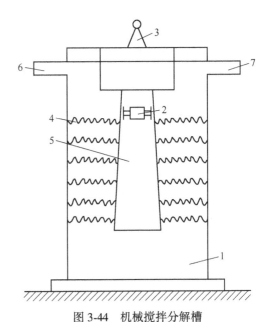

图 3-43　空气搅拌分解槽　　　　　　图 3-44　机械搅拌分解槽

1—分解槽；2—主风管；3—中央循环管；4—进料口；　　　1—槽体；2—叶轮；3—传动装置；4—盘旋冷凝管；
5—排气口；6—副风管；7—入口；8—出料口　　　　　　5—中心循环管；6—进料溜槽；7—出料溜槽

2. 板式换热器

板式换热器是一种热交换设备。全焊式宽通道板式换热器是一种全部采用焊接方式制造的板式换热器，换热器由板束、压紧板、夹紧螺栓、法兰盖板及支座等组成。换热器的结构形式采用了宽窄通道的组合模式，宽流道走物料，窄流道走冷却介质。根据冷热介质参数的不同，可以设计制作不同的宽、窄流道间距。由于换热器板片的特殊设计，确保了宽流道的间隙，使流体流动畅通无阻、无死区，不容易产生沉积、堵塞等现象。板式换热器主要用于分解槽的降温，其降温介质为循环水与分解槽料浆。宽通道板式换热器结构示意图如图 3-45 所示。

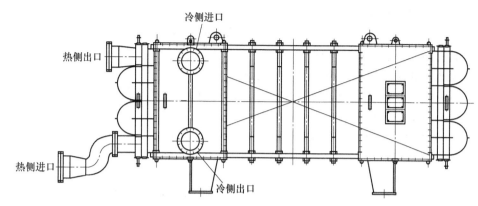

图 3-45　宽通道板式换热器结构示意图

宽通道焊接式板式换热器的主要技术特点如下：

（1）适应范围广。

（2）传热效率高。

（3）压力损失小。

（4）不易积料、结疤。

（5）结构紧凑、占地面积小。

（三）设备操作

1. 分解槽操作

（1）开车前的准备工作：

1）接到开车通知，倒好流程。

2）停车超过 1 个月的电气设备需检测绝缘合格，并送电。

3）盘车两周无异常现象。

4）检查设备，清理检修后，风管、槽内是否有杂物、结疤等。

5）检查仪器、仪表齐全可靠。

6）检查落实安全防护罩、盖板完好。

7）确认搅拌的转向正确。

8）检查各润滑点并确认油质、油位正常。

9）检查急停开关情况并落实复位。

10）检查各连接部位螺栓，松的要紧固，缺的要补上。

11）检查阀门是否灵活好用，槽提料风阀、出料阀是否关闭。

（2）开车：

1）通知进料，液位到底层桨叶位置时通知主控室启动搅拌。

2）液位超过 12m 时开始缓慢打开提料风阀向下一个槽进行提料。

（3）运行中的检查：

1）检查分解槽的温度是否符合控制要求。

2）检查润滑情况是否良好。

3）检查设备的运行声音是否正常。

4）检查地脚螺栓是否松动。

5）检查轴承温度，夏季不大于80℃，冬季不大于70℃。

6）检查电机温度不高于80℃。

7）检查电机运行电流，不得超过额定值。

8）开大风管，把槽底的粗晶粒逐级提进后一个槽子，每班执行一次。

9）检查仪表是否正常稳定。

10）经常检查槽液面，尽量保持出料槽的高液面操作。

（4）停车：

1）接到值班员命令后，方可进行停车操作。

2）闸断进料、继续提料到最低位置时关掉提料风阀启用倒料泵倒料。

3）倒完料后停止倒料泵，打开放料阀放完分解槽余料。

4）通知主控室停止分解槽搅拌。

5）联系电工对分解槽进行断电。

2. 板式换热器操作

（1）开车前的准备工作：

1）接到开车通知，倒好流程。

2）检查仪器、仪表齐全可靠；落实各阀门灵活好用，开、关正常。

3）喂料泵、循环冷却水具备送料、送水条件。

4）检查各连接部位螺栓，松的要紧固，缺的要补上。

5）有检修的确认工作票已收回方能启动。

（2）开车：

1）缓慢打开循环水进口阀，通知主控室启动料浆循环泵，开料浆进口阀，使介质缓慢流入换热器，以免瞬时冲击而损坏设备。

2）根据进料情况，调节压力基本平衡为止。

3）观察两相压差不要过大。

4）根据料浆来料量调节水量。

（3）运行中的检查：

1）加强巡回检查，注意板式进、出口压力。

2）检查管道、板式热交换器、放料考克是否有漏料现象。

3）检查降温水池的pH值，每小时巡查一次。

4）检查板式热交换器是否有串料现象。

5）测量板式热交换器进、出口温度，测量水池进、出口水温，并及时调节水量。

（4）停车：

1）接到停车通知后，通知主控室停止板式进料泵；关掉进水阀。

2）继续用母液冲洗系统积料。

3）冲洗好积料后，关闭母液冲洗阀。

4）通知主控室停母液泵。

5）打开各放料阀放完余料。

3. 旋流器操作

（1）开车前的准备工作：

1）接到开车通知，倒好流程。

2）检查仪器、仪表齐全可靠；落实各阀门灵活好用，开、关正常。

3）喂料泵、母液泵具备送料条件。

4）检查各连接部位螺栓，松的要紧固，缺的要补上。

5）有检修的确认工作票已收回方能启动。

（2）开车：

1）相关的平盘系统启动正常。

2）通知主控室启动母液泵。

3）适当打开冲底流溜槽母液阀，确认冲洗母液正常，流程畅通。

4）现场通知主控室启动进料泵。

5）调整母液量，将进旋流器的料浆固含调配至规定范围。

6）调整喂料泵变频器，将压力调至规定的范围。

（3）运行中的检查：

1）每小时测一次旋流器进料固含变化情况，保持在规定范围内。

2）随时检查进料压力的变化情况，及时调整。

3）随时注意料浆和母液量变化情况，流量保持稳定。

4）检查旋流器底流是否有堵塞现象，有堵塞及时疏通（如底流普遍来料小，可先暂停进料，用母液冲系统片刻后再恢复）。

5）旋流器进料固含：300～500g/L。

6）旋流器进料压力：0.1～0.25MPa。

（4）停车：

1）现场通知主控室停喂料泵。

2）继续用母液冲洗系统积料。

3）冲洗好积料后，通知主控室停母液泵。

4）通知相关工序已经停好机。

4. 分解槽的碱煮操作

（1）碱煮前的准备工作：

1）对碱煮槽进行检查，检查碱煮分解槽是否还有物料。

2）碱煮分解槽所有出料阀是否关好、人孔是否关好。

3）倒通调碱流程，调碱量为分解槽的3m槽位（根据结疤情况可以调整）。

4）碱液调到需要槽位后倒通碱煮流程。

5）倒通碱煮套管的蒸汽流程。

6）检查碱煮蒸汽流程是否畅通。

7）检查碱液泵的备用情况。

8）联系化验人员对分解槽碱液浓度进行化验。

9）联系好相关岗位。

（2）碱煮操作：

1）打开分解槽出料阀，通知主控室启动碱液泵。

2）检查碱液循环管有无异常现象（振动、漏料、刺料等）。

3）碱液泵循环无异常后缓慢打开套管蒸汽进气总阀（起到预热与管道检查作用）。

4）检查蒸汽管道有无蒸汽泄漏与堵塞。

5）蒸汽加热管道无异常、冷凝水流程畅通后加大进气流量（温度在控制范围内）。

6）温度达到规定温度后每2h取一次样分析。

（3）运行中的检查：

1）蒸汽管有无泄漏。

2）冷凝水流程是否正常。

3）碱液泵流程有无刺料。

4）碱液泵运转是否正常（有无缺油、缺冷凝水、异常震动等）

5）碱煮温度是否在规定范围。

（4）停机：

1）通过化验数据的了解，当效果达到条件时做好停机准备。

2）联系相关人员通知本工序将停止用气。

3）接到可以停气的通知后，关掉蒸汽进口阀门。

4）关掉分解槽出料阀，停止主控室然后停碱液泵。

5）根据碱煮分解槽的浓度与 a_K 确定碱煮后的液体走向。

6）根据碱煮后的浓度改通出料流程。

7）通知主控室启动碱液泵送走碱煮后物料。

8）物料输送完毕后现场通知主控室停碱液泵。

（四）常见故障及处理

常见故障及处理见表3-17。

表3-17　种分分解常见设备故障及处理

故障现象	故障原因	处理方法
1. 板式换热器		
压降逐渐增大	有杂物堵塞过料流道	碱煮、清理
	两相流道有结疤的现象	碱煮
串料	流程不对	停机后更正
	磨损或腐蚀严重，板片漏	更换板式
刺料	压差过大	停机处理
	进料量过大	停机处理
	紧固件松动	停机后紧固
2. 分解槽		
搅拌响声异常	润滑油变质	更换润滑油
	搅拌桨叶变形或脱落	停机联系处理
	搅拌周围有杂物或结疤	如影响运行停车清除
	设备自身问题等	停机联系设备部处理
搅拌跳停	底部异物挡住过多	停机清槽，清理异物
	固含过高	停机清槽，控制进料固含
	电机问题、电气故障	停机清槽，联系电工处理

故障现象	故障原因	处 理 方 法
电流偏低	浆液脱落	停机后处理
	仪表问题	联系仪表人员处理
电流高	超负荷运转	降低运转负荷
	仪表问题	联系仪表人员处理

二、碳分分解

（一）碳分分解的生产流程

碳分分解的生产流程如图 3-46 所示。

（二）设备简介

1. 槽体

用钢板焊接而成的圆筒形槽体，根据需要内部或者装有挂链式的机械搅拌器（图 3-47），或者装有震打装置。从作用上可分为碳酸化分解槽、碳分种子沉降槽、污水槽、底流槽、溢流槽。

碳酸化分解是在碳分槽内进行的。通常碳分槽是用钢板焊接而成的圆筒形槽体，内装有挂链式的机械搅拌器，槽壁装有均匀分布的若干根从槽的下部通入 CO_2 气体的支管。

碳酸化分解槽的尺寸对碳酸化分解过程有一定的影响。槽直径过大，会影响 CO_2 气体在槽内的均匀分布；增加高度虽可提高 CO_2 的吸收率，但会引起动力消耗成比例地增加。通常碳酸化分解槽的直径为 5~8m，高度为 7~14m，机械搅拌转速为 6~8r/min。我国氧化铝厂采用的碳酸化分解槽尺寸一般高为 13.7m，直径为 7.7m。

2. 旋流器

旋流器由上部一个中空的圆柱体，下部一个与圆柱体相通的倒锥体，二者组成旋流器的工作筒体（图 3-48）。除此，旋流器还有给矿管、溢流管、溢流导管和沉砂口。其主要用于氢氧化铝粒度的分级。

旋流器作为一种常见的分离分级设备，其工作原理是离心沉降。当待分离的两相（或三相）混合液以一定压力从旋流器周边切向进入旋流器内后，产生强烈的三维椭圆型强旋转剪切湍流运动。由于粗颗粒（或重相）与细颗粒（或轻相）之间存在着粒度差（或密度差），其受到的离心力、向心浮力、流体曳力等大小不同，受离心沉降作用，大部分粗颗粒（或重相）经旋流器底流口排出，而大部分细颗粒（或轻相）由溢流管排出，从而达到分离分级的目的。

旋流器是利用离心力场分离不同粒度混合物的高效分离设备，它具有结构简单、操作方便、生产能力大、分离效率高、无转动部件、占地面积小和易于实现自动控制等特点。

（三）设备操作

1. 碳分分解槽的操作

（1）开车前的准备工作：

1）开车前需要检查料浆槽周围是否有杂物，有则需要清理掉。

2）槽位计是否准确。

3）各出料阀及放料阀是否灵活好用，与之连接螺栓是否松动。

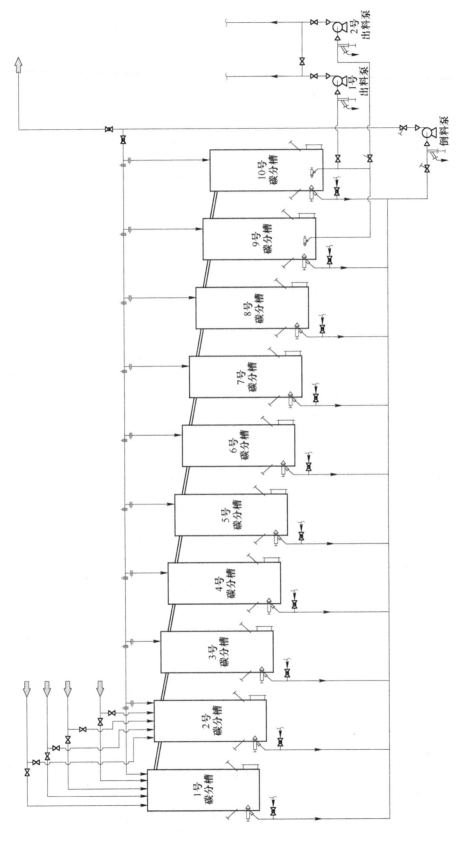

图3-46　碳分分解生产流程图

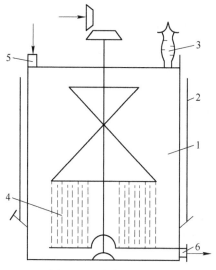

图 3-47　碳分槽结构图

1—槽体；2—CO_2 气体入管；3—气液分离器；4—链持式搅拌器；5—进料管；6—出料管

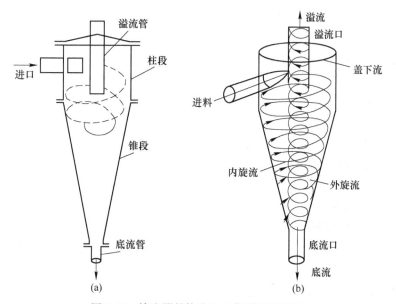

图 3-48　旋流器的构造和工作原理示意图

4）检查各润滑点并确认油质、油位正常。

5）搅拌电机 1 个月未启动或者是被雨水淋湿需检查绝缘，搅拌使用前必须先盘车两周，没有问题方可启动。

6）管路流程必须畅通，料浆槽出料阀是否开、关好。

7）检查各安全防护措施是否落实到位。

8）检查 CO_2 进气阀门是否灵活好用，进气管道是否畅通。

9）检查压缩空气进口阀是否灵活好用，进气管道是否畅通。

10) 检查提料管有无堵塞与结疤。

11) 联系好上下岗位，做好开机的准备工作。

（2）开车：

1) 准备工作做好后关好出料阀。

2) 通知上工序进料。

3) 分解槽进料后槽位超过最底部叶片后启动搅拌。

4) 当液位超过风管 2m 以上位置时，打开 CO_2 阀门，按照首槽分解率与进料控制好进气量。

5) 当槽位超过 3.5m 以上时开始提料进入下一个分解槽。

（3）运行中的检查：

1) 槽位是否在正常槽位，液位是否与仪表显示相同。

2) CO_2 进气流量与压力是否在正常范围。

3) 提料是否正常。

4) 溜槽槽位是否在正常范围。

5) 分解槽温度是否正常。

6) 搅拌有无异常响动，轴承温度是否正常。

7) 润滑油量是否在正常的范围，油温是否正常。

8) 出料阀有无漏料现象。

9) 搅拌电流（负荷）是否在控制范围。

（4）停车：

1) 临时停机（停电）。

2) 长时间停槽。

2. 水旋器操作

（1）开车前的准备工作：

1) 检查进出料管是否堵塞。

2) 改好工艺流程。

3) 检查孔板是否磨损。

4) 仪器仪表灵敏可靠。

5) 启动正常。

（2）开车：

1) 相关的沉降槽与溢流槽启动正常后方可开机。

2) 开启进料泵，转速由低到高。

3) 调节进料压力及流量至正常。

（3）运行中的检查：

1) 检查进料压力是否稳定。

2) 检查出料底流管是否堵塞。

3) 检查出料是否均匀、稳定。

4) 有无刺料现象。

（4）停车：

1）通知主控室停进料泵。

2）将水旋器及其出料管冲洗干净。

3）将其余料放尽。

3. 沉降槽操作规程

（1）开车前的准备工作：

1）停车 8h 以上的电气设备必须检查绝缘合格后方可开车。

2）检查沉降槽内有无杂物，升降机装置是否灵活好用，并将耙机降到允许的最低位置。

3）检查各润滑点并确认油质、油位正常。

4）手动盘车几圈。

5）检查工艺流程是否正确。

6）关闭槽底所有进出口阀门。

7）检查仪器仪表是否灵活好用。

8）检查安全防护装置是否齐全完好。

9）联系好上下岗位做好开车准备。

（2）开车：

1）通知进料，进料后通知主控室开启耙机。

2）当沉降槽有溢流后，通知主控室启动溢流泵外送溶液。

3）通知主控室开启底流泵按照首槽种子添加量控制好流量。

4）作种子剩下的沉降槽底流进入旋流器底流槽。

5）间断放大底流。

（3）运行中检查：

1）耙机电流不得超过额定电流。

2）沉降槽进料流量必须稳定，进出量保持平衡。

3）运行沉降槽严禁进入块状物、编织物等。

4）必须定期对沉降槽进行检修和清理。

（4）停车：

1）临时停车。

2）长时间停车（槽子检修清理或事故停车需退出）。

4. 碳分系统的操作

（1）启动前的准备工作：

1）做好投用分解槽启动前的准备工作。

2）做好沉降槽、溢流槽、底流槽、分级机开机前的准备工作。

3）各出料泵、底流泵、溢流泵、污水泵、种子泵做好投用前的准备工作。

4）倒通好流程。

5）各分解槽的二氧化碳进气阀先关好，提料风阀关好。

（2）投用：

1）联系二段脱硅工序送二段脱硅液过来，了解其浓度以及硅量指数。

2）了解二段脱硅液的大体流量，计算分解槽投用的个数。

3) 当分解槽液位到达最低桨叶（0.3m）槽位以上时启动搅拌电机。

4) 槽位到达 3m 后开始通二氧化碳气体，气体流量根据二段脱硅液浓度以及该槽的分级率以及二氧化碳的吸收率确定其通二氧化碳的流量。

5) 分解首槽的液位达到 6m 时开始提料进下个分解槽，其余分解槽（除了末槽）的操作与首槽一样，但要根据其余分解槽的分解率与二氧化碳的吸收率控制其通气流量。

6) 分解末槽液位到达出料液位后通知下工序做好接收的准备工作。

7) 启动出料泵出料，出料进入分级机，按照要求控制好压力。

8) 沉降槽进料后启动耙机并通知碳酸化蒸发岗位准备接收母液。

9) 底流槽进料后液位到达最低桨叶位置（0.3m）启动搅拌，并通知过滤工序做好开机准备。

10) 底流槽槽位到达出料位置时通知过滤工序启动过滤系统，启动底流槽出料进入过滤机。

11) 沉降槽溢流后待溢流槽到达启泵位置时启动母液泵，通知蒸发岗位接收。

12) 启动种子泵，根据首槽的种子添加量调整好转速。

13) 沉降槽多余固含进入底流槽。

14) 根据分析结果对分解槽二氧化碳进气流量进行调节。

（3）停机：

1) 接到系统要停机的通知后，做好停机前的准备工作与汇报工作。

2) 通知上工序停止进料。

3) 上工序停止进料后停止向分解首槽添加种子。

4) 停止提料。

5) 停止通二氧化碳气体。

6) 停止分级机系统。

7) 出完底流槽物料。

8) 停止进母液到沉降槽。

9) 送完溢流槽物料。

10) 收完污水槽物料。

（四）常见故障及处理

常见故障及处理见表 3-18。

表 3-18　碳分分解常见设备故障及处理

故障	故障原因	处理方法
1. 搅拌		
搅拌响声异常	润滑油变质	更换润滑油
	搅拌桨叶变形或脱落	停机联系处理
	搅拌周围有杂物或结疤	如影响运行停车清除
	设备自身问题等	停机联系设备部处理

故障	故障原因	处理方法
搅拌跳停	底部异物挡住过多	停机清槽，清理异物
	固含过高	停机清槽，控制进料固含
	电机问题、电气故障	停机清槽，联系电工处理
电流偏低	浆液脱落	停机后处理
	仪表问题	联系仪表人员处理
电流高	超负荷运转	降低运转负荷
	仪表问题	联系仪表人员处理

2. 碳分旋流器

故障	故障原因	处理方法
分级效果差	压力不够，流速没有达到要求	增大压力，调整流速
	固含控制不好	调整进料固含
	孔板磨损严重	更换孔板
	溢流管部分结疤	停机后清理
溢流管堵塞	颗粒太大太多	卸下清洗
	其他杂质堵塞	卸下清除
系统压力低	出料泵转速低	控制出料泵转速
	出料槽槽位过低	调节出料槽槽位
	分级机进口管结疤	停机后碱煮或清理
	压力表显示误差	联系仪表人员处理
	孔板磨损过大	停机后更换孔板
系统压力高	出料泵转速调节过高	调节出料泵转速
	压力表显示误差	联系仪表人员调节
	溢流管或底流管结疤或堵塞	清理或者碱煮

3. 沉降槽

故障	故障原因	处理方法
负荷大	底流出料过小，沉降槽固含过大	调整进出固含量
	设备电气问题	联系设备电气人员检查
出不了料	底流管堵	投用备用槽后处理

学习情境六　氢氧化铝焙烧

学习任务一　氢氧化铝焙烧的意义

来自成品过滤工序的氢氧化铝经皮带输送到气态悬浮焙烧炉进行焙烧，焙烧过程分为干燥段、预热预焙烧段、焙烧段和冷却段，以及收尘系统和返灰系统，物料经高温焙烧后把氢氧化铝中的附着水、部分结晶水脱除，并完成部分 γ-Al_2O_3 向 α-Al_2O_3 的晶型转变，物料经过这一系列的物理化学变化生成物理和化学性质符合电解要求的氧化铝。氧化铝的许多物理性质，特别是比表面积、α-Al_2O_3 含量、安息角以及灼减等主要取决于焙烧条件，氧化铝粒度与焙烧条件也有很大的关系。粉状氧化铝和砂状氧化铝，它们的物理特性有所区别，它们的焙烧条件也是不相同的，在生产过程中应严加控制。

氢氧化铝焙烧装置的发展经历了回转窑和流态化焙烧炉两个阶段。氧化铝工业发展初期，一台回转窑设备便能完成烘干、脱水、预热、焙烧、冷却等全部工艺过程，但是它的热利用不足，系统散热损失大，焙烧热耗高，我国早期氢氧化铝焙烧均采用此设备。从20世纪80年代开始，流态化焙烧技术引进成功，有些技术已经消化吸收，流态化焙烧炉气固传热效率高，热耗低，已经成为我国氢氧化铝焙烧不可缺少的设备。

成品氧化铝经过空气输送系统进入氧化铝仓或者直接送到电解车间用于电解铝生产。

学习任务二　氢氧化铝焙烧的原理、工艺

焙烧就是将氢氧化铝在高温下脱去附着水和结晶水，并使其发生晶型转变，制得符合电解所要求的氧化铝。

一、氢氧化铝焙烧原理

（1）附着水的脱除。110~120℃时，附着水就会被蒸发掉。

（2）结晶水的脱除。当加热到245~450℃时，氢氧化铝脱掉两个结晶水，成为一水软铝石，继续提高到550℃时，再脱掉一个结晶水，生成 γ-Al_2O_3。

（3）氧化铝的晶型转变。脱水后生成的 γ-Al_2O_3 结晶不完善，具有很强的吸水性，不能满足电解铝生产的要求，需要进一步的晶型转变，当温度提高到900℃以上时，转变为 α-Al_2O_3，在1200℃下，4h完全转变为 α-Al_2O_3。

工业生产中经过过滤的湿氢氧化铝是三水铝石，并带有10%~15%的附着水。

焙烧是将前一工序送来的氢氧化铝在焙烧炉中高温脱水生成氧化铝的过程，反应式如下：

$$2Al(OH)_3 \xrightarrow{\text{焙烧}} Al_2O_3 + 3H_2O \tag{3-63}$$

氢氧化铝在焙烧过程中要经过烘干、脱水、晶型转变三个过程。

过程反应式及反应热：

水分烘干：　　　　　$H_2O(l) \longrightarrow H_2O(g)$　　2447.6kJ/kg

结晶水脱除：　　　$2Al(OH)_3 \longrightarrow \gamma$-$Al_2O_3 + 3H_2O(g)$　　2083.2kJ/kg

晶型转变：　　　　γ-$Al_2O_3 \longrightarrow \alpha$-$Al_2O_3$　　-324.3kJ/kg

反应热与附着水蒸发热之和加上废气不可避免的过热称为理论热耗，氢氧化铝焙烧的理论热耗为 2428~2637kJ/kg。

我国氧化铝厂目前使用气态悬浮焙烧炉（GSC）较多。入炉湿氢氧化铝经过两级干燥预热后在主炉焙烧，再通过两段冷却排出，根据物料在系统内的变化可以分四个部分。

（1）干燥。湿氢氧化铝进入文丘里干燥器，被来自预热旋风分离器的热风吹起，并迅速干燥，再进入干燥旋风分离器进行气固分离，干燥后温度约为150℃，附着水全部脱除。

（2）预热、预焙烧。干燥的氢氧化铝遇见主炉排出的高温烟气，大部分结晶水被脱除掉，进入预热旋风分离器进行气固分离，温度在 300~400℃ 之间。

（3）焙烧。预热、预焙烧后的物料进入主炉进行焙烧，脱除剩余的结晶水，并进行部分 $\gamma\text{-Al}_2\text{O}_3$ 向 $\alpha\text{-Al}_2\text{O}_3$ 的晶型转变，焙烧瞬间完成，焙烧温度在 1000~1200℃ 之间，在此过程中通过焙烧温度来控制氧化铝的灼减指标。

（4）冷却。焙烧后的高温氧化铝经四级旋风冷却器，由空气直接冷却，再进入流化床冷却器，通过冷却管束与冷却水间接换热，冷却至 80℃ 以下排出。

二、氧化铝焙烧工艺流程

焙烧工艺流程包括：回转窑焙烧工艺和流态化焙烧工艺。其中，流态化焙烧工艺具有热耗低、产能高、维修费用少、占地面积小、产品质量好等优点。两种工艺流程都是用重油作为燃料的。

（一）回转窑系统

流态化焙烧炉出现以前，氧化铝工业都是采用回转窑煅烧氢氧化铝。这种设备结构比较简单，煅烧产品的破损率低。

氢氧化铝在回转窑煅烧，首先由入窑螺旋送入窑尾，入窑的氢氧化铝在窑内随窑体的转动由窑尾被送至窑前，在窑内经过烘干、脱水、晶型转变等物理化学过程而煅烧成氧化铝，煅烧好的氧化铝经窑头下料口落入冷却机内冷却，冷却后排入氧化铝贮仓。燃料通过窑头喷入窑内燃烧，燃烧所需要的空气由鼓风机送入冷却机预热后进入窑头助燃。燃烧生成的废气用排风机送至电收尘经净化后排入大气中。

根据物料在窑内发生的物理化学变化，从窑尾起划分为烘干、脱水、预热、煅烧及冷却五个带，预热带也可并入脱水带。

用回转窑煅烧时，窑气和物料之间的换热效率低，低温阶段尤其突出。原因是窑的填料率低，窑气和密实的料层之间的传热条件不良，所以窑的热效率小于 45%，每千克氧化铝的热耗高达 5MJ 以上。

回转窑焙烧氢氧化铝热耗高，虽然进行许多改造，但其根本弱点无法改变，目前只作为特种氧化铝生产的煅烧，已不用于工业级氧化铝的生产。

（二）流态化焙烧

流态化技术是一种固体颗粒与气体接触而变成类似流体状态的操作技术，流态化焙烧炉与回转窑相比具有许多优点：

（1）热耗低。比回转窑焙烧降低热耗约三分之一，主要因为其充分回收了焙烧的成品和废气的余热。先利用焙烧烟气的热量两级干燥、预热含有附着水的氢氧化铝，从而可以使废气的温度下降到适合于电收尘的水平；焙烧后高温物料用供入系统的助燃风和水冷却到接近常温，这个过程中使得助燃空气充分预热回收热量。另外，燃料燃烧的过剩空气系数较低，废气量减少，系统散热损失也仅为回转窑的 30%。整个系统的热效率达到 85% 以上。

（2）产品质量好。因焙烧温度低、时间短，使产品中 $\alpha\text{-Al}_2\text{O}_3$ 含量较低，粒度较好，产品中 SiO_2 的含量比回转窑产品低约 0.6%。

（3）投资少。流态化焙烧炉效率高，其机电设备重量不及回转窑系统的一半，建筑面积仅为三分之一，占地少，因此投资比回转窑系统少 40%~60%。

（4）设备简单，维修费用低，流态化焙烧系统除了风机之外，没有大型转动设备，内衬使用寿命长达 10 年以上（气态悬浮焙烧炉内衬寿命相对较短）。

（5）有利于环境保护。由于燃烧的过剩空气系数低，燃烧充分，废气量减少，废气中 NO_x 的生成量都远低于回转窑系统，有利于环境保护。

目前世界上氢氧化铝流态化焙烧炉主要有三种：美国铝业公司开发的流态化闪速焙烧炉（FFC）、德国鲁奇-联合铝业公司开发的循环流态化焙烧炉（CFBC）、丹麦史密斯公司开发的气态悬浮焙烧炉（GSC）。目前这三种炉型在我国都有应用。

1. 流态化闪速焙烧炉

其工艺流程如图 3-49 所示，含有一定水分的氢氧化铝进入 D1 烟道后随热气流上升过程中附着水被脱除，在 C1 旋风筒气固分离后，进入流化干燥器（FD）进一步干燥，干燥过的氢氧化铝送至停留槽（HV3）顶部 D2 烟道预热后通过 C2 旋风筒进入主炉，冷风经热氧化铝和预热炉预热后进入主炉（FR4），物料在主炉焙烧瞬间完成，进入停留槽（HV3）保温后，送入三级旋风冷却器，再进入流化冷却器（FC）冷却后排出，整个系统正压操作，由一台大型鼓风机提供风量。

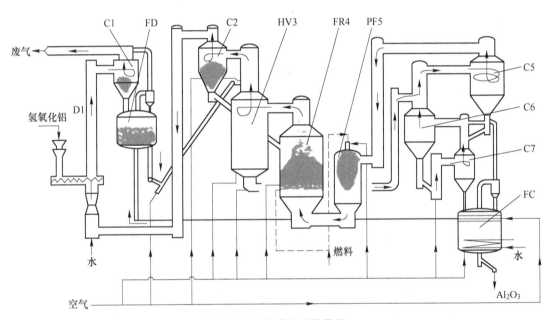

图 3-49　流态化闪速焙烧炉

D1—烟道；文丘里干燥器；C1，C2—干燥、预热旋风筒；FD，FC—干燥、冷却流化床；
HV3，FR4—闪速焙烧主反应炉；PF5—预热炉；C5，C6，C7—冷却旋风筒

流态化闪速焙烧炉具有以下特点：

（1）焙烧炉主炉是一个无分布板的空筒子，与停留槽相连。物料在炉内闪速加热到焙烧温度之后，根据产品质量要求，在停留槽内保温 10~30min，主炉温度可以较低控制，在 950~1150℃ 之间仍然能保证产品质量合格。

（2）焙烧炉的干燥段有流态化干燥器（FD），用以平衡供料流量波动，确保物料的彻底干燥。

（3）焙烧炉的焙烧段有预热炉（PF5），有利于稳定空气预热温度，确保焙烧炉热工制度的稳定。

（4）全系统正压操作，正压炉炉体相对较小，热工制度合理，内衬使用寿命长。

2. 循环流化床焙烧炉

工艺流程如图 3-50 所示，该流程采用两级文丘里悬浮式预热器对氢氧化铝进行脱水并预热，采用循环流化床（沸腾炉）煅烧氧化铝以确保物料有足够的停留时间进行晶型转变，采用一级旋风冷却器和六级流化床冷却器对氧化铝成品进行直接与间接的换热冷却。在此系统中，气体与固体出现理想的对流，保证了焙烧过程的热量得到充分利用。

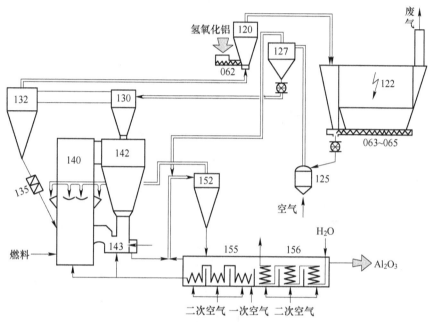

图 3-50　循环流化床焙烧炉结构示意图

062 给料螺旋；120、130—文丘里干燥器、预热器；122—电收尘；135—翻板阀；

063~065—螺旋输送机；125—气力提升泵；127、132、152—旋风分离器；

140、142、143—循环流化床焙烧主反应炉；155、156—流态化冷却机

主炉温度是很重要的一个参数。通过调节氢氧化铝的加入速度，也就是通过调节器使氧化铝流量进行恰当的增减，可以使整个循环系统中温度的波动控制在±10℃以内。

循环流化床焙烧炉具有以下特点：

（1）循环流化床焙烧炉是一种带有风帽分布板的炉体，与旋风收尘器及密封装置组成的循环系统，通过出料阀开度调节物料的循环时间以控制产品的质量，大量物料的循环，导致整个主反应炉内温度非常均匀、稳定。其可以维持较低的焙烧温度，通常为 900~1000℃，停留时间 20~30min。

（2）电除尘器为干燥段的组成部分，它能处理高固含的气体，进口含尘浓度高达 900g/m^3，出口排放浓度仍能达到 50mg/m^3 的要求。

（3）系统利用罗茨风机供风。供风量几乎不受系统压力波动的影响，便于严格控制燃料燃烧的空气过剩量。

（4）全系统正压操作。

3. 气态悬浮焙烧炉

其工艺流程如图 3-51 所示，湿氢氧化铝通过两级干燥、预热预焙烧，然后进入主炉焙烧，再经四级旋风冷却和流化床冷却产出氧化铝，在生产过程中物料在炉内停留时间短，操作较为简便。目前国内氧化铝厂焙烧使用气态悬浮焙烧炉数量最多，国内已可以独立设计建造。

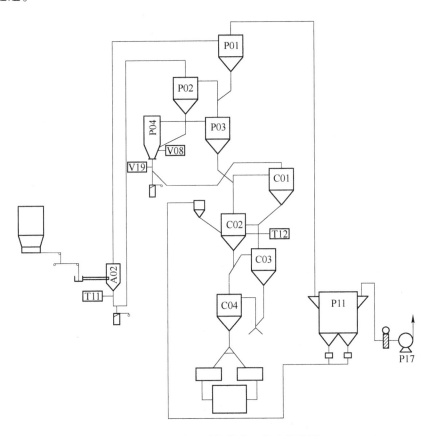

图 3-51　气态悬浮焙烧炉工艺流程简图

A02—文丘里闪速干燥器；P01、P02—干燥、预热旋风筒；P03—高温分离旋风筒；P04—焙烧炉主炉；
C01、C02、C03、C04—冷却旋风筒；P17—风机；P11—电收尘；T12—启动燃烧器；
V08—点火燃烧器；V19—主燃烧器；T11—干燥燃烧器

气态悬浮焙烧炉具有以下特点：

（1）主反应炉结构简单。由焙烧炉与旋风收尘器直接相连，炉内无气体分布板，物料在悬浮状态于数秒内完成焙烧，旋风筒内收下成品立即进入冷却系统。系统阻力损失较小，焙烧温度为 1050~1200℃。

（2）除流态化冷却机外，干燥、预热、焙烧和四级旋风冷却器各段全为稀相载流换热。开停简单、清理工作量少。

（3）焙烧炉干燥段中的热发生器（T11），可及时补充因氢氧化铝水分波动引起的干燥热量不足，维持整个系统的热量平衡。

三、煅烧过程对氧化铝质量的要求

(一) 温度的影响

温度越高，氧化铝中的灼减（结晶水）含量越少，α-Al_2O_3越多。在正常焙烧温度下，氧化铝产品的粒度主要由氢氧化铝的粒度决定。焙烧温度是影响氧化铝质量的主要因素，随着焙烧过程温度的升高，氢氧化铝发生脱水和一系列变化，氧化铝的物理化学性质及其形状、粒度和表面状态等均相应发生变化，密度和α-Al_2O_3含量增加，灼减降低。比表面积和粒度与焙烧温度的关系则比较复杂。

氢氧化铝焙烧时某些物理性质随温度发生变化。氢氧化铝加热到240℃时，其比表面积急剧增加，至400℃左右达最大值，这是由于急剧脱水的结果。随着脱水过程的结束，比表面积开始减少，继续提高温度至900℃以上，开始出现α-Al_2O_3，且随着温度提高，数量越来越多，比表面积进一步降低。要获得比表面积大的砂状氧化铝，应用浅度焙烧（或叫低温焙烧）制度，其焙烧温度为1000~1100℃为宜。

(二) 矿化剂的影响

在焙烧氢氧化铝时，加入少量矿化剂能加速氧化铝的晶型转变过程，可以降低焙烧温度，缩短焙烧时间，从而提高设备的产能，降低能耗。

(三) 焙烧燃料的影响

1. 燃料

燃料可分为固体燃料、液体燃料、气体燃料三类。氢氧化铝焙烧燃料的消耗是氧化铝生产过程中燃料消耗的重要组成部分，主要使用液体或气体燃料。

(1) 液体燃料。液体燃料主要来自天然石油，包括汽油、柴油、煤油、重油等几大类。

重油是氢氧化铝焙烧的一种重要燃料，在各种焙烧炉中都有使用，但是随着石油提炼技术的进步，重油黏度越来越高，质量变差，供应不稳定，重油有被燃气取代的趋势。

重油黏度的大小对重油的输送和燃烧时的雾化都有很大影响，重油的黏度随温度的升高而显著降低，我国石油含蜡较多，黏度大，为了提高雾化质量，在重油进入喷嘴前，需要进一步加热，一般加热到100~130℃。

将重油在规定条件下加热，重油温度升高过程中有可燃气体挥发出来，可燃气体与周围空气混合，当接触外界火源时，能发生闪火现象，这时的温度就叫重油的闪点。重油闪点温度对安全生产和保证生产正常进行有很大关系，闪点低的重油如果加热温度过高，容易引起火灾，所以重油的闪点是控制加热温度的根据。

柴油可以在焙烧炉烘炉中使用。

(2) 气体燃料。气体燃料有天然气、煤气和裂解气。焙烧炉常用发生炉煤气、焦炉煤气、天然气作为燃料。燃气成分见表3-19。

表 3-19　燃气成分表

气体名称	H_2	CO	CH_4	C_mH_n	CO_2	N_2	O_2	H_2S
发生炉煤气/%	11~15	25~30	1.6~3	0.2~0.4	3~7	47~54	0.1~0.3	0~0.1
焦炉煤气/%	55~60	6~8	24~28	2~4	2~4	4~7	0.4~0.8	
天然气/%	0.4~0.8	0.1~0.3	85~95	3.5~7.3	0.5~1.5	1.5~5.0	0.2~0.3	0~0.9

1）发生炉煤气。将固体燃料置于发生炉内气化，使其可燃成分转移到气态产物——煤气中，制得的煤气统称为发生炉煤气。广泛用作工业燃料的发生炉煤气为混合煤气，它是空气和水蒸气混合鼓风制得的发生炉煤气。其主要可燃成分是 CO，发生炉煤气发热量比较低，为 5040~6720kJ/m³（标态），发生炉煤气常用于气态悬浮焙烧炉中。

2）焦炉煤气。烟煤高温干馏时的气态产物即为焦炉煤气，工业上是炼焦炭的副产品，每炼 1t 焦炭大约得到 300~350m³ 的煤气，炼焦厂通常只消耗所产气的 40% 多，可有 50% 左右的煤气外供。焦炉煤气主要成分是 H_2 和 CH_4，H_2 含量超过 50%，可燃气成分约占 90%，发热量比较高，可达 15890~17140kJ/m³。焦炉煤气还有点火容易、燃烧速度快等特点。利用焦炭企业廉价的副产品焦炉煤气作为焙烧炉燃料有利于降低生产成本。

3）天然气。天然气是一种发热量很高的优质燃料，它的主要可燃成分是 CH_4，含量在 80% 以上，发热量约为 33440~41800kJ/m³。

2. 燃烧

（1）有关燃烧的几个基本概念：

1）燃烧。燃烧实质上是一种快速的氧化反应过程。

燃料开始燃烧的最低温度叫着火温度。焙烧炉系统及氧化铝冷却过程中，空气可预热至 750℃ 以上，这个温度超过燃料着火温度可以发生自燃。

2）完全燃烧与不完全燃烧。燃料中的可燃物全部与氧发生充分的化学反应，生成不能燃烧的产物 CO_2、H_2O 等叫完全燃烧。燃料的不完全燃烧，是指燃烧时燃料中的可燃物质没有得到足够的氧，或者与氧接触不良，因而燃烧产物中还有一部分能燃烧的可燃物 H_2、CO 等被排走，这种现象叫不完全燃烧。

3）空气过剩系数。燃料中可燃物燃烧时根据化学反应计算出来的空气量，称为理论空气需要量，以 L_0 表示，为了保证燃料燃烧完全，实际供给燃烧的空气量均大于理论空气需要量，实际供给空气量以 L_n 表示，实际空气量与理论空气需要量的比值称为空气过剩系数，以 n 表示，即：

$$n = \frac{L_n}{L_0}$$

$n>1$ 时说明燃烧所供给的空气量比化学反应所需要的多，过多的这部分空气，燃烧后进入燃烧产物，增大了燃烧产物的体积数量，降低了炉温。n 值过大不好，原则上应当是在保证燃料完全燃烧的基础上使空气过剩系数越小越好。

空气过剩系数的大小与燃料种类、燃烧方法以及燃烧装置的结构特点有关。气体燃料 $n=1.05~1.15$ 之间，液体燃料 $n=1.10~1.25$ 之间。实际生产中常通过 O_2 含量来判断过剩空气的大小。

（2）燃料燃烧的过程：

1）重油的燃烧过程。重油的可燃物主要是由碳氢化合物所组成，其燃烧过程比较复杂，可分为以下几个阶段：

①雾化阶段。利用喷射速度或其他方法将重油雾化成很细的油雾，大大增加了与氧气的接触面积。

②混合阶段。重油雾化以后与空气均匀混合，雾化油滴越细，则油雾与空气混合越好，接触面越大。

③预热阶段。重油预热到着火温度，才能起燃烧反应，在预热阶段，部分碳氢化合物会变成气体从重油中蒸发出来，还可能发生碳氢化合物的分解现象。预热的快慢也与雾化程度有关，雾化后的油滴越细，则预热到着火温度的速度越快。

④燃烧反应阶段。该阶段预热产生的油气与空气发生燃烧。在雾化程度较好，与空气混合充分的条件下，重油的可燃成分（碳氧化合物）很快进行燃烧反应，最终燃烧产物为 CO_2 及 H_2O。但当雾化不好，重油在高温时发生热裂解，分裂出油烟状微粒（炭黑）。重油燃烧时往往出现黑烟，就是分裂出炭黑的表现。炭黑是固体，着火及燃烧反应速度均较慢，往往造成燃烧不完全，因此，应尽力避免这种现象。

在正常燃烧情况下，上述四个阶段是连续、自动，而且几乎是同时进行的。重油燃烧的好坏主要取决于雾化程度的好坏。雾化越好、油滴越细、比表面积越大，加热越快、燃烧速度越快。

2）燃气的燃烧过程。燃气的燃烧过程可分为以下三个阶段：

①混合阶段。燃气要进行燃烧，首先必须使可燃成分的分子与空气中氧分子接触，也就是应该创造条件，使燃气与空气进行充分的混合，这就是燃烧的先决条件。

②着火阶段。燃气与空气混合后，还必须达到着火温度才能发生燃烧反应。着火温度是指可燃混合物开始燃烧的温度，燃气的着火温度随成分不同而异。燃气在炉内开始燃烧时，是通过"点火"（即引入火源使可燃混合物达着火温度而燃烧）而达到着火温度的。而在炉内的正常燃烧，则是依靠火焰的传热以及炉壁的高温辐射作用，使燃气与空气的混合物自动、连续、迅速地达到着火温度而燃烧的。

③燃烧反应阶段。在此阶段中，燃气中可燃成分与氧气发生强烈的燃烧反应，并放出大量的热能。

焙烧燃料采用重油，带入氧化铝产品中的杂质少，所以氧化铝产品的纯度主要取决于氢氧化铝中间产品的纯度。

（四）氢氧化铝晶体粒度和强度的影响

氢氧化铝产品的粒度和强度对氧化铝产品影响较大。粒度较粗、强度较大的氢氧化铝才能焙烧出粒度较粗的氧化铝；反之则不能。

学习任务三　氢氧化铝焙烧的设备与操作

一、生产流程

氢氧化铝焙烧生产流程如图 3-52 所示。

二、相关设备简介

（1）给料仓。给料仓上部为圆柱体，下部为锥台体。仓顶设有料位计，仓满时发出报警信号，与氢氧化铝胶带输送机联锁，停止上料。仓体悬挂在称重传感器和支座上，可以称皮重和料重，低料位时发出报警，要求上料。

（2）电子定量给料机。电子定量给料机是集给料输送、称重计量及定量控制为一体的机电一体化设备，用于物料连续给料计量和自动控制系统。由胶带输送机、称重传感器、变频调速器、测速器、电子装置组成，具有称重、累积、调节给料新功能。通常由操作工遥控来调节焙烧炉的产能。

定量给料机在控制方面，能够按照设定的给料率，通过调节皮带速度，进而调节物料

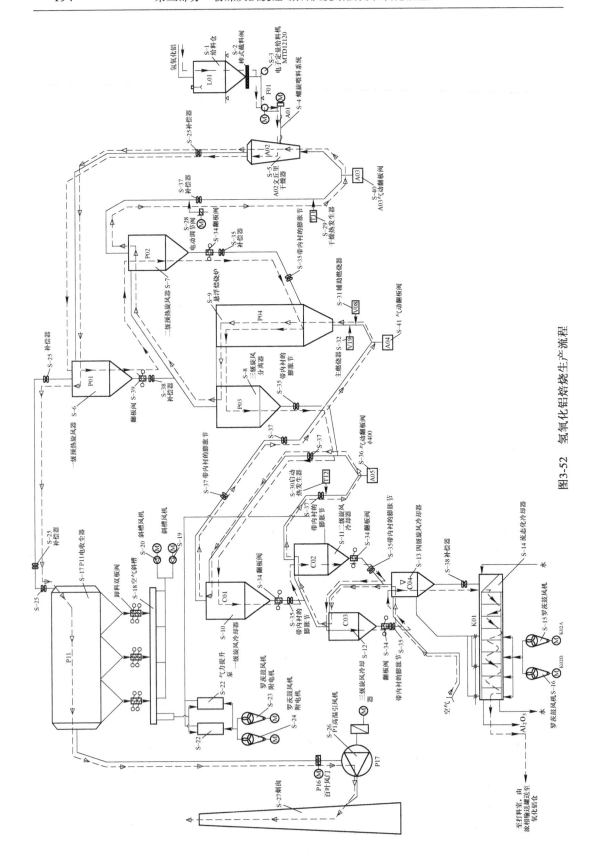

图3-52 氢氧化铝焙烧生产流程

流量，达到设定的给料率连续不断地输送物料，同时自动累积输送的物料总量；系统可以通过仪表键盘实施操作，也可以通过上位机或集散式控制系统（DCS），完成系统的自动控制。

（3）螺旋给料机。螺旋给料机是氢氧化铝悬浮焙烧装备中用于向文丘里干燥器供给待焙烧物料——氢氧化铝的输送设备。氢氧化铝具有较高的硬度和磨蚀性，推送物料的主要部件螺旋桨和刮刀在工作中受到氢氧化铝的磨蚀。为了提高使用寿命，螺旋片的部分表面堆焊有高耐磨性的硬质合金。

（4）文丘里干燥器。文丘里干燥器采用混流作业，气流从底部进入，物料落入干燥器后，在特殊设计的底部形成载流区，干燥后与水蒸气一起进入旋风收尘器 P01 分离，分离后的物料作为悬浮焙烧炉预热器的给料。干燥器热发生器 T11 向干燥器供热，以平衡由于原料水分增高所需要的热量。

（5）预热旋风器。旋风分离器是利用高速旋转的含尘气流的离心力将粉尘从空气中分离出来的分离设备，可将高浓度固、气混悬物中的粉尘从空气中分离出来，以供生产使用。其上部分为圆筒形，含尘气体从圆筒上侧的进气管以切线方向进入。附件有锁气阀、进出口接管、中心管等。

气体自圆筒上侧的切线口进入后向下做螺旋运动，悬浮的颗粒在离心力作用下，甩向周边而与气体分离，然后沿壁落下，由排灰管排出。来自 A02 烟气在 P01 中分离的干氢氧化铝卸入二级旋风预热器 P02 立管中，与来自热旋风 P03 的 1050～1150℃的热烟气换热。

（6）分离旋风器。其上部分为圆筒形，含尘气体从圆筒上侧的进气管以切线方向进入。附件有锁气阀、进出口接管、无中心管。

气体自圆筒上侧的切线口进入后向下做螺旋运动，悬浮的颗粒在离心力作用下，甩向周边而与气体分离，然后沿壁落下，由排灰管排出。

焙烧炉是带有耐火材料的圆柱形筒体，底部为锥台体，喂料管沿着底部锥体斜面进入焙烧炉。

经过预热和预焙烧的物料由 P02 的下料管进入到 P04 的锥部，由冷却旋风筒来的经过预热的燃烧空气由 P04 的底部进入 P04，煤气由位于 P04 锥底的 V19 的烧嘴进入 P04，在锥部，物料、燃烧风、煤气相遇，煤气燃烧提供的热量完成结晶水的进一步脱除和晶型转变过程。焙烧后的物料由高温烟气送入与之相连的分离旋风筒 P03 中。

（7）旋风冷却器。烟气自圆筒上侧的切线进口进入后，向下做螺旋运动，悬浮的颗粒在离心力的作用下，甩向周边而与气流分离，然后沿壁落下，由出口排出。分离后的气体到达锥体下部后，在外螺旋气流中心部分，向上做螺旋运动（又称内螺旋），然后从上部排气管排出。

三、设备操作

（一）抓斗桥式起重机操作

1. 开车前的准备

（1）按规定对设备进行润滑；

（2）检查抓斗各滑轮组灵活、大轮无磨损，各销子无松动及轴瓦磨损情况；

（3）检查大小车行走轮减速机、抱闸、联轴器、滑线、电机、滚筒无异常；

（4）检查大车、小车滑线不变形；

（5）大小车及轨道上无人或障碍物；

（6）检查钢丝绳无磨损，接头牢固，无跑料现象，各销子、地脚螺栓无松动。

2. 开车

（1）到操作室后，首先将保护盘闸刀送上电，把各控制器手柄放到"零"，然后合上紧急开关，再进行开车；

（2）开车前，要先看钢丝绳松紧一致，提升抓斗时，四根绳必须松紧一致，才能开启抓斗，才能开大车；

（3）抓料时注意听电器、机械运转无杂音；

（4）在抓料时，注意各控制器手柄、手轮，要逐挡加速，禁止打倒车制动；

（5）小车运行时，要注意小车上的限位开关；

（6）抓料时，抓斗要保持垂直，严防歪拉斜吊；

（7）大车、小车在运行中要注意稳住抓斗，不要来回摇晃。

3. 运行中的检查

（1）氢铝小仓保持一定料位，向焙烧炉供料不中断；

（2）抓料及时，不冒料；

（3）按规定堆、放料；

（4）随时观察管道上有无杂物；

（5）开天车必须严格按作业步骤执行；

（6）抓料时不要让抓斗剧烈晃动碰撞滑线和出料皮带头部；

（7）天车抱闸每班调整一次，保证其灵活好用。

（二）螺旋给料机操作规程

1. 开车前的准备

（1）停车超过一个月时，进行绝缘检测，并检查转向符合要求；

（2）仪器仪表的安装齐全可靠，自动控制阀灵活好用，电气设备可靠接地，安全保护措施到位；

（3）检查喂料机的轴承和所有需要润滑的设备各润滑油油质、油量以及油的温度符合要求。

2. 开车

（1）启动润滑系统，确定其工作正常；

（2）按最低频率启动喂料泵驱动电机；

（3）打开仪表气管线阀门供应仪表气，压力不低于 0.5MPa；

（4）待喂料器运行平稳，无异常响声及振动，方可下料；

（5）开启下料电动阀；

（6）按生产需要调整喂料器驱动电机转速。

3. 运行中的检查

（1）检查主电机运行中的振动、噪声，以及轴承温升情况；

（2）检查喂料机运行是否平稳，减速箱振动是否符合标准，密封良好；

（3）检查卸料螺旋卸料情况，如有问题及时通知有关人员；

（4）检查减速机油位是否正常，有无异常声响，如有应立即停车，不允许带病运行；

（5）检查各仪器仪表是否正常。

4. 停车

（1）接到停车指令后，方可进行停车操作；

（2）关闭下料电动阀；

（3）待卸料螺旋内无料时，方可停止驱动电机。

（三）常见故障及处理

常见故障及处理见表3-20。

表3-20　氢氧化铝焙烧常见故障及处理

事故现象	事故原因	处理方法
1. 胶带输送机		
皮带跑偏	拉紧轮不正	找钳工处理
	皮带两边松紧不一致	调整下料
	主被动轮表面粘油或粘料	清扫干净或调整被动轮
皮带打滑	皮带过松	可调整拉紧装置
	负荷过大或下料口堵	可适当减少料厚度或清理下料口
	皮带或主动轮上粘油	清扫干净
轴承发热	轴承太紧	适当放松轴盖螺钉
	轴承不在同一中心线上	重新调整轴承
	皮带太紧	调整松紧装置
	轴承中缺油，油太脏，油变质或油太多	缺油时加油，油脏要清洗、换油
电动机启动不起来或不正常而打坏保险	开关或电机不正常	通知电工检查
	电压太低	通知电站升高电压
	有妨碍皮带运转的东西而使负荷增大，打坏保险	除去障碍物
	下料太多，负荷过大或带负荷启动	减少下料量或将皮带上的料扒下
2. 抓斗桥式起重机常见故障		
抓斗提升与闭合不动作	操作室内控制盘内接触器线圈烧坏、触点烧坏或接触器磁铁粘住	检查操作室控制盘内接触器线圈，找出断电重新接好，调好磁铁，使灵活好用
	控制器、车上边滑线或接触器线圈断线	检查车上磁力盘、滑线、滑砣及控制线路，接通线路并连接线圈
钢丝绳断	钢丝绳磨损严重，提升限位开关失灵	换绳，处理限位开关，注意操作钢丝绳磨损超过标准原则更换
碰车	刹车失灵，开车太快	调整抱闸，开车不应太快
	控制器手柄方向改错，接点温度高粘住	立即停紧急开关，拉下闸把，处理或更换粘住的接点

学习情境七　母　液　蒸　发

循环使用的拜耳法的种分母液和烧结法的分解母液一般需要蒸发提高浓度。蒸发的目的就是排除流程中多余的水分，保持氧化铝生产系统的液量平衡。

氧化铝生产系统液量平衡实际上就是氧化铝生产中碱和水的平衡，水的平衡很复杂，它贯穿于整个流程之中，它的主要来源有六个方面：一是原燃料所带入的附着水和结晶水；二是赤泥洗涤用水（含拜耳法和烧结法）；三是要得到纯净产品对产出氢氧化铝的洗涤用水；四是系统加热蒸汽冷凝进入的水；五是各环节打扫卫生等原因而进入的水（污水）；六是蒸发系统的不合格水（因设备问题或操作不当造成水中含碱超标不能外排而被迫在系统内循环）。

水的脱除环节主要有五个途径：一是产品焙烧脱除氢氧化铝附着水和结晶水；二是外排赤泥带走的附着水和结晶水；三是大窑烧结排出的水分；四是排入下水和循环水中的部分；五是利用蒸发器浓缩各种母液脱除多余的水。

氧化铝生产中，流程中多余的水分主要是通过蒸发的手段来排除的。生产 1t 氧化铝需要蒸发的水量，由于受铝土矿的类型和质量、氧化铝生产方法、采用的设备、作业条件以及生产组织与管理等因素的影响，差别很大。有资料表明，碱-石灰烧结法生产 1t 氧化铝有 2~3t 水需要通过蒸发来排除。处理一水硬铝石型铝土矿的联合法厂如采用高浓度母液蒸汽直接加热的高压溶出工艺，生产 1t 氧化铝有 5~6t 水需要通过蒸发来排除。

此外，原料中的杂质进入铝酸钠溶液，有些杂质在生产中循环积累。如碳酸钠、硫酸钠及部分有机物等，它们对拜耳法生产系统的危害很大，可利用碳酸钠、硫酸钠溶解度随着母液浓度的提高而降低这一特性，通过提高蒸发母液浓度使它们结晶析出，部分有机物被一水碳酸钠吸附排除。

结晶析出的碳酸钠，经分离后，在纯拜耳法工艺中需经苛化处理转变成苛性碱返回蒸发，而在联合法工艺中可以直接送烧结法系统配料。

氧化铝生产中的蒸发都是间接加热，加热蒸汽的合格凝结水可作锅炉用水。因此，蒸发作业在氧化铝生产中还起到软化水站的作用。

蒸发过程消耗大量的热能，约占拜耳法蒸汽总耗量的 30%~45%，占混联法总能耗的 26% 左右。这方面的蒸汽消耗、操作费用和投资费用在氧化铝成本中也占有相当大的比例，所以选择适当的蒸发器及蒸发工艺来降低能耗是蒸发工序节能的关键。

学习任务一　母液蒸发的意义

（1）为 NaOH、碳分蒸发站提供充足的蒸发原液；

（2）将蒸发站来的高浓度蒸发母液与蒸发原液、高浓度碱液进行调配，为粉煤灰预调配、生料浆磨制、一二段脱硅提供合格循环母液；

（3）为粉煤灰分离及洗涤、硅钙渣洗涤、种子过滤、成品过滤、蒸发站及各用水点提供热水。

学习任务二　母液蒸发的原理、工艺

一、基本原理

拜耳法流程中多余水分的排除有四种途径：一是作为赤泥的附液而排除；二是作为氢氧化铝的附液而排除；三是作为自蒸发气体而排除；四是蒸发过程的排除。这四种途径中，前三种排除的水分量较少，而绝大多数的水分要靠蒸发排除。

烧结法流程中多余水分的排除有五种途径：一是作为赤泥的附液而排除；二是作为氢氧化铝的附液而排除；三是作为自蒸发气体而排除；四是熟料烧结排除；五是蒸发过程的排除。前三种排除的水分量较少，而绝大多数的水分要靠后两种排除。

母液蒸发是氧化铝生产过程的一道重要工序，蒸发操作是利用加热的方法，在沸腾的状态下，使溶液中的水分或其他挥发性溶剂部分气化排除，其溶液中的溶质数量不变，从而使溶液被浓缩。蒸发是一个传热及相变过程，其传热速率是蒸发过程的控制因素。

（一）传热过程

传热有三种基本方式：传导、对流和辐射。这三种传热方式很少单独存在，往往是相互伴随着同时出现。

热传导是热能从物体的一部分传至另一部分，或从一物体传至与其相接触的另一物质的传热方式。在热传导过程中，物体内各分子的相对位置没有变动。固体的传热，静止的液体或气体的传热等均属此类，在层流流体中，传热方向与流向垂直时也称传导。

对流是在流体中，由于流体质点的移动，将热能从一处传至另一处的传热方式。这种流体质点的移动，或者是由于温差所引起的密度差而产生的，或者是由于外界的机械作用而产生的。前者称为自然对流，而后者称为强制对流。当强制对流所产生的速度很低时，自然对流对传热也产生很重要的影响。

辐射是一种以电磁波传递热量的方式。无论是固体或流体，都能把热能以电磁波的形式辐射出去，也能吸收别的物质辐射出的电磁波而转变为热能。电磁波的传递是不需要任何介质的，这是辐射和传导、对流方式传递热量的根本区别。一个物体向外辐射热量的能力与绝对温度的四次方成比例，所以物体温度越高，以辐射形式传递的热量就越多。

（二）相变过程

在一个多相体系中，某物质从一相转变到另一相而不发生化学作用的过程叫作相变过程。相变过程往往伴随着能量的变化，即放热或吸热。如水由气相变为液相时放出热量，反之，当液相变成气相时，则需要吸收热量，液相转变为气相的相变过程称为蒸发。液体汽化过程在密闭容器中进行时，液体不断汽化会使液体表面压力不断升高从而导致液体的沸点不断升高，当液体的沸点与加热蒸气温度相等时，传热过程停止，同时，相变过程终止。

蒸发过程包括两种相变过程即加热蒸汽变成水放出热量和溶液中的水吸收热量变成蒸汽。

二、分解母液中各种杂质在蒸发过程中的行为

蒸发过程是热能的传递过程，提高传热系数是提高蒸发器产能和降低气耗的决定性因素，而导致蒸发器传热系数降低的主要原因是加热管壁的结垢。

结垢的主要成分是碳酸钠、硫酸钠和氧化硅。

（一）碳酸钠在蒸发过程中的行为

1. 种分母液中的碳酸钠的来源

碳酸钠的来源有四个途径：一是原料铝土矿中的碳酸盐；二是石灰中的碳酸盐；三是铝酸钠溶液在流程中吸收空气中的二氧化碳而生成；四是如果为联合法流程，从烧结系统来的溶液也会带入不少碳酸钠。

2. 碳酸钠在铝酸钠溶液中的特性

碳酸钠在铝酸钠溶液中的饱和溶解度是随着苛性碱浓度的升高而降低的；碳酸钠在铝酸钠溶液中的饱和溶解度随着温度升高而增大。

3. 在蒸发过程中的行为

随着蒸发的进行，溶液苛性碱浓度在不断地升高，到一定程度就会有碳酸钠结晶析出，如果温度低，析出会更多。其中一部分会在蒸发器加热表面上形成结垢，降低热能传递，导致蒸发效率的降低。

（二）硫酸钠在蒸发过程中的行为

1. 种分母液中的硫酸钠的来源

硫酸钠的来源有两个途径：一是铝土矿中的含硫矿物（如黄铁矿）与苛性碱反应进入流程；二是如果为联合法流程，种分母液的硫酸钠则主要由烧结法溶液带入。

2. 硫酸钠在铝酸钠溶液中的特性

硫酸钠在铝酸钠溶液中的饱和溶解度是随着苛性碱浓度的升高而降低的；硫酸钠在铝酸钠溶液中的饱和溶解度随着温度升高而增大。

3. 在蒸发过程中的行为

在蒸发过程中，溶液苛性碱浓度在不断地增大，到一定程度硫酸钠就会与碳酸钠一起结晶析出，形成一种水溶性的复盐芒硝碱结晶析出。在蒸发器加热表面上形成结垢，降低热能传递，导致蒸发效率的降低。

（三）氧化硅在蒸发过程中的行为

1. 氧化硅在铝酸钠溶液中的特性

氧化硅虽在溶液中的含量是过饱和的，但在蒸发之前以铝硅酸钠结晶析出的速度很慢；氧化硅在铝酸钠溶液中的溶解度随着溶液浓度的升高而增大，越不易析出；氧化硅在铝酸钠溶液中的溶解度随着溶液温度的升高而降低。

2. 在蒸发过程中的行为

氧化硅在蒸发过程中，如果是高温低浓度的作业条件，则有利于铝硅酸钠结晶析出。

三、蒸发操作工艺

（一）蒸发作业流程类型

蒸发可以在加压、常压和减压三种方式下进行，在减压（真空）状态下进行的蒸发，叫作真空蒸发。溶液的沸点与其表面的压力有关系，一定浓度的溶液，表面压力降低溶液的沸点显著下降，所以工业上多使用真空蒸发来降低汽耗。

蒸发作业流程可分为单效蒸发和多效蒸发流程。

单效蒸发流程是指溶液蒸发所产生的二次蒸汽直接冷凝不再利用于本系统中的蒸发作业。

多效蒸发流程是指溶液蒸发所产生的二次蒸汽引入另一个蒸发器的加热室作为该蒸发

器的加热蒸汽的蒸发作业。

根据蒸发器中溶液和蒸汽的流向不同，可分为顺流、逆流和错流三种流程。

下面以三效蒸发为例对三种工艺流程的特点进行比较。

1. 顺流流程

该流程加热蒸汽和被蒸发溶液的流动方向一致。蒸发器的连接方式如图3-53（a）所示。

顺流流程的优点如下：

（1）顺流作业由于后一效蒸发室内的压力较前一效的低，故可借助于压力差来完成各效溶液的输送，不需要用泵，可节省动力费用。

（2）前一效的溶液沸点较后一效的高，因此当溶液自前一效进入后一效内，即呈过热状态而立即自行蒸发，从而产生更多二次蒸汽。加热蒸汽消耗可比逆流流程少5%～10%。

顺流流程的缺点如下：

（1）在低温、高碱浓度下，生成大量细粒碳酸钠和硫酸盐，难以分离。

（2）由于后一效较前一效的溶液浓度高、温度低、黏度大，传热系数就小。

（3）在氧化铝生产过程中，蒸发母液在首效会强烈析出水合铝硅酸钠，在热交换表面上生成结垢，导致传热效率低，蒸发器的能力减低。

2. 逆流流程

该流程加热蒸汽和待蒸发溶液的流动方向相反。蒸发器的连接方式如图3-53（b）所示。

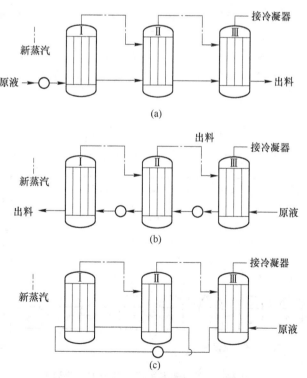

图3-53　蒸发工艺流程示意图

逆流流程的优点如下：

（1）溶液温度随浓度升高而升高，这就保证了较高的传热强度。

（2）二氧化硅溶解度随着溶液中氧化铝和苛性碱浓度的增加而增加，随着温度的升高而降低，故逆流流程利用高温高浓度、低温低浓度都不利于含水铝硅酸钠析出的特性，减轻了前几效的结垢。

逆流流程的缺点如下：

（1）溶液需用泵送至各效进行蒸发，增加了电能的消耗。

（2）随着温度和压力不断上升，被蒸发溶液的浓度与温度同时升高，缩短了加热管使用寿命。

（3）出料温度高，热损失大，蒸汽消耗量增加。

3. 错流流程（混流流程）

该流程将蒸发器用顺流、逆流流程混合方式连接（图3-53（c）），它兼有逆流和顺流部分，克服了顺流首效易结垢和逆流泵多、电耗高、蒸汽消耗高的不足，目前氧化铝厂广泛采用此流程蒸发高浓度和含有易结垢组分的溶液。

（二）闪急蒸发

蒸发母液的另一种蒸发工艺是多级闪急蒸发，闪急蒸发是在加压状态使被加热的溶液进入减压空间而进行汽化。

母液在一系列的多级预热器中加热到约130℃，然后经8~10级的自蒸发，从前6级到第8级自蒸发器闪蒸出的二次蒸汽，一部分用来预热母液，另一部分用来预热生产的溶液；从最后两级出来的二次蒸汽则在一个隔板冷凝器中冷凝。

如图3-54所示，母液加入与它温度相当的第6级和第7级预热器之间进入第一台预热器，逐级进行预热，然后进入10级自蒸发。溶液在第10级自蒸发器中（X）冷却到低于母液的温度，然后又被第8级和第9级（Ⅷ和Ⅸ）的二次蒸汽加热到约70℃。完成液的一部分连同母液可以返回蒸发器中，但母液返回量要调整好，使溶液的浓度达到最佳水平，以便减少 SiO_2 结疤的危险。

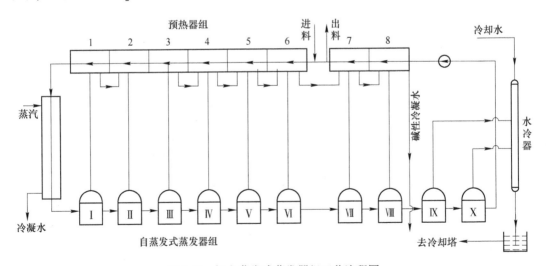

图3-54　闪急蒸发式蒸发器组工艺流程图

第一预热器的碱性冷凝水送往后面一台预热器的蒸汽室中自蒸发，然后传送下去直到最后一台，从最后一台出来的即用作补充洗水。

上述闪急蒸发系统主要用于砂状氧化铝生产工艺，因为这里的稀母液需要蒸发的比较少。由于氧化硅的结疤关系，在较高温度的预热阶段要安装备用预热器。

在现代氧化铝生产中经常将加热蒸发和闪急蒸发系统联合起来使用，进一步提高了蒸发效率。我国氧化铝厂有用三、四效自然循环蒸发器加二级闪急蒸发，三或四效强制循环蒸发器加三级闪急蒸发，五、六效降膜蒸发外加一效强制排盐和三或四级闪急蒸发相结合的蒸发等作业流程。

（三）蒸发设备及流程的选择

蒸发设备目前有标准式蒸发器、外加热式自然循环蒸发器、强制循环蒸发器、膜式蒸发器和绝热自蒸发器五种。

在氧化铝生产上，母液蒸发的设备和作业流程的选择，是根据溶液中杂质含量和对循环母液浓度的要求以及有利于减轻结垢和提高产能而进行选择的。

倒流程操作的目的是清除蒸发器管内结疤，提高蒸发效率。

四、影响蒸发器产能的因素

蒸发过程实质上是一种热能传递过程，所以蒸发器的生产能力可用传热方程式来表示：

$$q = KF\Delta t$$

式中　q——单位时间的传热量，kJ/h；

K——传热系数，$kJ/(m^2 \cdot h \cdot ℃)$；

F——传热面积，m^2；

Δt——有效温差，℃。

由上式可知，传热量（q）与传热系数（K）、传热面积（F）及有效温差（Δt）成正比。

（一）传热系数（K）的影响

传热系数是指在 1h 内温差为 1℃时，每平方米的加热面积上所通过的热量（kJ）。影响传热系数的因素很多，可用下式来分析：

$$K = \cfrac{1}{\cfrac{1}{\alpha_1} + \cfrac{1}{\alpha_2} + \cfrac{\delta_1}{\lambda_1} + \cfrac{\delta_2}{\lambda_2}}$$

式中　α_1——加热蒸汽向加热管壁的给热系数，$kJ/(m^2 \cdot h \cdot ℃)$；

α_2——加热管壁向溶液的给热系数，$kJ/(m^2 \cdot h \cdot ℃)$；

δ_1/λ_1——加热管壁的热阻；

δ_2/λ_2——垢层的热阻。

管壁的热阻一般都很小且变化不大，故它对 K 值的影响不明显。

垢层的热阻对 K 值的影响极大，当管壁积垢时，热阻增加，传热系数下降。如某糖厂做过结垢对传热系数的影响试验。当加热管壁无结垢时的 K 值为 $12560kJ/(m^2 \cdot h \cdot ℃)$，当加热管壁结垢为 0.2mm 时，传热系数才 $2930kJ/(m^2 \cdot h \cdot ℃)$。当加热管壁结垢为 0.5mm时传热系数仅为无结垢时的 40% 以下，由此可见，垢层越厚，热阻越大，传热系数越低，蒸发器的产能下降。

水蒸气的给热系数 α_1 的数值较大，$1/\alpha_1$ 的值相应减少，所以 α_1 值的变化对 K 值的影响很小，但是，生产过程中必须及时地排除加热室内的凝结水和不凝性气体，因为它们的存在将会影响 α_1 值的降低。溶液的给热系数 α_2 对传热系数 K 值的影响很大。而影响给热系数 α_2 的因素很多，但主要是溶液的循环速度，溶液的流速增加，给热系数 α_2 值增大。为了达到强化生产的目的，提高溶液的循环速度，以增大给热系数 α_2。

（二）有效温差（Δt）的影响

加热蒸汽的温度与其所蒸发溶液产生的二次蒸汽的温度之差叫作总温差，而加热蒸汽的温度与蒸发器内溶液的沸点温度之差称为有效温差。有效温差永远小于总温差，其差值就等于蒸发过程中的温度损失。由传热方程式得知，有效温差（Δt）愈大，其热传递愈好，蒸发器的产能就愈高。

提高有效温差有以下几种方法：

（1）提高加热蒸汽的使用压力。因为加热蒸汽使用压力提高，其加热蒸汽的温度相应地提高，故加热蒸汽的温度与蒸发器内溶液的沸点温度差值增大。但蒸汽压力的增加，对设备强度要求提高，从而增加设备费用，所以加热蒸汽压力一般不宜过高。

（2）提高蒸发器组系统的真空度。因为真空度高，溶液的沸点降低，故 Δt 增大。但真空度过高，一方面溶液的温度过低，溶液黏度增大，对溶液的循环速度是不利的。另外，真空度越高，设备的投资使用费用高。

（3）减少温度差损失。温度差损失的减少有利于有效温差的提高。减少温差损失可以从以下两方面来做：

1）减少蒸汽管路的热量损失。在多效蒸发中，二次蒸汽从前一效到下一效的加热室时，由于管路和管件的阻力以及散热等导致热量损失。因此，管路愈短，管件愈少，热量损失就愈小。另一方面，对蒸发器的管路加强保温也可以减少热量损失。

2）减少由液柱静压导致的温度差损失。由于底层溶液所受压力和表层溶液所受压力相差一个液柱静压头，故底层溶液的沸点要比表层溶液的沸点高，溶液的平均沸点亦因此而升高。因此，对于一定蒸发器蒸发一定物料时，在蒸发过程中常采用低液面操作来减少由液柱静压头所造成的温度差损失。

实践表明，在蒸发操作过程中，保持足够的有效温差是提高蒸发效率的重要条件之一。蒸发效数愈多，温度差损失愈大，各效蒸发器的有效温差不得低于 $5 \sim 7 \, \mathrm{^\circ C}$，否则蒸发作业便无法正常进行。

（三）传热面积（F）的影响

对于一定蒸发器而言，其传热面积是一定的。但在生产过程中，实际上传热面积是在变化的，特别是蒸发易生成结垢的物料时，由于结垢的出现，导致传热系数降低，当结垢严重时会使加热管堵死（俗称死眼），使传热面积也减少，降低蒸发能力。因此，在生产过程中，需定期洗罐和捅死眼。

五、蒸发工艺条件的控制

（一）使用汽压的控制

生产中一般将通入蒸发器机组的新蒸汽压力称为使用汽压，在蒸发过程中，使用汽压愈高，有效温差愈大，蒸发效率愈高。当使用汽压和水冷器的真空度一定时，蒸发器组的总温差是一定的。提高使用汽压可能产生两种情况：一种是提高使用汽压，在不引起总真空度变化时，总温差增大，有利于蒸发效率的提高；另一种是提高使用汽压引起总真空度下降，反而使总温差减少，蒸发效率降低，还会产生干罐现象，造成管内结垢。

各级蒸发器加热室的蒸气压力是汽室压力。蒸汽在加热室中的传热速率与汽室压力有关，传热速率的快慢还取决于蒸汽与溶液间的温差、加热管的结垢情况。当加热管内无结垢时，温差大，传热速率快，反之则慢。在蒸发过程中，汽室压力随溶液浓度不断地增加而自动地上升，因此可利用这一规律来判断溶液间的温度。当溶液的浓度控制在一定值时，汽室压力便不再升高。但随着蒸发过程的不断进行，汽室压力又逐渐地自动上升到某一规定值，这就说明加热管内的结疤已经比较严重，此时应停车洗罐。

在操作上，稳定汽室压力是十分重要的，若汽压不稳定，波动太大，将导致蒸发器组的操作紊乱，甚至引起生产事故。

（二）真空度的调节

在多效真空蒸发时，系统中保持一定的真空度，其目的在于降低溶液的沸点，以保持一定的有效温差，同时保持一定的真空度，有助于各效二次蒸汽顺利地排除和在下一效的充分利用。

蒸发器组的总温差，取决于第一效的新蒸汽压力和末效的真空度。当使用汽压一定时，真空度越高，总温差就越大。由于受到真空设备的限制，真空度一般控制在 0.08 ~ 0.088MPa。

稳定真空度的操作是保证蒸发正常作业的关键条件之一。因为真空度的波动势必影响到其他条件的变化。比如真空度突然降低，将引起汽压上升、液面波动等，使整个蒸发器组的热平衡受到破坏，导致蒸发效率的降低，甚至造成跑碱等不良后果。

（三）液面的控制

蒸发器的液面一般控制在第一目镜的 1/2 处。保持操作液面是蒸发器组正常运转的标志。因为液面过高液柱静压增加，不仅影响蒸发效率，而且易造成跑碱事故；液面过低，溶液的沸腾猛烈，又易造成雾沫带碱严重。

液面的控制可用进、出料量来调节。某一效液面的波动必将影响其他各效，因此，当调节某一效液面时，应注意其他各效液面的变化。

（四）浓度的控制

在一定的条件下，蒸发稀溶液比蒸发浓溶液的蒸发效率高。因为浓度高黏度大，溶液的流动性差，则蒸发效率低。

蒸发母液浓度主要是根据生产上的要求而定。母液浓度的高低，对氧化铝生产的影响极大。对烧结法而言，碳分蒸发母液浓度直接关系到生料浆的水分，从而影响到熟料窑的热工制度；对拜耳法而言，蒸发母液浓度不仅影响到拜耳法溶出的溶出率，而且影响系统碳酸盐的排除。因此，蒸发母液浓度必须控制在工艺要求范围之内。

控制蒸发母液浓度，一般可用如下方法：

（1）调整使用汽压；

（2）调整进、出料量。

（五）水冷器温度的控制

水冷器出口水温的高低，直接影响蒸发器的真空度。出口水温高，蒸发器的真空度下降，蒸发效率低。在操作中，通常是调节进水的流量和进水温度来控制水冷器的出口水温。

（六）凝结水及不凝性气体的排除

在蒸发过程中，加热蒸汽放出潜热冷凝成水。凝结水若不及时排除，存积在加热室内，不仅影响传热，而且易产生由于汽、水冲击引起的强烈振动，影响蒸发的正常进行。

在生产过程中，带入加热室内的不凝性气体是热的不良导体，在加热室内影响传热，因此，必须及时排除。

学习任务三　母液蒸发的设备与操作

一、设备操作

离心泵（变频电机）的操作如下所述。

（1）开车前的准备工作：

1）检查出料槽液位情况；

2）接到开车通知，倒好流程；

3）电机小于200kW停车超过7d的电气设备需检测绝缘；电机大于200kW停车超过1个月的电气设备需检测绝缘；

4）检查仪器、仪表齐全可靠；落实各阀门灵活好用；

5）泵盘车两周以上无卡塞现象；

6）检查落实安全防护罩完好；

7）检查各润滑点并确认油质、油量正常；

8）检查急停开关情况并落实复位；

9）检查各连接部位螺栓，松的要紧固，缺的要补上；

10）检查泵冷却水，落实阀门灵活好用，水量、水质正常；

11）确认泵的转向正确。

（2）开车：

1）打开机械密封冷却水阀；

2）关闭放料阀；

3）全打开泵进料阀，向泵腔供料；

4）全打开泵出口阀；

5）现场人员通知主控室启泵；

6）主控室接到现场开车通知后将变频器调至12~16Hz，启动泵；

7）用变频器调整流量至生产需要值。

（3）运行中的检查：

1）检查是否有滴漏现象；

2）检查各润滑点润滑情况；

3）检查泵的运行声音是否正常；

4）检查地脚螺栓是否松动；

5）检查轴承温度，夏季不大于70℃，冬季不大于60℃；

6）检查机械密封泵冷却水回水是否带料；

7）检查电机温度不高于 80℃；

8）检查电机运行电流，不得超过额定值；

9）每小时放料一次。

（4）停车：

1）接到值班员命令后，方可进行停车操作；

2）将变频器转速调到 12～16Hz 后关闭出口阀后停电机；

3）泵停止转动后，关闭泵的进料阀，打开泵的放料阀；

4）缓慢打开泵出口阀，放完管、泵内余料；

5）关闭机械密封冷却水阀。

二、常见故障及处理

常见故障及处理见表 3-21。

表 3-21　母液蒸发常见故障及处理

故障现象	故障原因	处理方法
泵打料少或打不出料	电机反转	电机换向
	叶轮堵塞	清理叶轮
	进出口管道堵塞	清理进出口管道
	扬程不够	重新选型
	进料管漏气	检查处理漏气点
泵振动	地脚螺栓松动	紧固地脚螺栓
	对轮连接件磨损严重	更换对轮连接件
	电机与泵不同心	调整电机与泵的同心度
	泵严重缺料	停泵检查处理后开泵
	轴承损坏	更换轴承
槽子冒槽	液量平衡不好	调整控制好液量平衡
	流程改错	检查更改流程
	液位计不准确、失灵	检查调校液位计
冷凝水带碱	蒸发器加热管泄漏	将带碱冷凝水改入不合格冷凝水槽，再逐项控制检查
	蒸发器翻顶	
槽子锥底放料阀和底部出料阀堵塞	有结疤块	清理疏通
	碳酸钠结晶堵塞	用热水冲堵、疏通
	杂物堵塞	清理杂物

习　题

3-1　粉煤灰进行预脱硅的重要意义是什么?

3-2　氧化铝生产中，二氧化硅的意义是什么？

3-3　试述预脱硅的原理。

3-4　试述预脱硅的工艺流程。

3-5　定量给料机有哪几部分组成，分别是什么？

3-6　粉煤灰预脱硅常用的设备有哪些？

3-7　粉煤灰中预脱硅常用的方法是什么？

3-8　简述生料配料的重要性。

3-9　简述对生料配料的要求。

3-10　什么是生料制备过程？

3-11　什么是粉碎过程，粉碎的目的是什么？

3-12　如何区分破碎和粉磨？

3-13　生料均化链是由哪些环节构成的？

3-14　生料均化链各环节的主要作用是什么？

3-15　设计好生料均化链的技术经济意义主要有哪些？

3-16　预均化堆场的形式和布置方式有哪些？

3-17　预均化堆场的堆料类型有哪些？

3-18　预均化堆场的取料方式有哪些？

3-19　常用的堆料机形式有哪些？

3-20　常用的取料机形式有哪些，分别完成哪种取料方式？

3-21　均化库的操作方式有哪几种？

3-22　各操作方式均化库的操作方法分别是什么？

3-23　各操作方式均化库的优缺点是什么？

3-24　简述利用"高铝粉煤灰预脱硅+碱石灰烧结法"生产氧化铝工艺中生料浆制备的工艺原理。

3-25　粉煤灰制取氧化铝，在生料浆制备所用物料和技术条件是什么？

3-26　生料浆生产中添加石灰石的作用是什么？

3-27　简述生料浆三级调配的内容。

3-28　生料浆调配计算原理是什么？

3-29　何为熟料的碱比、钙比、铁铝比、铝硅比？

3-30　碱-石灰烧结法生产氧化铝需要哪些主要原料？

3-31　确定生料浆配方的目的是什么？

3-32　生料浆配比主要包括哪些内容？

3-33　生料浆的主要成分是什么？

3-34　什么叫熟料配方？

3-35　生产中熟料配方有哪几种？

3-36　氧化铝生产中脱硫方法是什么，脱硫原理是什么？

3-37　管磨机的工作原理是什么？

3-38　管磨分为几个仓，各仓的作用是什么？

3-39　管磨跑稠料的原因及处理方法是什么？

3-40　管磨机润滑油站油温高的原因及处理方法是什么？

3-41　管磨机润滑油站回油管无油的原因是什么？

3-42　管磨机电流、负荷明显增大的原因及处理方法是什么？

3-43　胶带输送机工作原理是什么？

3-44　胶带在滚筒上打滑的原因及处理方法是什么？

3-45　胶带边部磨损过大的原因是什么？

3-46　皮带上层有非正常磨损的原因是什么？

3-47　简述皮带跑偏的原因及处理方法。

3-48　配料电子皮带秤工作原理是什么？

3-49　离心泵的工作原理是什么？

3-50　离心泵打不上料的原因及处理方法是什么？

3-51　离心泵振动的原因及处理方法是什么？

3-52　泵的盘根漏料是什么原因造成的？

3-53　按顺序说出离心泵的启停操作过程。

3-54　简述调配槽搅拌响声异常的原因及处理方法。

3-55　简述调配槽搅拌跳停的原因。

3-56　简述调配槽搅拌减速机振幅大的原因及处理方法。

3-57　简述调配槽搅拌减速机齿轮或轴承振动及噪声过大的原因及处理方法。

3-58　个体防护用品有多少种？

3-59　防止人身触电的措施有哪些？

3-60　防止皮带系统人身伤害的措施有哪些？

3-61　防止起重伤害的措施有哪些？

3-62　防止有限空间作业造成人员伤害的措施有哪些？

3-63　处理工伤事故"四不放过"的原则是什么？

3-64　在设备或槽体清扫检修时应注意什么？

3-65　高空作业时的注意事项有哪些？

3-66　进入槽内清扫时的清扫顺序是什么？

3-67　拆卸管道法兰、阀门、考克时应注意什么？

3-68　试述熟料烧结的原理。

3-69　试述熟料窑各烧结带的反应。

3-70　试述熟料烧结质量的影响因素。

3-71　什么是正烧结熟料、正烧结温度、正烧结温度范围？

3-72　如何降低熟料窑的能耗？

3-73　如何提高熟料窑的产能？

3-74　如何降低熟料中硫的含量？

3-75　简述熟料中硫的危害。

3-76　为什么要进行分级分解？

3-77　常用分级分解有几种，分别是什么？

3-78　什么是种分分解率？

3-79　影响种分分解的因素有哪些？

3-80　影响碳分分解的因素有哪些？

3-81　种分槽的构造是什么？

3-82　简述旋流器的工作原理。

3-83　试述种分分解的工艺流程。

3-84　试述碳分分解的工艺流程。

3-85　种分分解生产工艺中，常见生产故障有哪些？

3-86　碳分分解生产工艺中，常见生产故障有哪些？

3-87　简述氢氧化铝焙烧的意义。

3-88 氢氧化铝煅烧过程对氧化铝质量的要求有哪些？

3-89 氢氧化铝焙烧过程设备有哪些？

3-90 简述螺旋给料机操作规程。

3-91 简述氢氧化铝焙烧常见故障及处理过程。

3-92 简述母液蒸发的意义。

3-93 蒸发作业流程中多效蒸发根据蒸发器中溶液和蒸汽的流向不同，可分为哪些流程？

3-94 简述母液蒸发常见故障及处理过程。

第四部分 粉煤灰石灰石-自粉化熟料烧结法

一、技术起源及概述

早在 20 世纪 40 年代，德国人便开始用高硅铝原料生产氧化铝的试验，但以失败告终；50 年代波兰科学学会成员、波兰矿业及冶金研究院杰米克（J. Grzymek）教授开发了以粉煤灰（或煤矸石）为原料，采用石灰石烧结法生产氢氧化铝（氧化铝）和水泥的综合方法，其关键技术是粉煤灰和石灰石的烧结物在冷却过程中由 β 相 $2CaO \cdot SiO_2$ 转变为 γ 相的 $2CaO \cdot SiO_2$，使烧结物发生 10% 的体积膨胀，从而自行粉化为只有 $20\mu m$ 的细粉末，比表面积达 $10000cm^2/g$，为制取高纯度氧化铝创造了良好条件，所以这个方法又称为杰米克自粉化法。

该工艺由粉煤灰烧结自粉化熟料提取氧化铝、硅渣生产水泥两部分而成。第一部分工艺以制取氧化铝为主，包括浸取、脱硅、碳分、煅烧和母液再生循环等；第二部分工艺以硅渣煅烧水泥熟料及磨制水泥为主，1966 年在波兰的格罗晓维茨水泥厂应用成功，一直生产到 1996 年。1975 年美国艾奥瓦州立大学和美国能源研究和开发管理局对此工艺进行了充分的研究，发表了大量的论文。1980 年我国安徽省冶金科学研究所和合肥水泥研究院研究了用该方法从淮南电厂的粉煤灰中提取氧化铝的工艺，技术取得了初步成功，但受资源条件的限制未实现产业化。

杰米克自粉化法生产氧化铝和水泥的工艺流程如图 4-1 所示。

二、杰米克自粉化法主要内容

该工艺主要分为六个阶段。

（一）原料的配制及烧结粉化

将粉煤灰（或煤矸石）与石灰石按要求的比例加入球磨机中粉磨至 4900 孔/cm^2 筛的筛余在 10% 以下，然后将料浆调整到要求的化学成分，送入回转窑烧结。烧结后的物料进入冷却机冷却 30min 左右，发生硅酸二钙的晶相转变，烧结物由于发生 10% 的体积膨胀，粒径由原来的 50mm 左右自行粉化为 $20\mu m$ 的细粉末。其化学反应式如下：

$$Ca_2Al(AlSiO_7) + CaCO_3 \xrightarrow{1550℃} CO_2 \uparrow + Ca(Al_2O_4) + \alpha\text{-}Ca_2SiO_4 \tag{4-1}$$

$$\alpha\text{-}2Ca_2SiO_4 \xrightarrow{700℃} \beta\text{-}2Ca_2SiO_4 \xrightarrow{525℃} \gamma\text{-}2Ca_2SiO_4 \tag{4-2}$$

（二）铝酸盐的提取

用 5% 的 Na_2CO_3 溶液在溶出器里浸取自粉化的熟料粉末，浸取温度在 50~65℃。经 15min 浸取后，粉末中的铝酸钙转变为水溶性的偏铝酸钠：

$$CaO \cdot Al_2O_3 + NaCO_3 \xrightarrow{50~65℃} 2NaAlO_2 + CaCO_3 \tag{4-3}$$

$$12CaO \cdot 7Al_2O_3 + 12NaCO_3 + 5H_2O \xrightarrow{65℃} 14NaAlO_2 + 12CaCO_3 + 10NaOH \tag{4-4}$$

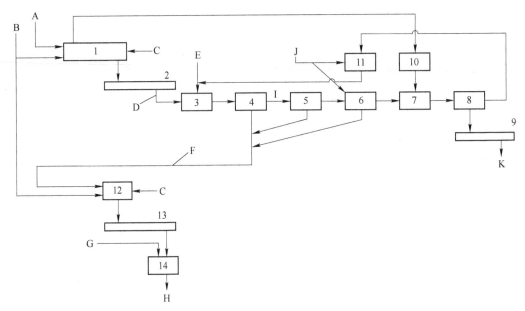

图 4-1　杰克自粉化法生产氧化铝和水泥的工艺流程

A—粉煤灰；B—石灰石；C—煤；D—自粉化料；E—碳酸钠溶液；F—浸出后的硅渣；

G—石膏；H—水泥；I—偏铝酸钠溶液；J—石灰乳；K—氢氧化铝或氧化铝；

1—回转窑（烧自粉化熟料）；2—冷却器；3—溶出器；4—硅渣过滤器；5—沉淀槽；6—脱硅；

7—碳分；8—氢铝过滤器；9—干燥机或焙烧炉；10—烟气除尘器；11—母液再生器；

12—回转窑（烧水泥熟料）；13—冷却器；14—水泥磨

（三）浸取液的过滤

浸取得到的偏铝酸钠溶液经沉淀后，采用过滤机过滤，使含偏铝酸钠的溶液与主要含硅酸二钙和碳酸盐的不溶物——硅钙渣分离。分离出的硅钙渣与已粉磨合格的石灰石按要求比例在混合机内混合，再送入湿法回转窑中煅烧成水泥熟料。由于硅钙渣中主要含 $2CaO \cdot SiO_2$，故烧成过程主要是使硅酸二钙与石灰石中的氧化钙结合生成水泥熟料的主要矿物——硅酸三钙。这样不但大大加快了烧成速度，从而提高旋窑产量 25% 以上，而且还大大降低了热耗。

（四）偏铝酸钠溶液的除硅处理

在浸取铝酸钙的过程中，总有少量的二氧化硅随氧化铝一起被溶入浸取液中。为了除去溶液中的二氧化硅，必须将偏铝酸钠溶液在容器中沉淀后，再加入装有石灰乳的容器内进行脱硅处理和中和过剩的碳酸钠。

$$2NaSiO_3 + 2NaAlO_2 + Ca(OH)_2 + 4H_2O \xrightarrow{98℃} CaO \cdot Al_2O_3 \cdot 2SiO_2 + 6NaOH \quad (4-5)$$
$$Na_2CO_3 + Ca(OH)_2 \longrightarrow 2NaOH + CaCO_3 \quad (4-6)$$

（五）偏铝酸钠溶液的碳酸化处理

脱硅处理后的偏铝酸钠溶液经沉淀和过滤后，送入碳化容器，与来自回转窑的并经除尘的废气发生碳酸化分解作用。

（1）偏铝酸钠与二氧化碳作用，沉淀出不溶性的氢氧化铝。

$$2NaAlO_2 + CO_2 + 3H_2O \longrightarrow NaCO_3 + 2Al(OH)_3 \quad (4-7)$$

（2）溶液中的氢氧化钠被中和。

$$2NaOH + CO_2 \longrightarrow NaCO_3 + H_2O \qquad (4-8)$$

（3）碳化处理中生成的碳酸钠被进一步碳化成碳酸氢钠。

$$Na_2CO_3 + CO_2 + H_2O \longrightarrow 2NaHCO_3 \qquad (4-9)$$

为使碳酸氢钠重新变成碳酸钠，再用于生产，把含有碳酸氢钠的过滤液和石灰乳在反应容器内进行再生处理，再生后的碳酸钠溶液再补充一部分必须数量的新鲜碳酸钠溶液送入盛装容器内，以供浸取粉料用。

（六）煅烧制得氧化铝

把从氢铝过滤器上得到的氢氧化铝沉淀送入干燥炉中，脱去附着水成为成品氢氧化铝；或直接送入氧化铝焙烧炉，除去附着水分和氢氧化铝中的结晶水，制得成品氧化铝。

$$2Al(OH)_3 \xrightarrow{1050 \sim 1100℃} Al_2O_3 + 3H_2O \qquad (4-10)$$

三、技术发展与改进

进入 21 世纪，随着现代工业和科学技术的发展，工业设备功能越来越完备，日益朝着大型化、规模化、自动化、高效能的方向发展。我国水泥生产以悬浮预热分解技术为核心，采用新型干法窑外分解回转窑取代了普通湿法长窑生产；辊式立磨取代了普通球磨机进行原料磨制；大型均化设备的应用更有利于原料成分均匀从而稳定生产条件；为熟料生产实现自动化控制、产能翻番提供了硬件基础。同时，氧化铝生产中管道化溶出技术的成熟应用，高效沉降槽、大型种分槽分解技术的发展，为粉煤灰石灰石-自粉化熟料烧结法的进一步发展奠定了基础。

蒙西集团内蒙古蒙西鄂尔多斯铝业有限公司作为国内首家利用粉煤灰石灰石-自粉化熟料烧结法提取氧化铝的生产企业，在借鉴波兰格罗晓维茨水泥厂粉煤灰石灰石-自粉化熟料烧结法提取氧化铝工艺技术的基础上，结合现代工业设备发展趋势，将大型先进生产设备应用于粉煤灰石灰石-自粉化熟料烧结法技术，实现了粉煤灰提取氧化铝的产业化生产。

（一）工艺流程改进

在传统杰米克自粉化法生产氧化铝过程中，自粉化熟料经浸取过滤后，对得到的偏铝酸钠溶液进行石灰脱硅后，采用碳酸化分解作用产出氢氧化铝。蒙西集团在借鉴国内外从粉煤灰中提取氧化铝的研究成果，经研究、中试和工业化试验，创立了适合本地情况和具有自主知识产权的粉煤灰石灰石-自粉化熟料烧结法提取氧化铝新工艺，即：石灰石烧结法与低温拜耳法管道化溶出相结合的生产工艺。

该方法采用粉煤灰与石灰石直接进行配料，以悬浮预热分解技术为核心，采用新型干法窑外分解窑进行氧化铝熟料煅烧，实现氧化铝熟料大型化、规模化生产（产量 $200 \sim 230t/h$），并且提取氧化铝后的硅渣碱含量较低（<1.0%），可直接应用于水泥熟料煅烧。

其工艺优点如下：

（1）采用粉煤灰、石灰石直接配料，干法窑煅烧，熟料产量大，易于实现规模化生产。

（2）产出的氧化铝熟料自粉化率高，可达到90%以上，有利于后续的熟料溶出生产。

（3）提取氧化铝后的硅渣碱含量低，易于实现再利用。

（4）对后续生产采用传统低温拜耳法溶出生产线，操作条件简单。

（5）配套水泥熟料生产线运行，更能发挥出其生产优势。

其工艺缺点如下：

（1）由于未对粉煤灰进行预脱硅，熟料氧化铝含量低，物料流量大。

（2）由于采用两种工艺技术进行串联生产，工艺流程长。

工艺流程如图4-2所示。

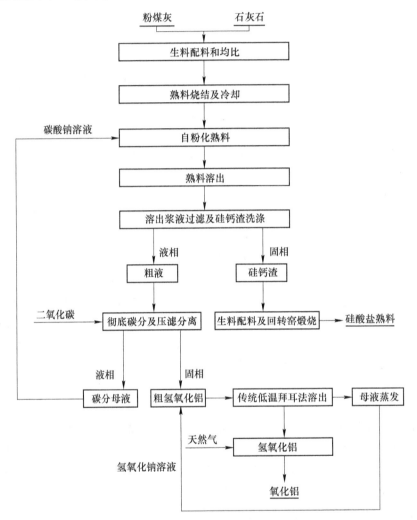

图4-2　粉煤灰石灰石-自粉化熟料烧结法工艺流程

（二）工艺设备改进

随着科学技术的发展，氧化铝生产的各个工序采用了成熟且自动化控制高度集成的各类大型设备。

（1）原料预均化堆场及设备的应用，将成分波动较大的单一品种物料混合均化，使其出料成分均匀稳定。

（2）辊式立磨在原料磨制、煤粉磨制工序的应用，产量大幅增加且单位能耗较低。

（3）生料均化库的应用，进一步使入窑生料成分稳定，更易于煅烧操作。

（4）预分解技术的应用，提高入回转窑生料的分解率，提高了生产产能，缩小了回转窑的规格，节约单位建设投资。

（5）采用自蒸发器式管道化溶出技术，导热性能好，传热系数高，溶出时间短，单位容积产能高。

（6）采用低碱浓度溶出，整个生产过程能耗降低。

学习情境一　生　产　概　述

学习任务一　粉煤灰提取氧化铝技术

（1）机理。将 Al_2O_3 与 $CaCO_3$ 烧结成铝酸钙，再用 Na_2CO_3 溶液浸出铝酸钙，使其转成 $NaAlO_2$ 和 $CaCO_3$ 沉淀。

（2）主要原材料：1）粉煤灰。该法用的粉煤灰 Al_2O_3 应大于 30%，其 Al_2O_3 与 SiO_2 之比为 0.5 以上。2）石灰石。3）碳酸钠。

（3）配制及粉磨。粉煤灰与石灰石按比例加入球磨机中，粉磨成一定细度，通常控制在 4900 孔/cm^2 的筛余量 10% 以下。

（4）烧结温度。1320~1400℃。

（5）粉化。熟料在冷却过程中，晶相发生急剧转变，体积膨胀 10%，因此能自行粉化成一定细度。

（6）溶出。自行粉化成一定细度的熟料与一定浓度的碳酸钠溶液混合，在一定的时间内使熟料中的铝酸钙转变成水溶液的偏铝酸钠和碳酸钙。

（7）过滤。过滤出原硅酸钙、碳酸钙滤渣洗涤后烧结水泥用，得到 $NaAlO_2$ 溶液。

（8）得到的 $NaAlO_2$ 溶液按常规的碳酸化方法进行分解。

（9）分解得到硅含量较高的氢氧化铝（简称粗氢铝），再采用常规低温拜耳法生产工艺，进行溶出、赤泥分离、洗涤、种子分解、焙烧得到冶金级氧化铝产品。

学习任务二　自粉化熟料烧结工艺概述

在烧结过程中，应使炉料中的 Al_2O_3 和 SiO_2 分别转变为 CA，$C_{12}A_7$ 和 C_2S。C_2AS+ 熔体$=CA+C_2S$ 的反应温度为 1380℃。熔体$=C_2S+CA+C_{12}A_7$ 的共晶温度为 1335℃。组成为 $CA+2C_2S$ 的熔体和组成为 $C_{12}A_7+14C_2S$ 的熔体的结晶过程是不同的，前者熔体冷却时先结晶出 C_2S 再析出 C_2S+C_2AS 共晶。继续冷却时熔体成分沿着 C_2S+C_2AS 的共晶线改变，发生熔体$+C_2AS \to CA+C_2S$ 包晶反应。反应完成后，C_2AS 消失，熟料由 $CA+C_2S$ 组成。如果冷却太快反应来不及完成，熟料中将留有 C_2AS，它不与碳酸钠溶液反应，Al_2O_3 的溶出率降低。

后者熔体冷却时，初晶也是 C_2S，继续冷却时析出 $C_2S+C_{12}A_7$ 共晶，然后熔体再沿二元共晶线变化，达到共晶点后全部凝固成由 $C_2S+C_{12}A_7+CA$ 所组成的熟料，其中 Al_2O_3 全部是由 Na_2CO_3 溶液溶出的。

为了避免在熟料中出现 C_2AS，炉料成分应该选择在最佳点上，以保证熟料由 C_2S、

$C_{12}A_7$ 和 CA 所组成，Al_2O_3 有高的溶出率。炉料应保持 CaO：Al_2O_3（物质的量比）在 1.31~1.71 范围内。

在石灰烧结法熟料中，β-C_2S 缓慢冷却转变为 γ 型可使熟料自粉化。波兰研究报告说明熟料在 30min 的冷却中，自动粉化率年平均值达到 97%，平均粒度为 20μm。原料中的 Fe_2O_3 和 TiO_2 应配 CaO 使之转变为 C_2F 和 CTi。

熟料烧结过程中的加热和冷却制度，与熟料的质量有很大的关系。缓慢的加热使炉料中总保留有一定的液相（熔体）反应，具有稳定持续的速度；缓慢的冷却使熟料有一定的结晶时间，反应完全。

熟料的最佳成分组成：原硅酸钙（2CaO·SiO_2）、铝酸钙（CaO·Al_2O_3、12CaO·7Al_2O_3）。

学习任务三　粗氢氧化铝制备工艺概述

粗氢氧化铝制备由熟料溶出、硅钙渣分离洗涤、连续碳酸化分解和粗氢铝分离洗涤、补充碱五个系统组成。

（1）熟料添加碳分母液，使氧化铝溶出进入母液。

（2）通过带滤机将硅钙渣、铝酸钠溶液分离并洗涤，通过加压过滤机将洗涤后的硅钙渣进一步加压吹干用于水泥原料。

（3）用二氧化碳气体对铝酸钠溶液进行彻底碳酸化分解使溶液中的氧化铝以氢氧化铝形式结晶析出。

（4）通过压滤机将粗氢铝与碳分母液分离，洗涤后的粗氢铝用循环母液化成浆送拜耳法低温（140~150℃）溶出。

（5）分离出的碳分母液加一定量的碳酸钠后再送至熟料溶出从而完成一个循环过程。

粗氢氧化铝制备流程图如图 4-3 所示。

学习任务四　低温拜耳法主要工艺概述

一、管道化溶出

溶出过程是拜耳法生产的主要工序之一，对于这一工序的要求不光是获得尽可能高的 Al_2O_3 溶出率，而且要有尽可能低的苛性比值。为后续工序创造好的工艺条件，提高全流程碱的循环效率。

粗氢铝溶出是在超过溶液沸点的温度下进行的。因其溶出过程是在超过大气压的压力下进行的，但其压力低于传统的一水铝土矿溶出压力，故称之为低压溶出。溶出前需将粗氢氧化铝、循环母液、补充的苛性碱按一定配比制成原矿浆，经过 6~10h 保温预脱硅后再去管道化溶出。

物料的配比是使溶出液的 α_K 达到预期要求由计算确定的。预期的溶出液 α_K 称为配料 α_K，根据试验决定。当原料配量达到和超过一定数量后，其 Al_2O_3 含量超过了循环母液的溶解能力，溶出液就成为 Al_2O_3 的饱和溶液，它的 α_K 也就是溶液在此条件下的平衡 α_K。在高浓度高温度的状态下它的数值可以低于 1.4 以下，为了防止稀释后的水解把它定为 1.5，保持必要的稳定性。

管道化溶出设备的装置与列管加热器的原理相同，内管用 1~4 根内径为 100~150mm

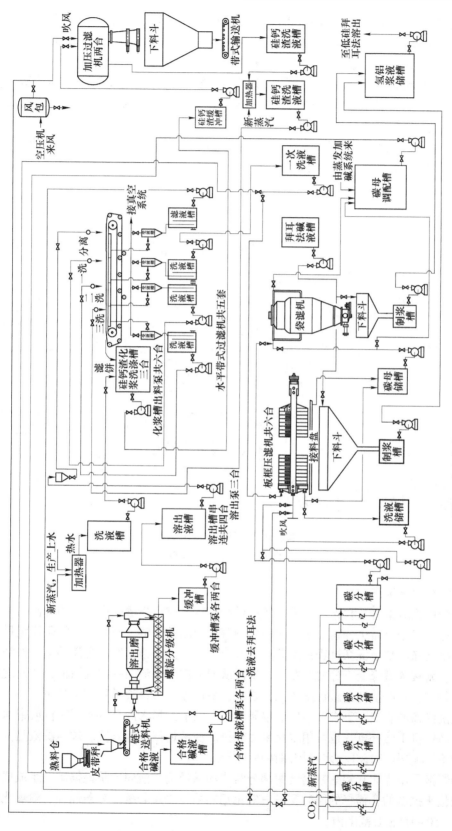

图4-3　粗氢氧化铝制备流程图

的管道同时放入一根内径为 300~500mm 的管道内分多个段、多个组，组成一套溶出设备，总长度 3000m 左右。其中，有 1/6 的长度用于达到溶出温度后的料浆的保温，难溶的矿石还需增加停留罐，增加保温溶出时间。

管道化溶出设备（溶出一水硬铝石）分三个阶段进行预热和加热，如图 4-4 所示。其中，A 是用经过 8~9 级自蒸发后的矿浆作热源；B 是用溶出矿浆自蒸发器的二次蒸汽作热源；C 是用熔盐加热矿浆至溶出温度。

管道化溶出的原矿浆泵用隔膜泵，压力可达 20MPa，流量可达 450m³/h，正常进料压力为 7.5~8MPa，进料流量为 250~300m³/h。

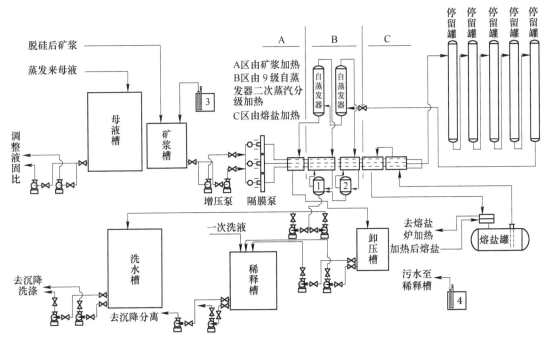

图 4-4　管道化低温拜耳法溶出示意图

1，2—冷凝水罐；3，4—污水槽

二、沉降分离洗涤

溶出液由铝酸钠溶液和赤泥组成，经过稀释后在分离沉降槽中进行压缩分离。

溢流进一步净化后送分解工序作为铝酸钠溶液的晶种分解。底流经过沉降压缩后送入洗涤沉降槽洗涤。整个洗涤过程是反向的，底流从一次洗涤槽至四次洗涤槽逐槽洗涤，每洗涤一次，附液含碱降低三分之二左右。洗液从四次洗涤槽流向一次洗涤槽，四次洗涤加入新水，每洗涤一次洗液含碱提高约三分之二，最后作为稀释液稀释溶出矿浆。

四次洗涤槽的底流，要求液固比值控制在 1.5 以下，加水混合后送压滤机或带滤机进行分离，滤饼可干法外排，也可用水化浆后湿排。滤液返回洗涤系统。规定洗液量为干赤泥的 3~5 倍含碱小于 1g/L，水温控制在 90~95℃。

稀释浆液是由赤泥和铝酸钠溶液两部分组成的悬浮液，液固比是根据矿石组成成分和洗液添加量来控制的，稀释的同时要考虑氧化铝的浓度满足分解工艺条件，一般氧化铝浓度控制在 150~160g/L 范围内。

由于稀释浆液两相的物理化学性质作用，它的沉降速度难用公式推导出来，所以均通过实验测得。取一定的料浆进行沉降试验，以单位时间内的清液层高度来衡量沉降速度和沉降性能。

为加快赤泥分离洗涤的沉降速度，在生产过程中均添加絮凝剂来加快沉降速度。目前氧化铝生产中应用最广的絮凝剂是聚丙烯酰胺系列。相对分子质量一般在1000万~1800万之间，国内外均生产但国外生产这类絮凝剂的牌号非常多，不同的牌号代表不同的组成和性质，以适应组成和性质不同的悬浮液的分离作业的要求。

为适应合成高分子絮凝剂的特性，发展了高帮、深锥体的高效沉降槽，其特性是有一个长而陡的锥体，锥体底部由于流体静压强大，形成高固含的底流，这为降低碱的损失、减少洗涤次数并实现干法赤泥输送创造了有利条件。

沉降槽应在平衡状态下运行，即进出的液量和泥量应该相等。平衡状态一旦遭到破坏，溢流必然浑浊影响生产，浑浊严重时溢流浮游物含量可达每升几克甚至几十克，而且后面沉降槽的溢流返回到前面沉降槽，造成连续反应使正常生产受到破坏而被迫减产。

在生产过程中几个相关联的影响因素要注意：（1）絮凝剂添加量的变化与沉降速度的变化；（2）矿石成分和性能的变化引起沉降性能变化；（3）洗液量的波动使进料液固比降低，以及其他正常作业条件的破坏；（4）洗液温度的波动会导致清液层浑浊及赤泥含碱增高。

沉降分离洗涤工艺示意图如图4-5所示。

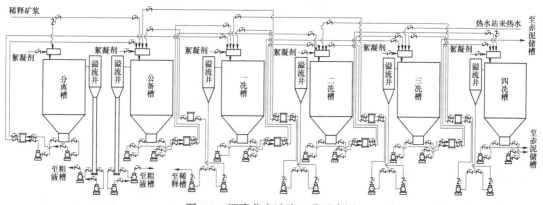

图4-5 沉降分离洗涤工艺示意图

三、分解、焙烧及蒸发系统

这部分内容与传统氧化铝生产相同。

学习情境二 原料破碎及预均化

学习任务一 原料破碎

一、概述

破碎是工厂处理原料的第一道工序，它的一端与矿山开采直接联系，另一端是高度自动化、连续生产的原料制备工段，需要有稳定的料流。由于破碎系统居于这种特殊地位，操作可靠、维修方便是选择破碎系统的重点。

二、破碎机的类型

破碎方式的不同，出现了各种破碎机，在石灰石破碎中常用的破碎机有颚式、旋回式、圆锥式、辊式、锤式和反击式。

破碎系统包括破碎段数和每段中的流程两个方面。单段破碎是最简单的破碎系统，应该优先选用。如果由于原料性质的原因，单段破碎达不到要求的破碎比和出料粒度时，就需要增加破碎段数。

典型破碎工段的工艺布置图如图4-6所示。

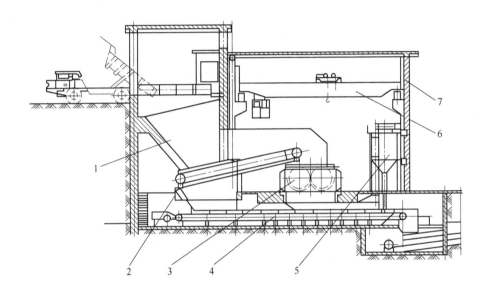

图 4-6　典型破碎工段的工艺布置图

1—卸料斗；2—给料机；3—破碎机；4—出料胶带输送机；5—除尘系统；6—检修吊车；7—厂房

学习任务二　原料的预均化

原料预均化堆场始于钢铁工业。预均化技术是新型干法生产线充分利用低品位资源，保证回转窑系统稳定、优质高产、长期安全运转的技术保证。

一、预均化的基本原理

原料预均化的基本原理可以简单形象地描述为"平铺直取"，就是在原料堆放时，由堆料机连续地把进来的物料，按一定的方式堆成尽可能多的相互平行、上下重叠、厚薄一致的料层，而在取料时，则通过选择与堆料方式相适应的取料机和取料方式，在垂直于料的方向上，同时切取所有料层，这样在取料的同时完成了物料的混合均化，起到了预均化的作用。

预均化堆场的预均化效果用进料标准偏差和出料标准偏差之比表示，一般为5~8，最高可达10。预均化效果除受原料本身波动的影响外，还与堆取料方式和堆料层数有关。一般来说，堆料层数越多，料层越薄，预均化效果越好。矩形料堆堆料层数约为400~600层。

二、预均化堆场

预均化堆场按布置形式分为矩形堆场和圆形堆场。矩形堆场又可分为直线布置和平行布置两种形式。

预均化堆场是将成分波动较大的单一品种物料石灰石、原煤等，以一定的堆取料方式在堆场内混合均化，使其出料成分均匀稳定，如石灰石堆场、原煤堆场等。

矩形堆场的优点是可采用多种堆取料方式，均化效果好，但占地面积大，设备和土建投资较高；圆形堆场的优点是占地面积少，不过均化效果稍差一些。

（1）矩形堆场。矩形预均化堆场外形呈矩形，一般有两个料堆，一个堆料，一个取料，相互交替，以保证生产过程的连续性。两个料堆呈直线布置，不需要设置转换台车，设备投资低。

（2）圆形堆场。圆形预均化堆场外形为圆形（图4-7），进料装置为天桥皮带机，堆料装置为设在中心的360°回转悬臂式皮带堆料机，采用人字形堆料法堆料，料堆呈圆环形。取料一般用桥式刮板取料机，取料机桥架的一端固定在堆场中心的立柱上，另一端架在料堆外围的网形轨道上（可以回转360°）。在垂直于料层方向的截面取料，刮板将物料送到堆场底部中心卸料斗处，然后由地沟皮带机运走。圆形堆场的作业方式可分为3×120°法和360°法两种。前者是将圆环形

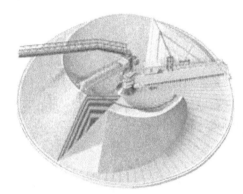

图4-7　圆形预均化堆场外形图

料堆分为三部分，其中1/3堆料，1/3取料，另外1/3已完成堆料，作为储备；后者取料机跟随在堆料机后面，在堆好的料堆上连续取料，形成一个不间断的连续作业，实现了在整个区域内连续堆料。

三、堆料方式和取料方式

在原料成分一定的情况下，均化效果很大程度上取决于堆料和取料方式。

（一）堆料方式

（1）人字形堆料法。人字形堆料法的堆料点在矩形堆场纵向中心线上，堆料机沿料堆纵向定速往返卸料。料堆的第一层端面为等腰三角形，从第二层开始均为人字形，故称为人字形堆料法（图4-8），适于矩形堆场。

（2）混合堆料法。堆料过程与人字形相似，但堆料机下料点的位置不是固定在料堆中心线上，而是随每次循环移动一定的距离，如图4-9所示。这种堆料法不仅可以克服"端锥效应"，而且由于料堆中、前、后原料的重叠，长期偏差和进场原料突然变化产生的影响也可被消除，均化效果较好。

（二）取料方式

用于预均化堆场的取料方式有端面取料、侧面取料和底部取料三种。此处介绍一下端面取料。

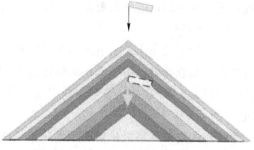

图4-8　人字形堆料法

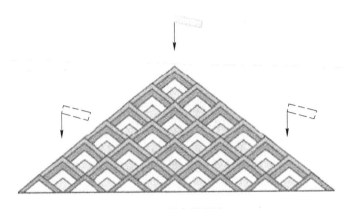

图 4-9　混合堆料法

取料机从矩形料堆的一端或环形料堆的截面端开始，向另一端或整个环形料堆推进，取料是在料堆整个横断面上进行的，同时切取料堆断面各部位的物料（图 4-10），用于人字形料堆，可取得较好的均化效果。常用的取料设备为桥式刮板取料机、桥式圆盘取料机和桥式斗轮取料机。

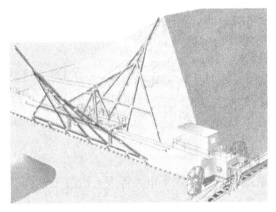

图 4-10　端面取料

四、堆料机和取料机

堆料机和取料机是预均化堆场的关键设备，其作业方式及性能对预均化效果起着决定性的作用。堆料机和取料机的选择除了要适应所处理物料的特性之外，还与预均化堆场的布置形式、对预均化效果的要求以及堆取料方式等因素有关。

（一）堆料机

堆料机所起的作用是将进入堆场的物料，从与之相连接的进料皮带机上转运下来，按一定的方式堆成料堆。由于结构和性能的不同，常用的堆料机有天桥皮带堆料机、悬臂侧式皮带堆料机、桥架式皮带堆料机和耙式堆料机四类。此处介绍一下悬臂侧式皮带堆料机。

悬臂侧式皮带堆料机是目前预均化堆场中应用比较普遍的堆料机（图 4-11），它适用于矩形预均化堆场的侧面堆料和圆形堆场内围绕中心堆料，卸料点可通过调整悬臂的俯仰角而升降。悬臂侧式皮带堆料机有固定式和回转式两种类型，固定式悬臂皮带堆料机只能作人字形和圆锥形堆料，回转式悬臂皮带堆料机可作波浪形、人字形、横向倾斜层及圆锥形等多种堆料。

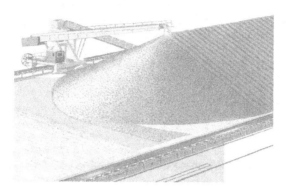

图 4-11　悬臂侧式皮带堆料机

悬臂侧式皮带堆料机的结构主要由大车行走机构、可上下变幅的悬臂胶带机、动控电缆系统等组成。大车行走机构安装在料场的一侧。大车行走机构上部安装有可变幅的悬臂胶带机，悬臂胶带机可在−13°～+16°范围内在变幅油缸的驱动下进行变幅，通过大车行走机构在轨道上沿料场长度方向的往复运动和变幅机构的上下运动完成堆料作业。其结构如图 4-12 所示。

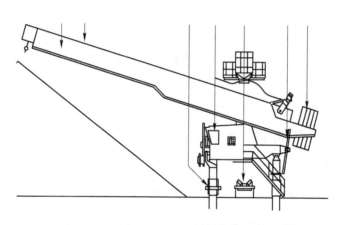

图 4-12　悬臂侧式皮带堆料机结构组成

（二）取料机

取料机（图 4-13）的结构和性能以及堆、取料机的配合，直接影响预均化效果。常用的取料机有桥式刮板取料机、桥式圆盘取料机和耙式取料机。此处介绍一下桥式刮板取料机。

桥式刮板取料机适用于端面取料，基本上能同时切取整个端面的物料，均化效果较好。

桥式刮板取料机在桥架上安装有耙料装置和刮板链输送机。刮板链输送机上的刮片将耙下的原料卸在出料皮带机上，结构示意图如图 4-14 所示。

图 4-13　取料机

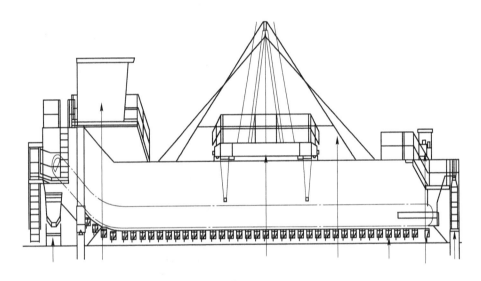

图 4-14　桥式刮板取料机

圆形预均化堆场的圆形堆取料机见图 4-15。

矩形预均化堆场的悬臂侧式堆料机和桥式刮板取料机组合见图 4-16。

五、影响预均化效果的因素及改进措施

（1）原料成分的波动。采用预均化堆场的意义在于可以充分利用矿山的夹层和低品位矿石，但是如果矿山原料成分波动剧烈且不注意搭配开采时，有可能使进入场的原料成分波动呈非正态分布，原料低品位部分会远离正态分布曲线，甚至出现周期性的剧烈波动，使原料在沿纵向堆料时产生长周期波动，以致增加出料的标准偏差。

（2）物料的离析作用。由于物料自然休止角的作用，堆料时，较大的颗粒总是滚到料底部的两边，而细颗粒则留在料堆的上部。为了减少物料离析作用的影响，首先要在破碎阶段尽量减小物料颗粒级差并选用适当的堆和取料方式。

图 4-15　圆形预均化堆场的圆形堆取料机

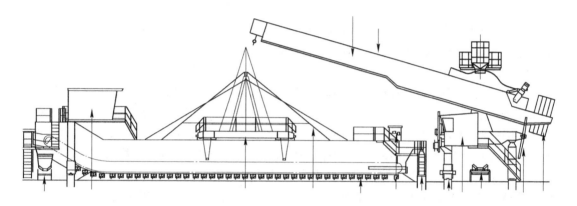

图 4-16　矩形预均化堆场的悬臂侧式堆料机和桥式刮板取料机组合

料堆都有端部，特别是矩形料堆，每个料堆有两个呈半圆锥形的端部。开始取料时，料堆端部的料层与取料机切面不是垂直而是平行，因此均化效果受到一定的影响。此外，端锥部分的物料离析现象更为严重，也会降低均化效果。

（3）堆料机布料不匀的影响。理论要求堆场每层物料纵向单位长度重量应相等，但实际上很难做到。一方面，天桥皮带机堆料时，当堆料方向与主皮带机上物料前进方向一致时，布料相对速度就高一些，而当堆料方向与主皮带机上物料前进方向相反时，布料相对速度就低一些；另一方面，堆场进料量不匀也会影响均化效果。因此，为了减少堆料过程影响，应准确控制进料量和堆料皮带的速度。

（4）料堆层数的影响。从理论上讲，料堆横截面上物料成分的标准偏差与料堆布料层数的平方根成反比，因此布料层数越多，标准偏差越小，但是由于物料颗粒相对较大以及物料自然休止角的作用等影响，越到高层，布料面积越小，物料越薄，均化效果相对较差。均化效果并不总是随布料层数增加而增加，一般来说，堆料层数在 400~600 层之间较合适。

学习情境三　生料配制及粉磨

原料粉磨是氧化铝熟料生产的重要工序，其主要功能在于为熟料煅烧提供性能优良的粉状生料。对粉磨生料的要求有以下几点：一是要达到规定的颗粒大小（可以细度或比表面积等参数表示）；二是不同化学成分的原料颗粒混合均匀；三是粉磨效率高，耗能少，工艺简单，易于大型化。

原料粉磨系统主要由原料配料站、生料粉磨、生料均化等组成。

学习任务一　配料依据与配料计算

以粉煤灰为原料采用石灰石烧结法提取氧化铝工艺中，生料恰当的配比直接关系到熟料质量的好坏。由此可知，合适的生料配比是生产氧化铝的基础。因此，要想得到质量好的熟料，必须确定适当的配比。

一、生料配比的确定

对于石灰石烧结法生产氧化铝工艺，希望将 Al_2O_3 转化为 $CaO \cdot Al_2O_3$ 和 $12CaO \cdot 7Al_2O_3$，SiO_2 完全转变为 $\gamma\text{-}2CaO \cdot SiO_2$。因此，在熟料中，希望含有的主要矿物质应该为 $CaO \cdot Al_2O_3$、$12CaO \cdot 7Al_2O_3$ 和 $2CaO \cdot SiO_2$。

由图 4-17 可知，配料点应落在 $2CaO \cdot SiO_2$、$CaO \cdot Al_2O_3$ 和 $12CaO \cdot 7Al_2O_3$ 组成的三角形范围内。将所用的粉煤灰成分首先折算成 Al_2O_3/SiO_2 比值，按照杠杆规则标于 SiO_2 与 Al_2O_3 连线上为 E，然后再连接过 CaO 与 E 点的直线，此直线与 $12CaO \cdot 7Al_2O_3$ 和 $2CaO \cdot SiO_2$ 的连线的交点于 a，与 $CaO \cdot Al_2O_3$ 和 $2CaO \cdot SiO_2$ 的连线交于 b，当配料在 b 点时，冷却时先结晶出 $2CaO \cdot SiO_2$，熔体成分沿线 bC，达到 C 点后析出 $2CaO \cdot SiO + 2CaO \cdot Al_2O_3 \cdot SiO_2$ 共晶。如果继续冷却，熔体成分将会沿 CA 线（$2CaO \cdot SiO_2 + 2CaO \cdot Al_2O_3 \cdot SiO_2$ 共晶线）发生变化。当达到 A 点后发生 $L_{(熔体)} + 2CaO \cdot Al_2O_3 \cdot SiO_2 = CaO \cdot Al_2O_3 + 2CaO \cdot SiO_2$ 包晶反应。反应完成后 $2CaO \cdot Al_2O_3 \cdot SiO_2$ 消失，熟料由 $CaO \cdot Al_2O_3 + 2CaO \cdot SiO_2$ 组成。如果冷却太快，使 A 点所进行反应来不及完成，在烧成的熟料中将残留 $2CaO \cdot Al_2O_3 \cdot SiO_2$，它不与 Na_2CO_3 溶液反应，氧化铝的溶出率因而降低。a 点的熔体冷却时，初晶体也是 $2CaO \cdot SiO_2$，熔体成分将会沿 aD 线发生变化，当到达 D 点后析出 $12CaO \cdot 7Al_2O_3 + 2CaO \cdot SiO_2$ 共晶，然后熔体再沿二元共晶线 DB 变化，冷却达到 B 点后，全部转化为由 $CaO \cdot Al_2O_3 + 2CaO \cdot SiO_2 + 12CaO \cdot 7Al_2O_3$ 所组成的熟料，其全部可由 Na_2CO_3 溶液溶出。

为了避免在熟料中出现 $2CaO \cdot Al_2O_3 \cdot SiO_2$，炉料配比应该最好选择在 aF 线段上，以保证煅烧熟料由 $12CaO \cdot 7Al_2O_3 + CaO \cdot Al_2O_3 + 2CaO \cdot SiO_2$ 所组成，这样 Al_2O_3 的溶出率才会高。F 为 ab 与 $2CaO \cdot SiO_2\text{-}A$ 线的交点。

二、生料控制指标的确定

根据石灰石烧结法生产氧化铝的原理，本配料计算结合水泥配料采用控制率值的方法，再加上在生产中主要是要把粉煤灰中 Al_2O_3 和 SiO_2 进行分离，其中石灰石的配入量也与这两种物质的含量息息相关。因此，按生产中氧化铝和氧化硅的含量，来确定石灰石的需求量。

按生料中氧化铝和氧化硅的组成，计算每 1% 氧化物所需氧化钙的含量，如下：

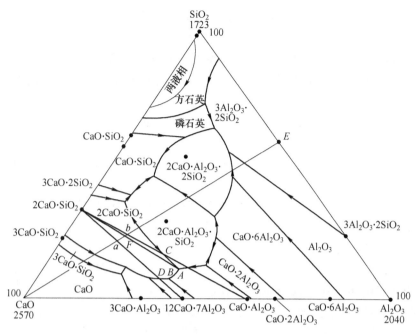

图 4-17　$CaO-Al_2O_3-SiO_2$ 三相图

每 1% 氧化硅形成 $2CaO \cdot SiO_2$ 所需 CaO：

$$CaO = \frac{2 \times CaO \text{ 相对分子质量}}{SiO_2 \text{ 相对分子质量}} = \frac{2 \times 56}{60} = 1.87$$

每 1% Al_2O_3 生成 $CaO \cdot Al_2O_3$ 所需 CaO：

$$CaO = \frac{CaO \text{ 相对分子质量}}{Al_2O_3 \text{ 相对分子质量}} = \frac{56}{102} = 0.55$$

每 1% Al_2O_3 生成 $12CaO \cdot 7Al_2O_3$ 所需 CaO：

$$CaO = \frac{12 \times CaO \text{ 相对分子质量}}{7 \times Al_2O_3 \text{ 相对分子质量}} = \frac{12 \times 56}{7 \times 102} = 0.94$$

在煅烧过程中，Al_2O_3 需要生成 $12CaO \cdot 7Al_2O_3$ 和 $CaO \cdot Al_2O_3$。因此每 1% 的 Al_2O_3 生成可溶于碳酸钠的铝盐所需配入 CaO 的量为 0.55%~0.94%，可取 0.94%。

每 1% 氧化物所需石灰等于相应氧化物的含量乘以相应的系数，便可得到所需 CaO 含量，计算式为：

$$CaO = 1.87SiO_2 + KH \times 0.94 \times Al_2O_3$$

但是生料中氧化铁在反应时也需要一部分氧化钙，因此对上式氧化钙应进行以下修正：

每 1% 氧化铁生成 $2CaO \cdot Fe_2O_3$ 所需 CaO：

$$CaO = \frac{2 \times CaO \text{ 相对分子质量}}{Fe_2O_3 \text{ 相对分子质量}} = \frac{2 \times 56}{160} = 0.7$$

因此，氧化钙的需要量应为：

$$CaO = 1.87SiO_2 + 0.7Fe_2O_3 + KH \times 0.94 \times Al_2O_3$$

即：

$$KH = \frac{CaO - 1.87SiO_2 - 0.7Fe_2O_3}{0.94Al_2O_3}$$

式中，CaO、Fe_2O_3、SiO_2 和 Al_2O_3 表示生料中对应的百分含量。

KH 值为生料中全部氧化铝生成铝盐所需的氧化钙含量与全部氧化铝生成 $12CaO \cdot 7Al_2O_3$ 所需氧化钙含量的比值，也表示生料中氧化铝形成 $12CaO \cdot 7Al_2O_3$ 的程度。

当 KH=1 时，此时生成的主要矿物组成为 $2CaO \cdot SiO_2$ 和 $12CAO \cdot 7Al_2O_3$，而无 $CaO \cdot Al_2O_3$。

当 KH=0.585 时，此时生成的主要矿物组成为 $2CaO \cdot SiO_2$ 和 $CaO \cdot Al_2O_3$，而无 $12CaO \cdot 7Al_2O_3$。

当 KH 大于 1 时，由于超出氧化钙需要量，一部分氧化钙与硅酸二钙生成硅酸三钙，一部分以游离氧化钙形式存在于熟料中，这不仅增加石灰用量，同时在溶出时由于氧化钙的存在而引起赤泥膨胀。

当 KH 小于 0.585 时，由于氧化钙需要量的不足，不能使氧化铝全部转化为 $12CaO \cdot 7Al_2O_3$ 和 $CaO \cdot Al_2O_3$，而导致 $2CaO \cdot Al_2O_3 \cdot SiO_2$ 一类化合物的生成，造成溶出率降低。

为使熟料中矿物顺利生成，不致因过多的游离氧化钙而影响熟料的质量，或者因氧化钙不足而影响氧化铝的溶出率，在实验中 KH 值取 0.59~1.0。

由相图（图 4-17）可以看到，当 Al_2O_3/SiO_2 发生变化时，最佳配比也必然发生变化。因此，在氧化铝生产过程中，必然要控制 KH。由于 Al_2O_3/SiO_2 会直接影响 KH 的范围，当 Al_2O_3/SiO_2 过小，将使 KH 的范围过小，难于控制，因此，在生产过程中必须控制 Al_2O_3/SiO_2 在一个标准的值上。

三、生产过程中适宜配比及控制指标

在实际生产中，由于原料并不纯，存在着很多杂质也要消耗一定量的钙，与钙生成某些化合物，使配比发生改变，如铁生成 $2CaO \cdot Fe_2O_3$。在配料过程中，根据所用的粉煤灰、石灰石的具体化学成分，通过调整其配比，以使 KH 值达到所需。采用率值控制配比，控制原料的 KH 达到要求，使得配料计算方法大大简化。据相关研究资料，石灰石烧结法的率值范围为 KH=0.67~0.83。

学习任务二　生料粉磨

一、粉磨的基本原理

物料的粉磨是外力作用下，通过冲击、挤压、研磨，克服物料晶体内部各质点及晶体之间的内聚力，使大块物料变成小块以致细粉的过程。粉磨功小部分用于物料生成新的表面，变成固体的自由表面能，大部分则转变为热量散失于空间。

二、生料粉磨系统的特点

下面以辊式磨（立磨）系统为例加以介绍。

辊式磨亦称立磨（roller mill），属风扫磨的一种，如图 4-18 所示。其工作原理是：磨盘的旋转带动磨辊转动。物料受离心力的作用向磨盘边缘移动，并被啮入磨辊底部而粉碎，磨盘的转速比较高，物料进入磨盘后，物料不仅在辊下被压碎，而且被推向外缘，越过挡料圈落入风环，被高速气流带起，大颗粒破折回落到磨盘，小颗粒被气流带入分离器，

在回转风叶的作用下进行分离。粗粉重新返回磨盘再粉磨，合格的粉料随气流带出机外。

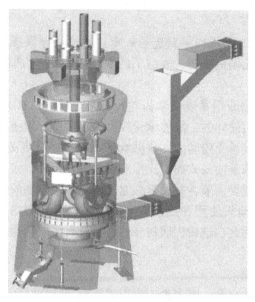

图 4-18　辊式磨（立磨）系统

辊式磨的种类较多，下面以 F. L. Smidth ATOX 生料磨为例介绍辊式磨的相关知识。

作为熟料生产中生料制备的最有效手段，立式辊磨已被广泛接受。这种磨能够以最有效的研磨方式将各种原料加工成细度满足工艺要求的生料。尽管原料的易磨性、磨蚀性以及烘干要求有很大变化，但辊式磨可灵活地适应这些变化。

其经过几十年持续不断的发展已经非常完善，具备了性能可靠、结构紧凑、维护方便、节能显著、衬板使用寿命长等特点，是理想的原料粉磨设备。

三、生料粉磨系统的工作过程

当磨盘旋转时，在磨辊和磨盘之间会产生巨大的压力和剪切力，在其间的原料受到压力和剪切力的作用，实现破碎和卸磨。与球磨机相比其粉磨效率提高一倍以上。

生产时，原料通过喂料溜子直接落到磨盘中心，然后受磨盘旋转产生的离心力作用进入粉磨轨道，在磨辊和磨盘间完成粉磨。粉磨过的物料溢过环绕磨盘的挡料圈进入环形喷嘴区，高速喷出的热气流将粗颗粒直接返送回磨盘，较细的部分则随气流进入选粉机。

选粉机将达到细度要求的物料选出，作为成品，让其随气流逸出磨机系统，送入分离设备；同时将粗粉汇集在料斗中，送回磨盘进一步粉磨。物料中水分在热气流中迅速蒸发，完成干燥过程。

从挡料圈溢出的过粗颗粒可通过喷嘴环，落到下面风室，由机械再循环系统送回喂料口。

当原料非常好磨或水分很高时，往往需要大量的气流通过磨机。对于 ATOX 立磨，此时仅需配置稍大规格的喷嘴环和稍大规格的选粉机就可以很好地适应这种情况，而无需增大磨机规格。

四、生料立磨的组件及特征

（1）喂料阀。ATOX 生料磨上通常装有一个 FLS 回转锁风喂料阀。该回转阀结构简单，锁风效果好，喂料连续稳定。转子叶片上装有柔性抗磨损橡胶衬，为防止湿黏物料黏堵，设有压缩空气清堵设施。喂料阀出口用圆形法兰连接，可以非常容易地与任何方向的来料皮带输送机相接。

用 LVT 技术优化磨内流场和提高选粉效率，通过从导风锥到选粉机的一系列改进，使 ATOX 生料磨的磨内流场更顺畅；改进了的 RAR-LVT 高效选粉机使得 ATOX 磨的粉磨和选粉配合达到最佳化。

（2）减速装置。立磨专用紧凑型伞齿轮行星减速机是 ATOX 生料磨的标准配置。该种减速机是为辊式磨专门设计的，能够承受较大的动荷载，服务系数大于 2.6。轴向止推轴承支承着磨盘，并直接承受粉磨力，该轴承采用可靠性极高的液力动压/半静压组合润滑，所有的止推滑履全部是油浸式的。止推滑履轴承、齿轮、齿轮轴承的润滑由专门的润滑泵站完成。油温根据需要调节，并设有独立的循环油泵过滤油中杂质。

（3）磨辊耐磨块的调头使用和更换。磨辊耐磨块可在磨内方便地进行调头或更换，不用从磨内取出磨辊。为此在选粉机回料斗的外侧设有吊装耐磨块的轨道及滑轮小车，操作方便。

五、工艺布置与流程

原料粉磨系统，包括立磨，有多种布置方式。根据增湿塔和除尘器的位置有不同的布置方式。但其可简单归纳为三台风机系统和两台风机系统两种布置方式。

三台风机系统采用旋风收尘器进行产品收集。这种布置方式可降低系统的工作负压和通过收尘器的气体量，可用电收尘器或袋收尘器作为最终除尘设备。

两台风机系统采用的收尘装置是电收尘器或袋收尘器。出磨的气体直接进入收尘器，该系统的优点是减少了设备台数，简化了系统配置。

三风机立磨粉磨系统工艺流程图如图 4-19 所示。

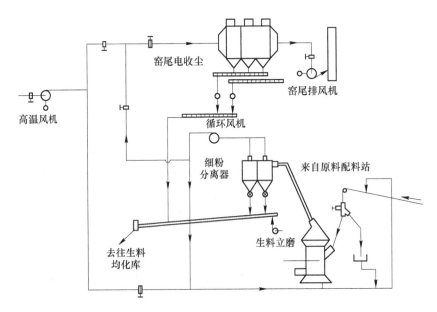

图 4-19　三风机立磨粉磨系统工艺流程图

当喂料中含有金属杂物时，金属探测器将使换向阀门动作，将这部分喂料转向分料仓或者直接排卸出去。如果喂料中的金属杂物含量较多时，在分料仓的出口再装设一套金属探测器与换向阀，进行二次分离金属杂物，从而将夹带于金属物中的物料量减到最少，节省原料。

六、生料粉磨系统的调节控制

为实现最优控制，使粉磨作业经常处于良好状态，在烘干粉磨系统生产中，越来越广泛地采用电子计算机和自动化仪表，实行生产过程的自动调节控制。生料粉磨系统是工厂生产中实行自动控制最为成功且得到普遍应用的一个工序。

自动控制主要有以下五个方面的内容：

（1）调节入磨原料配比，保证磨机产品达到规定的化学成分；

（2）调节喂入磨机物料总量，使粉磨过程经常处于最佳的稳定状态，提高粉磨效率；

（3）调节磨机系统温度，保证良好的烘干及粉磨作业条件，并使产品达到规定的水分；

（4）调节磨机系统压力，保证磨机系统的正常通风，满足烘干及粉磨作业需要；

（5）控制磨机系统的开车喂料程序，实行磨机系统生产全过程的自动控制。

学习任务三　生料均化

一、生料均化作用

在生料制备过程的"均化链"中，生料均化是最重要的链环。

二、生料均化原理

生料均化主要是采用空气搅拌，在重力作用下产生的"漏斗效应"（或称鼠穴效应），使生料粉向下落时切割尽量多的料面层予以混合。在不同流化空气的作用下，使沿库内平行料面发生大小不同的流化膨胀作用，有的区域卸料，有的区域流化，从而使库内料面产生径向倾斜，进行径向混合均化。

连续多料流均化库（图4-20）的特点如下：

（1）库内底部设置大型圆锥结构，使土建结构更加合理，同时将原本设在库内的混合搅拌室移到库外，减少库内充气面积。

（2）圆壁与圆锥体周围的环形空间分6个卸料大区，12个充气小区，每个充气小区向卸料口倾斜，斜面上装设充气箱，各区轮流充气，并在卸料区上部设置减压锥，降低卸料区压力。

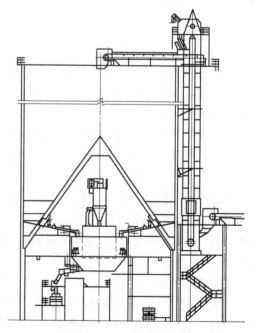

图4-20　连续多料流均化库

（3）当某区充气时，上部形成漏斗流，同时切割多层料面，库内生料流同时受到径向混合作用。

（4）由库中心的两个对称卸料口卸料。出库生料可经手动、气动、电动流量控制阀将生料输送到计量小仓。小仓集混料、称量、喂料于一体。

这个带称重传感器的小仓，由内外筒组成。内筒壁开有孔洞，根据通管原理，进入计量仓外筒的生料与内筒生料会产生交换，并在内仓经搅拌后卸出。

（5）采用溢流式生料分配器，设在库顶向空气斜槽分配生料，入库进行水平铺料。

溢流式分配器亦分为内筒和外筒，内筒壁开有多个圆形孔洞，在外筒底部较高处开有6个出料口，与输送斜槽相连，将生料输送入库。

（6）经生产实践标定，均化电耗为 0.25kW·h/t，入窑生料标准偏差<0.25，均化效果 3~5，卸空率可达 98%~99%。

三、影响均化效果的常见因素

一般来说，影响生料均化效果的常见因素有以下几点：

（1）充气装置发生漏泄、堵塞、配气不匀等；

（2）生料物性与设计不符，如含水量、颗粒大小发生变化等；

（3）压缩空气压力不足或含水量大等；

（4）机电故障；

（5）无法控制的其他因素，如库内贮量、出入库物料流量、进库物料化学成分波动周期等。在生产实践中，经常出现充气系统"空气短路"、充气装置失修、生料出现库内死角等因素。

学习情境四　预热器及回转窑系统与自粉化熟料烧成

学习任务一　粉煤灰石灰石烧成概述

一、粉煤灰石灰石烧结自粉化熟料烧结的目的

所谓烧结就是在高温作用下生料各成分相互之间发生一系列复杂的物理化学变化，它可以通过两个过程来完成。一是在高温作用下，由于扩散等作用使固态粉状物料发生了再结晶和再聚集等过程把粉状物料黏结在一起；二是在高温作用下，一些低熔点化合物、低熔点共晶、低熔点固熔体等熔化出现一定量的液相，当温度降低时液相凝固，将固体组成部分黏结成紧密而牢固的颗粒状。

自粉化熟料烧成是粉煤灰提取氧化铝的重要工序之一，熟料烧成的目的是将配料合格的生料在带有预热器的回转窑中高温下烧结，使生料各成分相互反应，其中 Al_2O_3 转变成易溶于 Na_2CO_3 溶液的 $CaO \cdot Al_2O_3$ 或 $12CaO \cdot 7Al_2O_3$，而 SiO_2 则转变为不溶于 Na_2CO_3 溶液的 $CaO \cdot SiO_2$。

二、流程简介

均化库内的生料经过输送、计量喂入预热器 C2 到 C1 的上升管道中与气流高速换热，然后被带到 C1 中分离，经下料管进入 C3 到 C2 的上升管道中，以此类推。C4 分离出的物料进入分解炉中进行高速换热并进行分解反应，再进入 C5 中分离入窑。利用来自立式冷却机的热风，煤粉在分解炉中进行无焰燃烧，给系统提供热量。入窑物料经过分解残余

$CaCO_3$、固相反应、烧成等过程烧成熟料。熟料经过冷却机冷却、破碎机破碎、自粉化，最终输送熟料库。

学习任务二　预热器系统

新型干法生产线生料入窑前，首先进入预热器系统，目的在于与窑内及分解炉内出来的热烟气进行换热，吸收烟气中含有的大量热能。换热过程的动力是温度差，随着生料温度的上升和烟气温度的下降，换热速率会明显下降，当温差为零时，换热就停止了。要想利用生料回收更多的热量，降低热耗，必须采用多级换热的方法，将上一级换热后的生料分离出来，与下一级更高温度的烟气再次进行热交换。

预分解（或称窑外分解）技术是指将已经过悬浮预热后的生料，在达到分解温度前，与进入到分解炉内的燃料混合，在悬浮状态下迅速吸收燃料燃烧热，使生料中的碳酸钙迅速分解成氧化钙的技术。

预分解窑的特点是在悬浮预热器与回转窑之间增加一个分解炉或利用窑尾上升烟道。原有预热器装设燃料喷入装置，使燃料燃烧的放热过程与生料的碳酸盐分解的吸热过程，在其中以悬浮态或流化态极其迅速地进行，从而使入窑生料的分解率从悬浮预热窑的30%左右提高到85%~90%，这样不仅可以减轻窑内煅烧带的热负荷，有利于缩小窑的规格及生产大型化，并且可以节约单位建设投资，延长衬料寿命，有利于减少大气污染。预分解窑是在悬浮预热窑基础上发展起来的，是悬浮预热窑发展的更高阶段。

预分解窑的关键技术装备有旋风筒、换热管道、分解炉、回转窑、冷却机（简称筒-管-炉-窑-机）。这五组关键技术装备五位一体，彼此连接风管各级预热器下卸料管。

预分解窑示意图如图4-21所示。

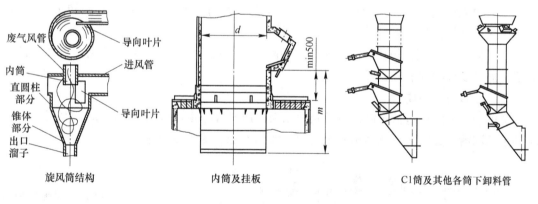

图4-21　预分解窑示意图

学习任务三　生料在预热器分解窑中的变化

一、预热分解带

预热分解在生产线的预热器和分解炉进行，预热分解带主要完成 $CaCO_3$ 的分解、生料水分的蒸发和粉煤灰中未燃尽碳的燃烧。

二、烧结带

其是在回转窑中进行，主要完成 Al_2O_3 与 CaO 和 SiO_2 与 CaO 的反应，熟料烧结的好坏，不仅影响熟料的自粉化率，而且将影响熟料的溶出，以及整个粉煤灰提取氧化铝的经济效率，是整个生产的核心部分。炉料既要求完全烧透，但又不能过烧，过烧不仅增加热量的消耗，而且炉料出现液相较多，形成团状料、杆状料等，同时引起前后结圈，使回转窑无法正常操作。

三、冷却带

从火焰后部分到窑头的一段称冷却带，由烧结带过来的高温熟料在冷却带由二次空气和窑头漏风冷却，然后经下料口排入冷却机进行冷却和自粉化。

学习任务四　回转窑系统

回转窑诞生近 120 年来已经历多次重大技术革新，作为熟料矿物最终形成的煅烧技术装备，具有独特功能和品质。

一、回转窑主要功能

在预分解窑系统回转窑具有 5 大功能：

（1）燃料煅烧功能。作为燃料煅烧装置，它具有广阔的空间和热力场，可以供应足够的空气，装设优良的燃烧装置，保证燃料充分燃烧，为熟料煅烧提供必要的热量。

（2）热交换功能。作为热交换装备，它具有比较均匀的温度满足熟料形成过程各个阶段的换热要求，特别是矿物生成的要求。

（3）化学反应功能。作为化学反应器，它可以满足水泥熟料矿物形成不同阶段的不同需要，既可以分阶段地满足不同矿物形成对热量、温度的要求，又可以满足它们对时间的要求，是目前用于水泥熟料矿物最终形成的最佳装备。

（4）物料输送功能。作为输送设备，它具有更大的潜力，因为物料在回转窑断面内的填充率、窑斜度和转速都低。

（5）降解利用废弃物功能。它所具有的高温、稳定热力场已成为降解利用各种有毒、有害、危险废弃物的最好装置。

二、回转窑的组成

窑体的主要结构包括筒体、轮带及托轮组、回转窑托轮轴承润滑、液压挡轮装置、挡轮轴承的润滑装置、窑头及窑尾密封装置，如图 4-22、图 4-23 所示。

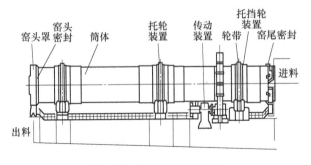

图 4-22　回转窑各部组成

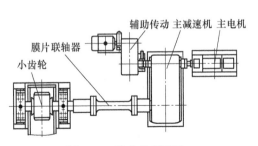

图 4-23　窑中传动装置

具体介绍如下：

（1）筒体。它是回转窑的主体，筒体钢板厚度在40mm左右，轮带的附近因为承重比较大，此处的筒体钢板要厚一些。筒体的内部砌有一层厚200mm左右的耐火砖。筒体在运转的时候，由于高温及承重的关系，筒体会有椭圆形的变形，这样就会对窑砖产生压力，影响窑砖的寿命。在窑尾大约1m长的地方为锥形，使从预热器进料室来的料能较为顺畅地进入到窑内。

（2）轮带、托轮组。轮带与拖轮组都是用来支撑窑的重量的（图4-24）。轮带套在窑筒体上，它与筒体没有固定在一起，筒体与轮带之间夹有一块铁板，使胎环与筒体间保留一定间隙，这个间隙不能太大也不能过小。如果间隙太小，窑筒体的膨胀受到轮带的限制，窑砖容易破坏；如果间隙太大，窑筒体与轮带间相对移动、磨损加剧，也会使窑筒体的椭圆变形更加严重。

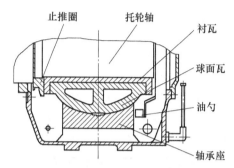

图4-24 轮带、托轮组的组成图

窑筒体与轮带之间存在着热传导率的差异，必须借助外部的风机来帮助窑筒体散热，平衡减小两者间的温差，否则窑筒体的膨胀会受到轮带环的限制。在开窑时，窑筒体的升温速率高于轮带，窑工必须控制回转窑的升温速率在50℃/h，这样有利于保护窑砖。通常托轮要比轮带宽50~100mm左右，托轮轴承是采用滑动轴承，如果轴承失去润滑，会使轴承因温度过高而烧坏。在轴承处都有冷却水进行循环冷却。为减少窑筒体对轮带的热辐射，造成托轮温度过高，在二者之间都加有隔热板来减少热辐射。回转窑一般有2~3组托轮。

（3）回转窑托轮轴承润滑。回转窑托轮轴承润滑采用轴端部油勺装置带油润滑。

（4）液压挡轮装置。其是限制回转窑吃下或吃上时的极限开关。因为支承托轮要比窑轮带宽一些，为使托轮与轮带能够上下移动，磨损均匀，在轮带的端面设有液压挡轮装置。液压挡轮装置只是起到阻挡的作用，液压挡轮装置本身并没有动力。挡轮结构如图4-25所示。

（5）挡轮轴承的润滑装置。回转窑液压挡轮一般回转窑采用两个调心滚子球面轴承和推力调心滚子轴承组合，轴承润滑采用

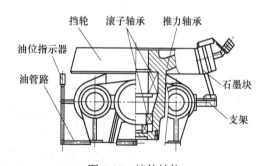

图4-25 挡轮结构

了稀油油池润滑，同时在挡轮装置上设置了油位指示器，可以直观地观察油面位置，不需要频繁加油，并且减少了润滑油的消耗，操作维护也十分方便。挡轮表面的润滑一般采用石墨块润滑，主要目的是减小挡轮锥面与轮带锥面的摩擦及磨损，保护工作表面。

学习任务五 熟料冷却系统

一、概述

通过对各种熟料冷却工艺、设备方案的考察对比、优化，参照相近行业的熟料冷却方

法，综合考虑分析，将分段组合式冷却系统作为自粉化熟料冷却工艺。高温段采用直接冷却，中温及低温段采用间隔冷却并将余热适时鼓入高温段，有利于提高二次风温，防止高温段熟料粉化。

二、筒式冷却机

筒式冷却机主要由一个与水平成一定斜度的回转筒体构成，内装有扬料板。筒体的回转是借助于大齿圈，通过传动装置带动。熟料在筒体内被多次扬起，并均匀地抛撒，冷却空气与热熟料进行强烈的热交换。特别是低温区，可以通过改善扬料板结构、布置形式以及调整筒体的斜度和转速，来增加熟料与冷却空气的接触时间，控制熟料的移动速度，使熟料内部的热量有充足的时间向表面传导，从而实现熟料的冷却。

三、G 型冷却机

G 型冷却机是一种间接冷却设备。它由几个竖立的长方形冷却室组成，冷却室数量的多少取决于冷却熟料量的大小。每个长方形冷却室又有 5 个可以互换的相对独立的冷却单元组成，每个冷却单元内装有冷却空气管道，冷却空气管道在冷却单元内迂回曲折、由下而上。来自上一级冷却机的熟料由输送机经格筛自上部喂入 G 型冷却机，熟料借助其自重由上向下移动，移动速度为 50~150mm/min，这样熟料经过一段时间，被冷却至 100℃通过冷却机底部卸料阀卸出，经输送设备送入储仓储存。

G 型冷却机外形如图 4-26 所示。

图 4-26　G 型冷却机外形图

学习任务六　燃料系统

一、煤粉燃烧装置

在熟料生产中，熟料煅烧需要的热源是靠煤粉燃烧来提供的。因此，煤粉的燃烧很重要。煤粉在预分解窑系统的燃烧除了与煤自身的品质有关外，还与燃烧器的结构与性能（包括形式、规格、设置部位等）有关，性能优良的燃烧器能保证喂入窑系统的燃料在燃烧空间内迅速分散均匀，及时起火，安全燃烧，并按照要求提供充足的热量，形成一个合理的温度场及热工制度，从而使回转窑系统充分发挥其应有的功能，顺利完成所赋予的各项任务，做到优质、高效、低耗、长期安全运转和满足环境保护规定的要求。

多通道煤粉燃烧器（图4-27）的特点如下：

（1）降低一次风用量，增加对高温二次风的利用，提高系统热效率。

（2）增加煤粉与燃烧空气的混合，提高燃烧速率。

（3）增强燃烧器推力，加强对二次风的携卷，提高火焰温度。

（4）增加对各通道风量、风速的调节手段，使火焰形状和温度场容易按需要灵活控制。

（5）有利于低挥发分、低活性燃料的利用。

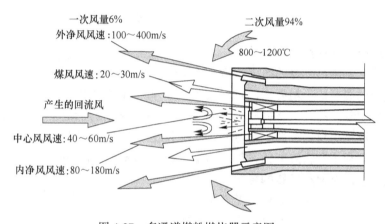

图4-27　多通道煤粉燃烧器示意图

二、煤粉制备

常用的煤粉制备设备主要有钢球磨机、辊式磨机。

辊式磨机与钢球磨机相比，其优点是基建投资小，安装简单，电耗低，噪声小；缺点是对部件材质要求高，对喂料变化敏感，容易磨损，维修费用较高。目前，随着辊式磨机的设备改进及材质提高，其得到越来越多的选用，辊式煤磨系统如图4-28所示。

学习任务七　影响熟料烧结产量质量的因素

任何一个生产过程都希望获得产量高、质量好、消耗低的经济效果，要做到这几点就必须研究生产过程中的各种影响因素，只有消除不利因素才能达到稳产、高产、优质、低消耗的目的。

一、生料成分及配比的影响

生料成分对熟料质量起着决定性的作用，粉煤灰中的 Al_2O_3 和 SiO_2 的含量对烧成温度及其温度范围有明显的影响，由于生料中的 Al_2O_3 含量较高，在烧成温度较高时很容易出现液相量增多，引起回转窑的操作困难。

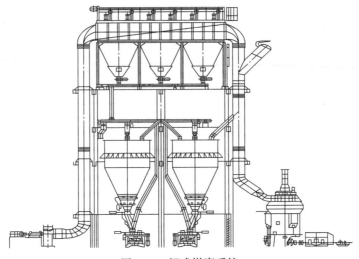

图 4-28 辊式煤磨系统

二、烧成带温度的影响

烧成带温度是燃料燃烧的结果，喷入的煤粉量由操作工人随时调整，如果燃料量控制不当，烧成带的温度比生料要求的烧结温度高，就形成"过烧"熟料。过烧熟料虽然自粉化率和溶出率都较高，但燃料消耗太多，同时可能引起窑内结圈、滚大蛋等生产故障，如果烧结带温度比生料要求的烧结温度低，就形成"欠烧"熟料，即"黄料"，由于烧结反应不完全，黄料中存在游离的石灰，不仅使溶出率降低，而且使赤泥分离作业困难。

三、煤粉质量对熟料质量的影响

在熟料烧结的过程中，如果用煤粉作燃料，煤粉的灰分几乎全部进入熟料之中，对熟料质量有较大的影响，而且如果煤粉中含有较多的 P、S、As 等，就会对熟料的自粉化率产生影响，因此对煤的热值、灰分以及煤的质量要严格加以控制。

四、生料粒度对熟料质量的影响

因生料烧结过程的物理化学反应多是固相反应，仅在烧结接近结束时才出现少量的液相，所以物料粒度对反应速度及完全程度影响很大，物料粒度小，比表面积大，反应速度快，反之，反应速度慢且不完全，影响 Al_2O_3 的溶出率，因此生料必须经过细磨。

五、物料在烧成带停留时间对熟料质量的影响

烧结过程需要一定的反应时间，在生产实践中，由于熟料窑的长度和斜度一定，物料在烧结带停留时间的长短是由熟料窑的转速来控制的，如果熟料窑的转速太快，使物料在烧结带的停留时间少于物料反应的必要时间，就会造成熟料"欠烧"而影响质量，如果转速太慢将降低窑的产能，出现"过烧"现象。

学习情境五　熟料溶出及硅渣分离洗涤

学习任务一　熟料溶出的基本原理

用粉煤灰提取氧化铝的石灰烧结法煅烧出的自粉化熟料的主要矿物成分是 CaO ·

Al_2O_3、$12CaO \cdot 7Al_2O_3$ 和 $\gamma\text{-}2CaO \cdot SiO_2$，以及少量的 CaO、$TiO_2 \cdot CaO$、Fe_2O_3 等，当用稀的 Na_2CO_3 溶液溶出熟料时，$CaO \cdot Al_2O_3$、$12CaO \cdot 7Al_2O_3$ 与 Na_2CO_3 溶液发生反应，转化成 $NaAl(OH)_4$ 溶液，而 $\gamma\text{-}2CaO \cdot SiO_2$ 基本上不与 Na_2CO_3 溶液反应，而转入赤泥中。因此，熟料溶出的目的就是使自粉化熟料中的 $CaO \cdot Al_2O_3$、$12CaO \cdot 7Al_2O_3$ 最大限度地与 Na_2CO_3 溶液发生反应，形成 $NaAl(OH)_4$，而 $\gamma\text{-}2CaO \cdot SiO_2$ 形成滤饼，并尽快地与 $NaAl(OH)_4$ 溶液分离，制得 $NaAl(OH)_4$ 溶液。

一、$CaO \cdot Al_2O_3$、$12CaO \cdot 7Al_2O_3$ 的溶出反应

自粉化熟料与稀的 Na_2CO_3 溶液在 70℃ 下混合后，熟料中的 $CaO \cdot Al_2O_3$、$12CaO \cdot 7Al_2O_3$ 在 30min 内便将其中的可溶氧化铝完全溶出，制得一定浓度的 $NaAl(OH)_4$ 溶液，反应的主要化学方程式为：

$$CaO \cdot Al_2O_3 + Na_2CO_3 + aq \longrightarrow NaAl(OH)_4 + CaCO_3 + aq \qquad (4\text{-}11)$$

$$12CaO \cdot 7Al_2O_3 + Na_2CO_3 + H_2O + aq \longrightarrow NaAl(OH)_4 + CaCO_3 + NaOH + aq \qquad (4\text{-}12)$$

以上反应都是放热反应，提高温度可使溶出速度加快。

二、自粉化熟料溶出过程中 $\gamma\text{-}2CaO \cdot SiO_2$ 的行为

在石灰粉煤灰烧结的自粉化熟料中，原硅酸钙主要是以 $\gamma\text{-}2CaO \cdot SiO_2$ 的形式存在，也有少部分以 $\beta\text{-}2CaO \cdot SiO_2$ 的形式存在。在熟料溶出时，如果溶出条件控制不当，则原硅酸钙与 Na_2CO_3 溶液之间会发生一系列的反应，将使已进入溶液中的有用成分 Al_2O_3 进入赤泥而损失掉，因此在工业中，将原硅酸钙引起的 Al_2O_3 损失的反应又称作二次反应。二次反应造成的 Al_2O_3 溶出率比标准溶出率要低，如果溶出条件控制不好，这一损失还会更大，当溶出温度超过 70℃，并且反应时间较长则赤泥颜色将变白，溶出的 Al_2O_3 几乎又全部进入赤泥而损失掉。

二次反应的主要化学反应为：

$$2CaO \cdot SiO_2 + 2Na_2CO_3 + aq =\!=\!= 2CaCO_3 + Na_2SiO_3 + 2NaOH + aq \qquad (4\text{-}13)$$

$$2CaO \cdot SiO_2 + 2NaOH + aq =\!=\!= 2Ca(OH)_2 + Na_2SiO_3 + aq \qquad (4\text{-}14)$$

进入溶液中的 $Ca(OH)_2$ 和 Na_2SiO_3 将与 $NaAl(OH)_4$ 进一步反应：

$$3Ca(OH)_2 + 2NaAl(OH)_4 + aq =\!=\!= 3CaO \cdot Al_2O_3 \cdot 6H_2O + 2NaOH + aq \qquad (4\text{-}15)$$

$$2Na_2SiO_3 + (2+n)NaAl(OH)_4 + aq =\!=\!= Na_2O \cdot Al_2O_3 \cdot SiO_2 \cdot nNaAl(OH)_4 \cdot xH_2O + 4NaOH + aq \qquad (4\text{-}16)$$

生成的含水铝酸钙再与溶液中的 Na_2SiO_3 作用生成水化石榴石：

$$3CaO \cdot Al_2O_3 \cdot 6H_2O + xNa_2SiO_3 + aq =\!=\!= 3CaO \cdot Al_2O_3 \cdot xSiO_2 \cdot yH_2O + 2xNaOH + aq \qquad (4\text{-}17)$$

生成的各种物质直接进入赤泥造成了 Al_2O_3 的大量损失。

三、抑制二次反应的具体措施

（1）采用低苛性比溶出；

（2）采用合理的工艺流程；

（3）在不显著影响赤泥沉降速度的条件下采用偏低的溶出温度；

（4）采用赤泥快速沉降分离，减少溶液与赤泥的接触时间；

（5）采用适当的赤泥粒度，加快分离沉降速度和减小溶液与赤泥的接触面积。

学习任务二　影响溶出率的主要因素

在熟料溶出的过程中，要使熟料中 Al_2O_3 最大限度地溶出，同时也要抑制原硅酸钙的分解，减慢二次反应的速度，对于改善熟料溶出过程、提高溶出效果都是十分重要的。

一、工业溶出率

工业溶出率（工业净溶出率）是指熟料中的有用成分 Al_2O_3 在工业生产的溶出条件下，溶出后的溶出率，它实际上表示熟料中 Al_2O_3 在工业溶出的条件下可能达到的溶出率。

工业溶出率的溶出条件：溶出液固比 $L/S=4$，溶出时间 30min，溶出温度 70℃，Na_2CO_3 溶液碳碱含量 60g/L，过滤分离赤泥淋洗 4 次。工业溶出率的计算公式如下：

$$\eta_{工业} = \left(1 - \frac{A_{硅渣} \times C_{熟料}}{A_{熟料} \times C_{硅渣}}\right) \times 100\%$$

式中　$A_{硅渣}$，$C_{硅渣}$——分别表示溶出硅钙渣中氧化铝、氧化钙的质量分数；

$A_{熟料}$，$C_{熟料}$——分别表示熟料中氧化铝、氧化钙的质量分数。

二、影响熟料氧化铝工业净溶出率的因素

熟料溶出效果的好坏对粉煤灰石灰石烧结法生产氧化铝的碱耗、Al_2O_3 的总回收率等主要技术指标都有重大的影响，实验表明有了高质量的熟料，溶出过程又控制得恰当，这样才能获得好的溶出效果，如果溶出过程掌握不好，即便是高质量的熟料也会因二次反应严重，使大量的氧化铝进入赤泥而损失掉，使它们的溶出率降低。影响氧化铝溶出率的因素主要有以下几个方面：

（1）溶出温度对溶出率的影响。化学反应的速度是随着温度的提高而加快的，温度每升高 10℃ 化学反应速度将提高 2~4 倍，提高熟料的溶出温度，固然有利于溶出反应的进行，同时也有利于二次反应的进行，由于 $CaO \cdot Al_2O_3$、$12CaO \cdot 7Al_2O_3$ 与 Na_2CO_3 的反应在开始就以很快的速度进行，并且很快接近于完成，赤泥中 $2CaO \cdot SiO_2$ 大量存在，提高温度也加强了二次反应，造成氧化铝溶出率的降低。但是如果溶出温度太低，不仅使反应时间延长，而且化学反应进行得很慢，同时溶液的黏度增加，这样也将延长赤泥与溶液的接触时间，也会使二次反应损失增加，造成氧化铝溶出率的降低。因此，在熟料溶出的过程中要控制好适当的溶出温度，使 $CaO \cdot Al_2O_3$、$12CaO \cdot 7Al_2O_3$ 与 Na_2CO_3 的反应最大限度地进行，而二次反应几乎不发生。

（2）NaOH 浓度对溶出率的影响。在溶出反应过程中发生苛化反应，会在溶液中产生 NaOH。溶液中 NaOH 浓度太高，使 $CaO \cdot Al_2O_3$、$12CaO \cdot 7Al_2O_3$ 的溶出反应逆向进行，使 Al_2O_3 的溶出率降低，同时 NaOH 还与 $2CaO \cdot SiO_2$ 发生反应，使二次反应损失严重，氧化铝的溶出率降低。

（3）Na_2CO_3 浓度对溶出率的影响。在一定范围内提高 Na_2CO_3 溶液的浓度，氧化铝的溶出率会逐渐地增加，当达到一定值时，Al_2O_3 的溶出率达到了极大值，然后再增大 Na_2CO_3 溶液的浓度，则 Al_2O_3 的溶出率不但没有增加，有时还有可能下降，主要是由于 Na_2CO_3 能分解 $2CaO \cdot SiO_2$，所以溶液中 Na_2CO_3 浓度升高，会增加二次反应损失，造成氧化铝的溶出率降低，而且还会生成钙水碱复盐附着在溶液输送管道的管壁上形成结疤，给生产带来困难。

（4）溶出 L/S 对溶出率的影响。生产上通常把单位时间入磨液体的体积与熟料下料量的比值称为溶出液固比，用 L/S 表示。熟料溶出后，其中的不溶物都进入赤泥，溶出液固比 L/S 也就表征着溶出后浆液的赤泥含量。溶出液固比越大，溶出后赤泥浆液的赤泥含量越少，则溶出二次反应损失少，但溶出液固比过大，会带来浆液体积增多而使赤泥分离设备的负担加重，所以溶出液固比不宜过大。

（5）溶出时间对溶出率的影响。熟料溶出时间是指从熟料入磨开始直至溶液与赤泥分离所需要的时间，即是溶液与赤泥的接触时间，溶出时间长，原硅酸钙引起的二次反应损失就越大，因此，溶出后赤泥应尽快分离以缩短溶出时间。

三、溶出技术条件控制

溶出技术条件控制如下：

溶出温度：70℃；

Na_2CO_3 溶液：$Na_2O_C = 60g/L$；

溶出时间：30min；

液固比：4。

学习任务三　硅钙渣分离及洗涤

一、概述

硅钙渣分离洗涤就是将熟料溶出后的硅钙渣和 $NaAl(OH)_4$ 进行快速的分离和洗涤，以减少硅钙渣的分解，减慢二次反应的速度和回收硅钙渣带走的附碱。硅钙渣分离洗涤过程采用胶带式真空过滤机，胶带式真空过滤机是以滤布为过滤介质，利用物料重力和真空吸力实现固液分离的分离设备。洗涤采用三遍逆流洗涤和一遍化浆洗涤工艺进行洗涤，然后采用加压立盘过滤机过滤后外排。

二、硅钙渣分离及洗涤生产设备

（一）带式过滤机

1. 带式过滤机工作原理及结构

料浆由布料器均匀分布在滤布上，物料靠重力垂直入料，物料散落在滤带上时出现自然分层现象，在真空的作用下，过滤介质一边形成真空，另一边需分离的料浆为常压，在介质两边形成压力差，在压力差作用下，料浆中液体通过过滤介质经胶带上的横沟槽汇总，由横沟槽上的小孔进入真空室，经汽水分离器排出，料浆中固体被截留在过滤介质上而形成滤饼。

带式过滤机由机架组件、滤布纠偏装置、压布辊、加料装置、立辊、隔板装置、真空装置、滤布洗涤再生装置、橡胶带、滤布、驱动辊组件、从动辊组件、驱动装置、滤布张紧装置、卸料装置、各类托辊、汽水分离器、管路系统、电控系统等组成。

带式过滤机结构示意图如图 4-29 所示。

2. 带式过滤机工作流程

滤饼随胶带移动依次进入滤饼洗涤区和吸干区，最终滤布与胶带分开，在卸滤饼辊处将滤饼卸出，滤布清洗后经纠偏装置重新进入过滤区。带式过滤机适用于多种液固比和复杂粒度分布条件下的物料。

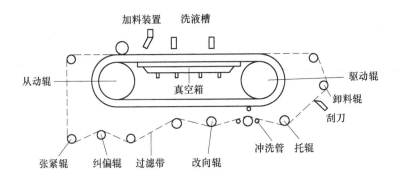

图 4-29　带式过滤机结构示意图

3. 带式过滤机主要技术特点

（1）采用水平过滤面和上部加料，由于重力的作用，大颗粒率先沉积在底部，形成一层助滤层，这样的滤饼结构合理，减少滤布的阻塞，过滤阻力小，过滤效率高。

（2）滤饼厚度可调节，含湿率低，卸料彻底，设备生产能力大。

（3）滤布正反两面可同时进行清洗，在滤布的各个角度均设有喷水清洗再生装置，最大程度地清除滤布堵塞，延长滤布使用寿命。

（4）操作简单，故障率低，维修费用低。在生产操作过程中，滤饼厚度、洗水量、真空度和履带速度等均可调整，因此适应性强，易获得最佳操作效果。

（二）加压过滤机

加压过滤机是将过滤机置于一个封闭的加压仓中。过滤机落料槽下有运输机，在机头处有排料装置。待过滤的悬浮液，由入料泵送入过滤机的槽体中，加压仓内充进一定压力的压缩空气，在滤盘上，通过分配阀与通大气的气水分离器形成压差。这样在加压仓内的压力作用下，槽体内的液体通过侵入悬浮液中的过滤介质排出，而固体颗粒被收集到过滤介质上形成滤饼，随着滤盘的旋转，滤饼经过干燥降水后，到卸料区卸入运输机中，由运输机收集到排料装置的上仓中。这样连续运行，当达到一定量后，由排料装置间歇排到大气中，整个工作过程自动运行。

加压过滤系统由过滤机主机、辅机，管道及阀门组成，如图 4-30 所示。

主机由圆盘过滤机、加压仓、刮板输送机、液压系统、集中润滑系统、排料装置、反吹装置、清洗装置、气水分离器及电控系统等组成。

辅机由低压风机、高压风机、入料用渣浆泵、入料池、渣浆泵电机用变频器、给料装置等组成。

三、硅钙渣分离洗涤工艺技术条件

洗涤工艺：三遍逆流洗涤和一遍化浆洗涤；

洗水温度：90℃以上；

洗水倍数：1 倍洗水（即洗水重量等于硅钙渣重量）；

硅钙渣含水率：带式过滤机滤饼水分小于 40%，外排滤饼水分小于 25%；

末次洗涤硅钙渣洗液总碱浓度：$N_T \leq 5g/L$，干硅钙渣带走的总碱量（以氧化钠计）$\leq 1\%$。

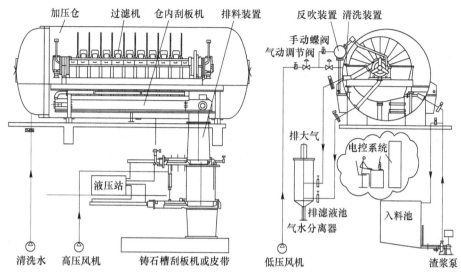

图 4-30 加压过滤系统组成图

学习情境六 碳酸化分解及粗氢铝过滤

学习任务一 概述

铝酸钠溶液的碳酸化分解过程，是一个在气-液-固非均一系中进行的多相反应过程。它包括 CO_2 气体被铝酸钠溶液吸收、氢氧化铝的结晶析出等过程，也包括某些中间化合物的生成和分解过程。

实验和生产实践表明，碳酸化分解只有一个很短的诱导期，此时溶液中的氧化铝浓度没有或只有很小的变化，此后在整个碳分期间，Al_2O_3 和 Na_2O 浓度连续均匀地下降，而溶液的 α_K 一般保持在 1.5~1.6 的范围内。如果 CO_2 气体通入不均匀，溶液的苛性比则有较大的波动。在 CO_2 气体浓度一定的情况下，碳酸化分解过程的速度，主要取决于 CO_2 的通气速度。

由于熟料溶出的粗液中氧化铝浓度较低，为了将液相中的氧化铝全部提取出来，对溶出粗液进行了完全的碳酸化分解，将铝酸钠粗液 100% 分解为 $Al(OH)_3$ 和 Na_2CO_3，产出的氢氧化铝含有的杂质较高，在此称为粗氢氧化铝。

学习任务二 碳酸化分解

一、碳分分解率

衡量碳分作业效果的主要标准是氢氧化铝的质量、分解率、分解槽的产能以及电耗等。

碳分分解率是指铝酸钠溶液中分解析出的氧化铝量占溶液中所含氧化铝量的百分含量，其计算公式如下：

$$\eta = \left(1 - \frac{A_2 \times N_1}{A_1 \times N_2}\right) \times 100\%$$

式中　η——碳分分解率,%;

A_1, N_1——分别为粗液中氧化铝和全碱浓度,g/L;

A_2, N_2——分别为分解母液中氧化铝和全碱浓度,g/L。

二、影响碳分过程的主要因素

（1）碳酸化深度。铝酸钠溶液的分解程度以碳酸化深度来表示。当碳酸化进行的程度不深时,析出的氢氧化铝是分散性很大的细粒,并且其中不溶性碱的含量很多。随着碳酸化分解深度的增加,能改善氢氧化铝的结构,并使得氢氧化铝的纯度变好,但碳酸化深度达到一定程度后,氢氧化铝的纯度及结构都随碳酸化深度的增加而显著变差。

（2）通入 CO_2 气体的纯度、浓度和速度。石灰炉炉气（含 CO_2 约38%~40%）和熟料窑窑气（含 CO_2 约12%~14%）都可作为碳分的 CO_2 来源。

CO_2 气体的纯度是指它的含尘量。炉气在进入碳分槽前需经清洗,使其含尘量降至 $0.03g/m^3$ 以下,否则气体带入分解槽内的尘粒将会全部进入氢氧化铝中,影响后面工序生产。

CO_2 气体的浓度与通入速度决定分解速度,它们对碳分槽的产能、二氧化碳利用率、压缩机的动力消耗以及碳分温度都有很大影响。实践证明,采用高浓度的石灰炉炉气进行碳分,分解速度快,由二氧化碳与氢氧化钠的中和反应及氢氧化铝结晶所放出的热量,便能维持较高的碳分温度,这对于氢氧化铝晶体的长大是有利的。采用二氧化碳含量低的熟料窑窑气分解时,二氧化碳气体压缩的动力消耗将大大增加。

（3）碳酸化温度。分解温度高,有利于氢氧化铝晶体的长大,从而可减少其吸附碱和氧化硅的能力,并有利于快速分离洗涤。升高温度有利于降低铝酸钠溶液的黏度,提高铝酸根离子的扩散速度和 CO_2 的液膜传质速度,从而加速结晶过程。

在工业生产上,碳分控制的温度与所用的二氧化碳气体浓度有关。如果用高浓度的石灰窑窑气,则无需另外加温,即可使碳分温度维持在85℃以上,如采用低浓度的熟料窑窑气,则碳分温度需控制在70~80℃,氢氧化铝粒度尚可保持较粗。

（4）晶种。试验结果表明,添加一定数量的晶种,能改善碳分时氢氧化铝的晶体结构和粒度组成,显著地降低氢氧化铝中氧化硅和碱的含量,并可减少槽内结垢。添加晶种的缺点是部分氢氧化铝循环积压于流程中,并增加了氢氧化铝分离设备的负担。

（5）搅拌。在碳酸化过程中,搅拌的目的是使溶液成分均匀,有利于氢氧化铝结晶长大和提高分解速度。同时,搅拌可防止氢氧化铝沉淀。另外,搅拌均匀还可以提高二氧化碳的利用率。

三、碳酸化分解率的连续控制

连续碳分是指在一组碳分槽内连续进行分解,每一个碳分槽都保持一定的操作条件。它的优点在于生产过程易实现自动化,设备利用率和劳动生产率高。为了粗氢氧化铝的快速分离洗涤,以及减少不必要的 CO_2 浪费,因此要控制碳酸化分解率。为确定碳酸化分解是否达到规定的分解率,在生产中需要定时取样并快速分析溶液中的苛性碱含量。

由于通入的 CO_2 不断与溶液中的 NaOH 中和,使得氢氧化铝不断分解,分解率逐步上升,而溶液中的苛性碱含量就会不断地下降。由于苛性碱的下降与氢氧化铝的析出是成正比的，测定溶液中的 N_K 含量就能快速准确地得知溶液的反应速度，就可控制 CO_2 通入量及通入速度来控制分解。在保证工艺生产连续的情况下，应尽可能控制好各槽的碳分深度，得到符合工艺技术条件的产品。

四、连续碳分设备

（一）碳分槽

碳酸化分解是在碳分槽内进行的，碳分槽是用钢板焊制而成的圆筒形槽子（图 4-31）。它的大小对碳分过程有一定影响。槽子直径过大，会影响 CO_2 气体在槽内溶液中的均匀分布，使位于槽中央的溶液比靠近 CO_2 进口处的溶液分解速度要慢。增加槽子的高度，虽然可以提高 CO_2 的利用率，但由于 CO_2 气体在槽子中需要通过较高的液柱，所以，供给 CO_2 气体所消耗的动力也相应增加。

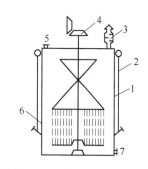

图 4-31　圆筒形平底碳分槽
1—槽体；2—进气管；
3—汽液分离器；4—搅拌器；
5—进料管；6—取样管；7—出料管

实践证明，增加碳分槽的液柱高度和 CO_2 的利用率并不成正比例地增加，但所耗动力却增加得较多。因此，碳分槽过高是没有必要的。

（二）搅拌

搅拌的目的是使溶液成分均匀，利于和 CO_2 接触，加速分解反应，提高 CO_2 利用率，防止氢氧化铝沉淀，有利于氢氧化铝结晶长大和提高分解速度。

五、工艺技术条件

铝酸钠溶液碳酸化分解工艺技术条件如下：

碳分温度：85℃；

碳分时间：180min；

碳分深度：$Al_2O_3 \leqslant 1.0g/L$ 或 $N_C \leqslant 1.5g/L$、Al_2O_3 分解率 $\geqslant 97\%$；

二氧化碳浓度：大于 30%。

学习任务三　粗氢氧化铝过滤

一、概述

彻底碳分完后的料浆经泵送入隔膜式压滤机进行分离，分离后的粗氢铝用上一工序的部分硅钙渣末次洗液进行逆流洗涤。洗涤后的粗氢铝输送至拜耳法溶出工序，洗液输送至彻底碳分工序，经碳分母液泵送至碱液调整槽加碱后进入溶出槽，开始下一个溶出循环。

该工艺的特点为：

（1）粗氢铝洗水为硅钙渣洗液，硅钙渣洗液中的苛性碱可中和粗氢铝中由于局部过度碳分产生的丝钠铝石。

（2）粗氢铝进入低温拜耳法，对碱的洗涤可适当放宽。

（3）粗氢铝洗液输送至彻底碳分工序。

（4）相比分别蒸发，吨氧化铝可减少蒸发水量约 5.2t。

二、粗氢铝过滤设备

在本工艺中采用板框隔膜压滤机进行过滤。

板框隔膜压滤机与普通厢式压滤机的主要不同之处就是在滤板与滤布之间加装了一层弹性膜膜板。一定数量的滤板在机械力的作用下被紧密排成一列，滤板面和滤板面之间形成滤室，过滤物料在强大的正压下被送入滤室，进入滤室的过滤物料，其固体部分被过滤介质（如滤布）截留形成滤饼，液体部分透过过滤介质而排出滤室，从而达到固液分离的目的。脱水完成后，解除滤板的机械压紧力，拉开滤板卸下滤饼，完成一个工作循环。

该设备由机架、过滤板、机尾板（止推板）、压紧板、机头板、大梁、拉板系统、油泵电机组、油缸组成，如图4-32所示。

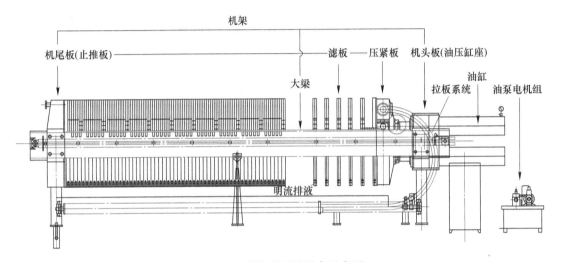

图4-32　粗氢铝过滤设备示意图

三、工艺技术条件

粗氢铝洗涤及分离工艺技术条件如下：

洗水温度：90℃以上（硅钙渣洗液）；

洗水倍数：1倍洗水（即洗水重量等于高硅氢氧化铝重量）；

粗氢氧化铝含水率：30%。

学习情境七　低温拜耳法管道化溶出

学习任务一　低温溶出工序基本知识

一、溶出的目的

溶出的目的就是在一定温度下，用苛性碱将粗氢氧化铝中的氧化铝溶出来，而其中的杂质硅发生脱硅反应，以钠硅渣的形式除去，得到纯净的铝酸钠碱溶液，最终产出成品氢氧化铝。在本工艺中，产出的粗氢氧化铝性质与三水软铝土矿相似，故采用传统的低温（140℃左右）拜耳法管道化溶出工艺进行。

二、溶出过程中的反应

（1）主反应是氧化铝的水合物与苛性钠发生的反应，即：

$$Al(OH)_3 + NaOH + aq \Longrightarrow NaAl(OH)_4 + aq \qquad (4-18)$$

（2）溶出过程中的脱硅反应。生产上称含水铝硅酸钠为钠硅渣，生成钠硅渣的反应为脱硅反应，反应式为：

$$Al(OH)_3 + NaOH + aq \Longrightarrow NaAl(OH)_4 + aq \qquad (4-19)$$
$$Al_2O_3 \cdot 2SiO_2 \cdot 2H_2O + 6NaOH + aq \Longrightarrow 2NaAlO_2 + 2Na_2SiO_3 + 5H_2O + aq \qquad (4-20)$$
$$2NaAl(OH)_4 + 1.7Na_2SiO_3 + aq \Longrightarrow Na_2O \cdot Al_2O_3 \cdot 1.7SiO_2 \cdot H_2O + 3.4NaOH +$$
$$1.3H_2O + aq \qquad (4-21)$$

三、影响溶出过程的主要因素

（1）溶出温度。温度是影响氧化铝溶出率最主要的因素。其他条件相同时，溶出的温度越高，溶出率就越高，溶出所需的时间就越短。

（2）循环母液碱浓度和苛性比值。若只对溶出工序而言，提高循环母液碱浓度和苛性比值，不仅能加快氧化铝的溶出速度，提高溶出率，而且还能提高设备产能和劳动生产率，但是，从整个生产流程来看，过分地提高循环母液碱浓度和苛性比值不经济，并降低分解速率，所以还要通过技术经济指标的核算来确定。

（3）搅拌强度。

（4）矿粒细度。由于溶出反应是在相界面里进行的，因此溶出速度与矿粒的比表面积成正比，矿粒越细，溶出速度就越快。不过，磨得太细，除增加能耗、降低设备产能外，还能引起沉降性能变差。

（5）溶出时间。在溶出过程中，只要氧化铝的溶出率没有达到最大值，那么增加溶出时间，氧化铝的溶出率就会增加。

学习任务二　管道化溶出技术介绍

一、管道化溶出技术概述

管道化溶出技术就是在管道中用苛性碱溶液溶出氧化铝的生产过程。它使用双层管道，里管输送的是矿浆，外管是热源，热量通过管壁传给矿浆，使矿浆得到溶出所需的温度。

二、自蒸发器式管道化溶出技术概述

所谓自蒸发器式管道化溶出技术，即原矿浆通过泵送入管道内，首先经最后一级自蒸发器出来的溶出浆液进行套管热交换，然后由各级自蒸发器排除的乏汽进行多级预热，最后进入高温段，由新蒸汽作为整个溶出系统的加热介质，达到溶出所需的温度。溶出后的浆液，即进入多级自蒸发系统，预热段经各级自蒸发器排出的蒸汽预热后所得到的冷凝水，最后进入冷凝水槽，可供洗涤赤泥及氢铝使用。

三、管道化溶出的特点

（1）导热性能好，传热系数高；

（2）溶出时间短，单位容积产能高；

（3）溶出液苛性比值低，有利于分解速度的加快；

（4）可采用低碱浓度溶出，使整个生产过程能耗降低；

（5）在高压溶出系统中，热源可采用熔盐加热；

（6）机械设备投资少。

四、管道化溶出工艺流程概述

矿浆由泵送入管道溶出装置，分段进行加热，第一段是用自蒸发器的乏汽预热矿浆，第二段是用高温载体加热预热后的矿浆，使之达到溶出所需的温度。溶出矿浆在停留罐中保温一段时间后进入自蒸发器逐级减压降温，然后排出。

工艺流程图如图4-33所示。

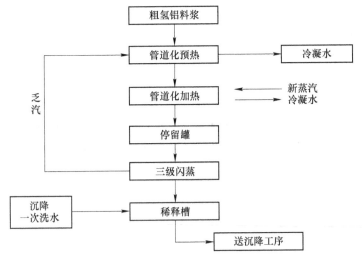

图4-33 管道化溶出工艺流程

五、低温拜耳法溶出高硅氢铝的工艺技术条件

溶出温度：140~150℃；

溶出液 α_K：1.45；

相对溶出率：≥98%；

溶出时间：30min；

溶出赤泥：A/S=1，N/S=0.608；

循环母液：$\alpha_K = 3.15$，$N_K = 205g/L$；

稀释矿浆浓度：Al_2O_3 含量控制在 160g/L。

学习情境八 沉降及铝酸钠溶液精滤

学习任务一 沉降分离洗涤基础知识

一、粗液浮游物超标时对 Al_2O_3 生产的危害

（1）增加赤泥与铝酸钠溶液的接触机会，因而增加二次反应损失，影响铝酸钠溶液稳定性；

（2）加重叶滤机的负荷，影响叶滤机运转。

二、絮凝剂使用的目的和快速分离的原理

絮凝剂能够改善赤泥沉降性能，加快赤泥的沉降速度。具体地说，在絮凝剂的作用下，赤泥浆液中处于分散状态的细小赤泥互相聚合成团，颗粒变大，因而大大加快了赤泥沉降速度。

三、沉降的概念及沉降机理

溶液中的悬浮固体粒子因其密度比液体密度大，固体受重力作用下沉，这一现象称为沉降。

沉降机理：由于氧化铝生产中铝酸钠溶液的密度与悬浮在其中的固体密度相比差别较大，理论上说，固体的沉降和液体的上升应容易实现，但溶出后固体颗粒微小，受到的阻力较大，因而重力沉降速度极慢。为了解决固体颗粒沉降困难，采取以下措施：（1）控制适当的温度和浓度；（2）控制适当的进料 L/S 和底流 L/S；（3）分离过程中加入絮凝剂溶液；（4）利用高帮、深锥高效沉降槽，液压头增大、耙机刮料等进一步压缩泥浆。通过采取这些措施，增大了沉降速度，实现了固体颗粒与液体的快速分离。

四、沉降槽的工作原理

料浆从槽中心的进料套筒加入，进料管上配有喇叭口，料浆进入进料筒时把稀料带入筒内起到稀释作用，提高沉速。从筒体出来的料浆向四周扩散，固体微粒受重力的作用克服液体向上流动的推动而下沉到沉降带，最后进入浓缩带，浓缩带赤泥的排出是由安装在槽内的耙机转动，将沉渣推向中心卸料口而排出，而料浆中液体则进入清液带由溢流口流出。

五、影响沉降性能的因素

（1）溶出后矿浆组成的影响；（2）赤泥沉降液固比的影响；（3）赤泥粒度的影响；（4）赤泥浆液的温度；（5）铝酸钠溶液浓度的影响；（6）添加絮凝剂的影响。

六、赤泥洗涤的目的

经过沉降分离后的赤泥，不同程度地携带有一定量的附着液（即铝酸钠溶液），为了回收赤泥附液中的有用成分 Na_2O 和 Al_2O_3，赤泥必须用热水加以洗涤回收。

七、弃赤泥附液损失及计算

随赤泥附液带走而损失的碱和氧化铝，称为赤泥附液损失

$$A_{附损} = A \times L/S$$

$$N_{附损} = N_T \times L/S \quad 或 \quad (N_T - N_热) \times L/S$$

式中　$A_{附损}$——弃赤泥附液中的氧化铝损失，kg/t 赤泥；

　　　$N_{附损}$——弃赤泥附液中的氧化钠损失，kg/t 赤泥；

　　　A——弃赤泥附液中的氧化铝浓度，kg/m^3；

　　　N_T——弃赤泥附液中的氧化钠浓度，kg/m^3；

　　　L/S——弃赤泥的液固比（体积重量比）。

八、洗涤效率及计算

赤泥洗涤效率是指经过洗涤后，回收的碱量占进入洗涤系统总碱量的百分数。

$$\eta = (1 - G/K) \times 100\%$$

式中　η——洗涤效率，%；

　　　G——弃赤泥附液带走的碱量，kg/t 赤泥；

　　　K——进入洗涤系统的碱总量，kg/t 赤泥。

学习任务二　叶滤工序基础知识

一、叶滤工序的主要任务

将沉降分离得到的铝酸钠溶液（粗液），利用叶滤机除去其浮游物，得到合格的铝酸钠溶液（精液），并把制得的精液送到精液降温分解工序。被隔离的浮游物形成滤渣与料浆混合送回分离沉降槽。

二、叶滤机的工作原理（立式）

立式叶滤机实质是一种过滤机，叶滤过程也是一种液固分离过程，过滤时过滤介质即滤布浸没在悬浮液中，借助介质两侧的压力差，其压力差是靠粗液泵打压来实现的，使悬浮物中的滤液通过滤布孔隙成为纯净的滤液，纯净的滤液沿滤液导流片汇聚进入聚液器，最后进入机筒外的蓄液槽，滤渣被阻隔在滤布一侧，形成滤饼，达到一定厚度后卸车，冲洗掉滤布上的滤饼，重新进料。一个叶滤周期主要由进料、循环挂泥、作业、卸车四个过程组成。

三、叶滤机介绍

（1）组成结构。全自动立式叶滤机主要由筒体、过滤元件、高位槽、卸压管、气动阀门和自控系统组成。

（2）工作过程。由计算机自动控制，包括五个循环：

1）初次进料阶段；2）滤布挂泥；3）正常过滤阶段；4）泄压反冲阶段；5）液面调整及循环。

为了避免不合格的（周期初始）浑浊液进入下一个流程，必须进行再循环，即"挂泥"，也称"挂饼"操作。为了保证合理一致的排泥浓度需进行经验性的排泥浓度的测定，以确定恰当的排泥时间。

四、技术条件及指标

技术条件及指标如下：

石灰乳加入量：粗液体积的 0.5%；

精液浮游物：≤15mg/L；

精液 AO：160~170g/L。

学习情境九　综合实验（一）

学习任务一　生料配制

一、主要仪器和设备

粉碎制样机、80 目筛。

二、实验步骤

（1）原料制备：

1）粉煤灰：取周边电厂粉煤灰，混合均匀（80 目全过筛）并进行化学成分分析，以氧化物计量其中各元素的百分含量。

2）石灰石：取周边石灰石，磨细（80 目筛余小于 10%）并进行化学成分分析，以氧化物计量其中各元素的百分含量。

（2）生料配比。根据测得的原料中氧化物化学成分及实验设定目标 KH 值（KH 值可取 0.7~0.8），计算粉煤灰、石灰石配比，并按配比混合均匀，计算过程如表 4-1 所示。

对配制好的生料进行化学成分检测并计算其 KH 值，以确定其 KH 值符合设定目标。

表 4-1　生料配比表

名称	SiO_2	Al_2O_3	Fe_2O_3	CaO	配比
粉煤灰	F_1	F_2	F_3	F_4	A
石灰石	S_1	S_2	S_3	S_4	B
理论生料	① （$F_1 \times A + S_1 \times B$）	② （$F_2 \times A + S_2 \times B$）	③ （$F_3 \times A + S_3 \times B$）	④ （$F_4 \times A + S_4 \times B$）	100

目标 KH 值 =（④-1.87×①-0.7×③）/（0.94×②）

根据计算出的 A、B 值适当调整配比，使配得的生料 KH 值符合实验要求

学习任务二　熟料煅烧

一、主要仪器和设备

烘箱、高温炉（1600℃）、刚玉坩埚（上口直径 60mm、高 90mm、下口直径 40mm、壁厚 3mm）。

二、实验步骤

（1）生料柱制备。将配制好的生料添加约 15% 的纯净水，制成生料柱（直径约 1~1.5cm、高度与坩埚相同），压实，在烘箱中烘干。

（2）熟料煅烧（图 4-34）。高温炉升温至 800℃ 左右，将生料柱置于坩埚中，放入高温炉继续升温至 1350~1380℃，煅烧 30min。

（3）熟料冷却。煅烧结束后，炉温降温至 800℃ 左右，取出坩埚于室温条件下继续冷却至室温。

在冷却过程中，温度低于 300℃ 以下时会出现自粉化现象。

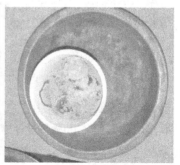

图 4-34　熟料煅烧

学习任务三　熟料溶出

一、主要仪器和设备

水浴锅、电动搅拌器、真空过滤瓶、布氏漏斗。

二、实验步骤

以工业溶出条件进行溶出实验：温度 70℃、液固比 4、Na_2O_c 浓度 60g/L、溶出时间 30min。

将实验烧制的熟料与碳酸钠溶液混合，搅拌并于 70℃ 水浴锅恒温。

达到溶出时间后，以真空过滤瓶抽滤，滤液即为熟料溶出粗液。

学习任务四　粗氢铝制备

一、主要仪器和设备

水浴锅、电动搅拌器、CO_2 气体（浓度 40%）、真空过滤瓶、布氏漏斗。

二、实验步骤

以器皿盛装熟料溶出粗液，在水浴锅（恒温 80℃）内，搅拌状态下通入 CO_2 气体。

溶液逐渐变混浊（有白色氢氧化铝颗粒析出），通气过程中检测溶液 N_K 含量，至小于 1g/L 时，结束碳分。

以真空过滤瓶抽滤，滤饼即为粗氢氧化铝，滤液可再次用于熟料溶出。

学习情境十　综合实验（二）

学习任务一　粗氢铝（或三水铝土矿）溶出

一、主要仪器和设备

高压反应釜、水浴锅、电动搅拌器。

二、实验步骤

取生产循环母液或将提前制备好的循环母液（$N_{K母液} = 200g/L$、$\alpha_K = 3.0$）与粗氢氧化铝（或三水铝土矿）按目标 α_K 溶出值进行配比，混合为矿浆。

每升母液需添加矿石量（g）：

$$m_{矿石} = \frac{\left[1.645 \times N_{K母液} \times \left(\dfrac{1}{\alpha_{K溶出}} - \dfrac{1}{\alpha_{K母液}} \right) \right]}{矿石中氧化铝含量}$$

于 140℃ 高压反应釜溶出 1h。

取出溶出料浆，以稀释比 1.3 添加 95℃ 以上热水稀释，于 95℃ 以上水浴锅中保温 1h，完成稀释过程。

此时可以直接抽滤，滤液即为铝酸钠精液，滤饼即为外排赤泥；也可以用稀释浆液继续进行赤泥沉降实验。

学习任务二　赤泥沉降

一、主要仪器和设备

沉降量筒、絮凝剂（聚丙烯酰胺）、螺旋型搅拌。

二、实验步骤

将絮凝剂纯品以 2‰浓度稀释，作为沉降实验用絮凝剂。

取前述实验中的稀释料浆，以稀释料浆体积比的 2% 添加配制好的絮凝剂，以螺旋型搅拌上下搅拌约 10~15 下，开始计时，并观察其沉降效果，以沉降速度、一定时间的赤泥压缩比、清液层浮游物含量作为评价絮凝剂沉降效果的依据。

取清液层液体，过滤所得滤液即为铝酸钠精液，可用于后续的种分分解实验。

学习任务三　铝酸钠精液分解及氢氧化铝成品制备

这部分内容同常规实验。

习　题

4-1 杰米克自粉化法主要内容有哪些？

4-2 熟料自粉化的原理是什么？

4-3 简述熟料烧成温度及主要成分。

4-4 简述原料预均化。

4-5 简述饱和比计算公式的推导过程。

4-6 简述原料粉磨系统工艺布置与流程。

4-7 生料均化原理有哪些？

4-8 回转窑的组成有哪些？

4-9 影响熟料烧结产量质量的因素有哪些？

4-10 简述自粉化熟料溶出的基本原理。

4-11 影响熟料溶出率的主要因素有哪些？

4-12 影响碳分过程的主要因素有哪些？

4-13 影响低温溶出过程的主要因素有哪些？

4-14 简述管道化溶出工艺流程。

4-15 简述絮凝剂主要成分、使用的目的和快速分离的原理。

4-16 简述赤泥洗涤效率及计算过程。

4-17 简述叶滤机组成结构及工作过程。

参 考 文 献

[1] 王福元，吴正严. 粉煤灰利用手册 [M]. 2 版. 北京：中国电力出版社，2004.

[2] 杨敬杰，林艳，孙红娟，等. 粉煤灰提取氧化铝技术的研究进展 [J]. 硅酸盐通报，2017，2：72~77.

[3] 刘新杰，王昊，刘丽丽. 粉煤灰资源开发利用及产业发展 [J]. 无机盐工业，2018，354（5）：16~18.

[4] Wang L, Zhang T A, Lv G Z, et al. Carbochlorination kinetics of high-alumina fly ash [J]. JOM, 2019, 71（2）：492~498.

[5] 王淑勤，樊学娟. 改性粉煤灰治理室内空气污染的实验研究 [J]. 华北电力大学学报（自然科学版），2005，32（6）：89~91.

[6] 胥书霞. 粉煤灰贮放场灰水污染物运移及扬尘防治技术研究 [D]. 西安：西安理工大学，2004.

[7] 尹连庆，宏哲. 粉煤灰放射性污染及控制技术 [J]. 粉煤灰综合利用，2007，1：52~54.

[8] Yao Z T, Ji X S, Sarker P K, et al. A comprehensive review on the applications of coal fly ash [J]. Earth-Science Reviews, 2015, 141（141）：105~121.

[9] Xiao L G, Li R B, Zhang S T, et al. Effects of calcium carbide sludge on properties of steam curing brick prepared by extracted aluminum fly ash [J]. Applied Mechanics & Materials, 2012, 174（177）：1516~1519.

[10] Shi Y F, Zhan X X, Zhang G Y. The development of haydite biological filter by natural zeolite doped with fly ash [J]. Advanced Materials Research, 2012, 529：478~481.

[11] Jiang L, Chen J Y, Li X M, et al. Adsorption of phosphate from wastewater by fly ash ceramsite [J]. Acta Scientiae Circumstantiae, 2011, 31（7）：1413~1420.

[12] Rawlings R D, Wu J P, Boccaccini A R. Glass-ceramics: their production from wastes-areview [J]. Journal of Materials Science, 2006, 41（3）：733~761.

[13] Lanzerstorfer C. Fly ash from coal combustion: dependence of the concentration of various elements on the particle size [J]. Fuel, 2018, 228：263~271.

[14] 李会泉. 高铝粉煤灰伴生资源清洁循环利用技术的构建与研究进展 [J]. 洁净煤技术，2018，24（2）：1~8.

[15] 孙健程. 我国氧化铝行业发展趋势浅析 [J]. 中国有色金属，2018，632（20）：42~43.

[16] Sun L, Xiao K Y, Wang Q M, et al. The analysis on the present situation and potential of bauxite resources in China [J]. Geological Bulletin of China, 2011, 3（5）：722~728.

[17] Cui P P, Huang Z M, Zhou S L. Overview of bauxite resources in China [J]. Light Metals, 2008, 29（2）：6~8.

[18] 于敦喜，徐明厚，易帆，等. 燃煤过程中颗粒物的形成机理研究进展 [J]. 煤炭转化，2004，27（4）：7~12.

[19] 孙俊民，韩德馨. 粉煤灰的形成和特性及其应用前景 [J]. 煤炭转化，1999，1：10~14.

[20] Huffman G P, Huggins F E, Dunmyre G R. Investigation of the high-temperature behaviour of coal ash in reducing and oxidizing atmospheres [J]. Fuel, 1981, 60（7）：585~597.

[21] 中华人民共和国国家发展与改革委员会. 关于加强高铝粉煤灰资源开发利用的指导意见 [Z]. 2011-02-22.

[22] Seidel A, Zimmels Y, Armon R. Mechanism of bioleaching of coal fly ash by thiobacillus thiooxidans

[J]. Chemical Engineering Journal, 2001, 83 (2): 123~130.

[23] 郭昭华. 粉煤灰 "一步酸溶法" 提取氧化铝工艺技术及工业化发展研究 [J]. 煤炭工程, 2015, 47 (7): 5~8.

[24] 郭昭华, 魏存弟, 张培萍, 等. 一种利用流化床粉煤灰制备冶金级氧化铝的方法 [P]. 中国专利: CN201110103861. 9, 2011. 8. 1.

[25] 郭昭华, 于德胜, 魏存弟, 等. 一种粉煤灰酸法生产氧化铝过程中酸的循环利用方法 [P]. 中国专利: CN201110103721. 1, 2011. 10. 5.

[26] 刘延红, 郭昭华, 池君洲, 等. 粉煤灰提取氧化铝工艺中镓的富集与走向 [J]. 轻金属, 2015, 8: 15~20.

[27] 钞晓光. 粉煤灰 "一步酸溶法" 提取氧化铝残渣资源化利用研究 [J]. 当代化工研究, 2017, 4: 24~25.

[28] 范瑞成, 张玮琦, 王永旺, 等. 耐盐酸腐蚀的金属材料 [J]. 中国锰业, 2017, 35 (4): 97~100.

[29] 白光辉, 王香港, 郭继萍, 等. 粉煤灰硫酸法提铝的新工艺参数研究 [J]. 煤炭科学技术, 2008, 36 (9): 106~109.

[30] 李来时, 翟玉春, 吴艳, 等. 硫酸浸取法提取粉煤灰中氧化铝 [J]. 轻金属, 2006, 12: 9~12.

[31] 蒋训雄, 蒋开喜, 范艳青, 等. 硫酸固相转化法从粉煤灰中提取氧化铝 [J]. 有色金属工程, 2017, 7 (3): 30~35.

[32] 王文静, 韩作振, 程建光, 等. 酸法提取粉煤灰中氧化铝的条件选择 [J]. 能源环境保护, 2003, 17 (4): 17~19.

[33] 李来时, 吴玉胜. 硫酸氢铵溶液法处理粉煤灰生产冶金级氧化铝工业化可行性分析 [J]. 轻金属, 2015, 10: 10~13.

[34] Wang R C, Zhai Y C, Ning Z Q, et al. Thermodynamics and kinetics of alumina extraction from fly ash using an ammonium hydrogen sulfate roasting method [J]. International Journal of Minerals Metallurgy and Materials, 2014, 21 (2): 144~149.

[35] Huang K, Inoue K, Harada H, et al. Leaching behavior of heavy metals with hydrochloric acid from fly ash generated in municipal waste incineration plants [J]. Transactions of Nonferrous Metals Society of China, 2011, 21 (6): 1422~1427.

[36] Luo Q, Chen G L, Sun Y Z, et al. Dissolution kinetics of aluminum, calcium, and iron from circulating fluidized bed combustion fly ash with hydrochloric acid [J]. Industrial & Engineering Chemistry Research, 2013, 52 (51): 18184~18191.

[37] Shemi A, Ndlovu S, Sibanda V, et al. Extraction of alumina from coal fly ash using an acid leach-sinter-acid leach technique [J]. Hydrometallurgy, 2015, 157: 348~355.

[38] 晋新亮, 彭同江, 孙红娟. 硫酸铵焙烧法提取粉煤灰中氧化铝的工艺技术研究 [J]. 非金属矿, 2013, 36 (2): 59~63.

[39] 晋新亮, 彭同江, 孙红娟. 硫酸铵与粉煤灰焙烧产物的物相组合及变化规律 [J]. 矿物学报, 2013, 33 (2): 147~152.

[40] 李来时, 刘瑛瑛. 硫酸铵粉煤灰混合焙烧制备氧化铝的热力学讨论 [J]. 轻金属, 2009, 9: 12~14.

[41] 张云峰, 白健, 高志娟, 等. 硫酸铵在煤粉炉粉煤灰提取氧化铝活化工艺过程中的应用研究 [J]. 轻金属, 2018, 8: 14~18.

［42］曾伟，郭新锋，梁兴国，等．基于硫酸铵法从粉煤灰中提取氧化铝的方法［P］．中国专利：CN201410390312.8，2014.11.19.

［43］孙俊民，张战军，陈刚，等．高铝粉煤灰生产氧化铝联产活性硅酸钙的方法［P］．中国专利：CN201110117710.9，2011.11.23.

［44］孙俊民，王秉军，张占军．高铝粉煤灰资源化利用与循环经济［J］．轻金属，2012，10：1~5.

［45］杜燕，孙俊民，杨会宾，等．高铝粉煤灰生产氧化铝过程中镓提取工艺［J］．稀有金属材料与工程，2016，45（7）：1893~1897.

［46］Zheng C Z, Zhang T A, Lv G Z, et al. Analysis of physical properties of high white aluminum hydroxide prepared by high-alumina fly ash［J］. Light Metals, 2014, 6：9~13.

［47］Zhang W G, Zhang T A, Feng W, et al. Specific surface area and pore characteristics analysis of pseudo-boehmite prepared by high-alumina fly ash［J］. Nonferrous Metals, 2015, 11：13~16.

［48］Zhu J P, Feng C H, Yin H B, et al. Effects of colloidal nano boehmite and nano SiO_2 on fly ash cement hydration［J］. Construction & Building Materials, 2015, 101：246~251.

［49］杨志杰，孙俊民，苗瑞平．硅酸钙保温材料的制备方法［P］．中国专利：CN201310541465.3，2014.2.5.

［50］杨志杰，曹永丹，孙俊民．硅酸钙板及其制造方法［P］．中国专利：CN201510634608.4，2018.1.12.

［51］杨志杰，孙俊民，徐鹏．一种煤基固废发泡保温材料及其制备方法［P］．中国专利：CN201610582895.3，2016.12.14.

［52］杨志杰，孙俊民，张战军，等．高铝粉煤灰提取氧化铝后硅钙渣用作水泥混合材［J］．环境工程学报，2014，8（9）：3989~3995.

［53］史迪，张文生，孙俊民，等．硅钙渣制备碱激发胶凝材料的实验研究［J］．硅酸盐通报，2015，34（8）：2334~2339.

［54］Grzymek J，杨健生．用格日麦克自粉碎法综合生产氧化铝和波特兰水泥［J］．轻金属，1982，10：19~22.

［55］张佰永，周凤禄．粉煤灰石灰石烧结法生产氧化铝的机理探讨［J］．轻金属，2007，6：17~18.

［56］费业斌，余俊侠，邹炜，等．用石灰石烧结工艺从粉煤灰中提取氧化铝［J］．矿冶工程，1983，3（1）：52~57.

［57］赵喆，孙培梅，薛冰，等．石灰石烧结法从粉煤灰提取氧化铝的研究［J］．金属材料与冶金工程，2008，36（2）：16~18.

［58］任根宽．石灰石烧结法生产氧化铝的控制指标探讨［J］．轻金属，2008，2：21~24.

［59］赵恒勤，胡宠杰，马化龙，等．钾长石的高压水化学法浸出［J］．中国锰业，2002，20（1）：27~29.

［60］王孝楠．高压水化学法处理个旧霞石的现状及今后进一步研究的途径［J］．云南冶金，1988，6：43~49.

［61］苏双青，马鸿文，邹丹．高铝粉煤灰两步碱溶法提取氢氧化铝的实验研究［J］．矿物学报，2010（S1）：176~179.

［62］苏双青，马鸿文，邹丹，等．高铝粉煤灰碱溶法制备氢氧化铝的研究［J］．岩石矿物学杂志，2011，30（6）：981~986.

［63］张懿，黄焜，王少娜，等．神奇的亚熔盐［J］．科技纵览，2017，4：66~67.

［64］洪涛．亚熔盐生产氧化铝过程硅组份物理化学研究［D］．西安：西安建筑科技大学，2008.

［65］潘自维，郑诗礼，王中行，等．亚熔盐法高铬钒渣钒铬高效同步提取工艺研究［J］．钢铁钒钛，2014，35（2）：1~8.

[66] Li L, Wang J G, Qu J K, et al. Application of efficient rotary film evaporator in sub-molten cleaner production process of chromium salts [J]. Nonferrous Metals, 2011, 14 (3): 97~105.

[67] 王少娜, 郑诗礼, 张懿. 亚熔盐溶出一水硬铝石型铝土矿过程中赤泥的铝硅行为 [J]. 过程工程学报, 2007, 7 (5): 967~972.

[68] 陈利斌, 张亦飞, 张懿. 亚熔盐法处理铝土矿工艺的赤泥常压脱碱 [J]. 过程工程学报, 2010, 10 (3): 470~475.

[69] 回俊博. 高铝粉煤灰水热法提取氧化铝工艺的基础研究 [D]. 北京: 中国科学院研究生院 (过程工程研究所), 2015.